专家与您手拉手系列丛书

生物农药 第2版

及其应用技术问答

Shengwu Nongyao ji Qi Yingyong Jishu Wenda

张民照 杨宝东 魏艳敏 编著

U0218783

本套丛书
总印数已达
75万册以上

中国农业大学出版社
CHINA AGRICULTURAL UNIVERSITY PRESS

内 容 摘 要

本书比较系统地介绍了生物农药的概念、分类及其优缺点等相关基本知识。同时以问答的形式对目前我国农业生产中常用的生物农药基本知识概述，生物源杀虫、杀螨剂，生物源杀菌剂，生物源杀病毒剂，生物源杀线虫剂，生物源除草剂，生物源杀鼠剂，生物源增产增抗剂、保鲜剂共 8 大类生物农药的主要商品种类、作用机理、使用技术等方面做了较为详细的介绍与说明，目的是为生物农药在我国的大量推广与使用提供参考资料。

本书内容翔实，实用性强，可供广大农民朋友、村官、基层农技服务人员参考与阅读，帮助农民朋友能够科学、合理、安全、高效地使用生物农药。同时本书还可供从事生物农药研究、开发和营销的单位和个人、绿色食品生产企业及高等院校相关专业的师生阅读、参考。

图书在版编目(CIP)数据

生物农药及其应用技术问答/张民照，杨宝东，魏艳敏编著.
—2 版.—北京：中国农业大学出版社，2015.1(2017.2 重印)
ISBN 978-7-5655-1006-9

Ⅰ.①生… Ⅱ.①张…②杨…③魏… Ⅲ.①生物农药-问题解答 Ⅳ.①S482.1-44

中国版本图书馆 CIP 数据核字(2014)第 144008 号

书　名	生物农药及其应用技术问答　第 2 版
作　者	张民照　杨宝东　魏艳敏　编著

策划编辑	张秀环	责任编辑	张秀环
封面设计	郑　川	责任校对	陈　莹　王晓凤
出版发行	中国农业大学出版社		
社　址	北京市海淀区圆明园西路 2 号	邮政编码	100193
电　话	发行部 010-62818525,8625	读者服务部 010-62732336	
	编辑部 010-62732617,2618	出　版　部 010-62733440	
网　址	http://www.cau.edu.cn/caup	e-mail	cbsszs@cau.edu.cn
经　销	新华书店		
印　刷	涿州市星河印刷有限公司		
版　次	2016 年 1 月第 2 版　　2017 年 2 月第 4 次印刷		
规　格	850×1 168　32 开本　　10 印张　　250 千字		
定　价	22.00 元		

图书如有质量问题本社发行部负责调换

前　言

20 世纪 50 年代，六六六、DDT 等人工合成有机农药的问世及其在农业生产中大量的应用，给某些重大病虫害的防治带来革命性的变化，在农业生产中发挥了巨大的作用。人们看到了这些有机合成农药防治病虫害的威力，甚至农药被认为是万能的，随着有机合成农药越来越广泛地使用，人们过分依赖、大量应用、甚至滥用这些农药，结果不可避免地带来许多的负面效应，造成了严重的后果，其中比较著名的后果就是"3R"问题，即抗性产生、农药残留及害虫再猖獗。大量使用有机合成农药不仅污染生态环境，病虫害抗药性的急剧增加使药剂防治更加困难，同时也严重威胁着农产品食品的安全生产，成为农业可持续发展的社会公害。

随着科技的发展，人们越来越重视身边的生态环境，尤其是对每日食用的各种农产品的安全要求也越来越高，成为关系到国计民生的重大问题之一；随着我国农产品出口贸易巨大发展，国外对农产品的安全要求与检测也越来越严格，经常由于某些病虫害、农药残留问题出现一些贸易纠纷，生产的大量农产品卖不出去，使生产这些农产品的抗风险能力低的农户遭受毁灭性打击，因此在植物病虫害防治中，限制或停止使用某些有机合成药剂，进而研发、使用对环境、天敌无害、无残留或残留少、高效、低毒、专一性的药剂种类成为农业安全生产的基本要求。

生物源农药正是在这种情况下逐渐被人们所重视的。绝大多数生物源农药来自天然存在的生物及其代谢产物,具有选择性强,对人、畜及各种有益生物,如各种动物天敌、蜜蜂、传粉昆虫及鱼、虾等水生生物较安全,对自然生态环境无污染等特点,从而被人们逐渐接受并大量应用。目前,生物源农药的研究、开发、推广和使用已经逐步深入人心,成为逐渐替代或部分替代有机合成农药的重要一类药剂,具有广阔的发展前景。为此,为适应目前对生物源农药普及、推广和应用要求,以及为了广大农民朋友了解、接受、选择和使用生物源农药提供参考资料,我们编写了《生物农药及其应用技术问答》一书,希望在生产中,能够为农民朋友选择和使用生物源农药提供参考依据。

本书共包括 8 部分内容,第一部分生物农药基本知识概述由北京农学院魏艳敏教授编写;第二部分生物源杀虫、杀螨剂由北京农学院张民照副教授编写;第三至第八部分包括生物源杀菌剂、生物源杀病毒剂、生物源杀线虫剂、生物源除草剂、生物源杀鼠剂及生物源增产增抗剂、保鲜剂由北京农学院杨宝东编写。全书以问答的形式,本着从实用角度出发,较系统地介绍了生物农药的概念、分类及其特点等相关基本知识。同时介绍了农业生产中常用的生物源杀虫杀螨剂、生物源杀菌剂、生物源杀病毒剂、生物源杀线虫剂、生物源除草剂、生物源杀鼠剂和生物源增产增抗剂、保鲜剂等的主要种类、作用机理、使用技术以及注意事项,以便读者进一步了解和熟悉这些常用的生物源农药,从而合理科学地选择和使用这些生物源农药。

本书编写过程中,在广泛学习广大前辈或同仁宝贵资料基础上,大量参考并引用了他们的资料和数据,在此表示致敬,除在书末尾列举部分参考文献外,由于受到篇幅限制还有大量的文献来源没有列举,特此抱歉。本书中提供的各种天敌的使用技术仅供农民朋友参考使用,在使用各种生物源农药时要充分阅读说明书,按其推荐的技术合理科学使用。最后,由于我们水平所限,加之采集的信息量较大、时间紧迫,书中内容难免有错误,希望广大读者不吝赐教,并及时纠正书中错误,以便再版时改正。

编　者

2014 年 1 月寒假前夕

目　　录

一、生物农药基本知识概述

☞ **1.** **什么是生物农药？主要有哪些种类？**

所谓生物农药是指利用生物资源开发的农药。生物农药定义很多，目前国内外尚无准确统一的界定。生物农药传统意义上主要是指可用来防治病、虫、草等有害生物的生物活体，如利用各种天敌昆虫、细菌、病毒、真菌、线虫等颉颃生物来控制病虫草害的制剂。现在，生物农药的概念已扩展，定义为用来防治病、虫、草等有害生物的生物活体及其代谢产物和转基因产物，还包括人工合成的与天然化合物结构相同的生物化学农药，并可以制成商品上市流通的生物源制剂，包括微生物农药（如细菌、病毒和真菌等）、农用抗生素（如井冈霉素、农抗 120 等）、植物源农药（如烟碱、苦参碱、印楝素）、生物化学农药（如动物激素、植物生长调节剂等）、天敌农药（如天敌昆虫等）和转基因农药（如抗病虫草的转基因植物等）等几大类。

生物农药种类很多，为了研究和使用上的方便，有多种不同的分类方式。

（1）按生物源种类分类：植物源农药、微生物源农药和动物源农药。

（2）按用途分类：生物杀虫剂、生物杀菌剂、生物杀螨剂、生物杀线虫剂、生物除草剂、生物杀鼠剂等。

（3）按生物农药成分分类：生物化学农药、微生物农药、转基因生物农药、天敌农药等。

☞2. 什么是植物源农药？植物源农药主要包括哪些类型？

利用植物资源开发的农药称为植物源农药,包括植物杀虫剂、杀菌剂等。按农药性能可分为7大类。

(1)植物毒素:植物产生的次生代谢物,该代谢产物对有害生物具有毒杀作用。例如,具有杀虫作用的烟碱、鱼藤酮、藜芦碱、苦菁素;具有杀菌作用的大蒜素;具有抗烟草花叶病毒病作用的海藻酸钠等。

(2)昆虫拒食物质:植物产生的能抑制某些昆虫味觉感受,从而阻止昆虫取食的活性物质。例如,从印楝种子中提取的印楝素和从柑橘种子提取的类柠檬苦素。

(3)植物源昆虫激素:植物体内存在的昆虫蜕皮激素类似物,可人工提取直接利用,如从藿香蓟属植物中提取的早熟素具有抗昆虫保幼激素的功能,或人工合成活性更高的类似物,如红铃虫性诱剂。这类物质进入昆虫体内后,可干扰昆虫的生长发育。

(4)引诱剂和驱避剂:植物产生的对某些昆虫具有引诱或驱避作用的活性物质。例如,丁香中的丁香油可引诱东方果蝇和日本丽金龟,香茅中的香茅油可驱避蚊虫。

(5)绝育剂:植物产生的对昆虫具有绝育作用的活性物质,主要是破坏昆虫的生殖系统。例如,从巴拿马硬木天然活性物质衍生合成的绝育剂对棉红铃虫有绝育作用。

(6)植保素:当植物被病害感染后,诱导植物产生的抗菌活性物质,如豌豆素等。

(7)异株克生物质:植物产生的某些次生代谢物质,该代谢产物能刺激或抑制附近异种或同种植物(株)的生长,是开发除草剂或植物生长调节剂的潜在资源。如肉桂酸和胡桃醌等。

☞ 3．什么是动物源农药？动物源农药有哪些？

动物源农药是指利用动物资源开发的农药。动物源农药种类很多，按其性能划分为 4 类。

（1）昆虫信息素：是由昆虫产生对种内或种间个体起信息作用的微量活性物质，其中分泌在体外对同种或异种昆虫起作用的信息素又称为昆虫外激素。人们可以直接利用昆虫外激素，或利用根据它们化学结构衍生合成的物质，来影响其他个体的某些行为反应，包括引诱、刺激、抑制、控制取食或产卵、交配、集合、报警、防御等功能，且具有高度专一性。目前，已商品化的昆虫信息素达 50 种左右，其中应用最多的是性信息素（性引诱剂）。

（2）昆虫内激素：是由昆虫内分泌腺体产生的具有调节昆虫生长发育功能的微量活性物质。主要有脑激素、蜕皮激素和保幼激素 3 类。人们可以利用这些激素的特殊功能，干扰昆虫的正常生长发育，使昆虫无法觅食、交配、产卵，从而控制害虫危害。如烯虫酯。

（3）天敌动物：直接利用对有害生物具有寄生或捕食作用的天敌动物，通过人工助迁或室内培养繁殖，可以用于防治害虫，即"以虫治虫"，如寄生蜂、寄生蝇、捕食性瓢虫等。

（4）动物毒素：由动物产生的对有害生物具有毒杀作用的活性物质。如海洋动物沙蚕产生的沙蚕毒素是最典型的动物毒素，人们根据沙蚕毒素化学结构衍生合成开发的沙蚕毒类杀虫剂有杀螟丹、杀虫环、杀虫双等品种已大量生产应用。

☞ 4．什么是微生物农药？微生物农药有哪些？

微生物农药是指能够用来杀虫、灭菌、除草以及调节植物生长等的微生物的活体及其代谢产物,即农用抗生素和活体微生物农药。主要微生物种类有细菌、真菌、病毒、原生动物、线虫、立克次体等。

(1)农用抗生素:由抗生菌发酵产生的具有农药功能的次生代谢产物,它们都是有明确分子结构的化学物质。现在已经发展成为生物源农药的重要大类,主要包括抗生素杀菌剂和抗生素杀虫、螨剂,如井冈霉素、春雷霉素、灭瘟素、农用链霉素、浏阳霉素等。

(2)活体微生物农药:利用有害生物的病原微生物活体作为农药,以工业方法大量繁殖其活体并加工成制剂来应用。按使用微生物类型分为:真菌杀虫剂(如白僵菌、绿僵菌等)、真菌杀菌剂(如木霉菌等)和真菌除草剂(如鲁保1号);细菌杀虫剂(如苏云金杆菌等)和细菌杀菌剂(如亚宝、地衣芽孢杆菌等);病毒杀虫剂(如核多角体病毒、颗粒体病毒);微孢子虫杀虫剂(如蝗虫微孢子虫)。

☞ 5.什么叫菌制剂?

菌制剂主要是指利用活体细菌和活体真菌制备的微生物制剂。按其用途分为杀虫剂(细菌杀虫剂和真菌杀虫剂)和杀菌剂(细菌杀菌剂和真菌杀菌剂)。目前,生产上应用较多细菌制剂有:①细菌杀虫剂主要是各种苏云金杆菌制剂(Bt),是一种可以使害虫染病死亡的杆状细菌,经过工厂发酵生产,细菌得到大量繁殖,制成细菌杀虫剂,用于田间喷雾防治。应用较多的细菌杀菌剂有菜丰宁B1,可用来拌种防治十字花科蔬菜软腐病。②目前开发应用真菌制剂相对较少,真菌杀虫剂有白僵菌、绿僵菌等,真菌杀菌剂有木霉菌等。

☞ *6*. 生物农药有哪些不同的生产方式?

不同类型的生物农药有不同的生产方式,主要概括为以下几种。

(1)发酵培养:真菌类、细菌类和抗生素生物农药都是在人工配制的培养基中,通过固态和液体发酵,然后经过分离、提取和浓缩,得到需要的菌体和活性物质,再经过剂型加工,就可获得我们需要的生物农药。

(2)活体培养:有些微生物(昆虫病毒)、原生生物和线虫等,找不到合适的人工培养基培养它们,只能首先大量饲养昆虫,然后让病毒或微孢子虫在已经大量繁殖的昆虫体内繁殖,再经过提取分离和加工,生产出能够在田间使用的生物农药。

(3)采集和提取:绝大多数的植物源农药都可以直接采集植物的某些部位。如苦参的根和印棟的果实等,经过粉碎、提取、浓缩和加工形成生物农药的产品。

(4)人工合成:有少数已知化学结构,且化学结构比较简单的生物农药。如一些昆虫信息素,可以通过人工合成有效成分,再根据天然信息素中各种有效成分的比例,生产出和天然信息素相同的产品。

☞ *7*. 微生物农药能够与化学农药混合使用吗?

一般而言,微生物农药可与化学杀虫剂和除草剂混合使用,但是一般不能与化学杀菌剂混合使用。第一,因为微生物农药有效成分是活体微生物,如真菌、细菌等,化学杀菌剂能够杀死这些活体微生物,或对这些活体微生物的生长发育有抑制作用,从而使微生物农药失去原有的药效。第二,因为有些微生物农药对环境要求严格,如对酸碱等物质敏感等,也不能与化学农药混合使用。

☞ *8*. 什么是转基因生物农药?

转基因生物是指利用生物技术,按照人们的愿望,在不同物种之间转移并表达不同作用目的基因的生物。1996 年美国推出具有抗虫性的转 Bt 基因玉米,随后各国通过转基因技术分别研制出的抗虫大豆、抗虫棉花、抗虫马铃薯、抗病毒的西葫芦、抗除草剂的玉米等。我国目前研究的转基因植物达 47 种,并有 6 种已被批准进行商业化生产。但这类转基因作物在农业生产上的应用还存在很多争议,由于某些原因有些国家抵制它的使用,有些人担心它的抗性和环境安全性等问题,但转基因生物农药仍然以很快的速度发展和应用。

☞ *9*. 生物农药的主要剂型有哪些?

制剂的形态称剂型。商品农药都是以某种剂型的形态销售到用户的。生物农药的剂型,因生物来源种类的不同而异。使用较多的是粉剂、可湿性粉剂、水剂、悬浮剂、乳油、活体活虫、卵卡、蛹卡等。

(1)粉剂:用原药和惰性填充剂,如滑石粉、硅藻土、高岭土、黏土等,按规定比例混合制成。我国粉剂的标准是 95% 的粉粒能通过 200 目标准筛,粉剂的优点是耐贮藏、使用方便、喷粉效率高。缺点是不易被水湿润,黏着性差,随风飘失多,浪费药量。生物农药中的粉剂,因含有效成分低,填充物含量大,运销不便,品种较少。

(2)可湿性粉剂:用原药、湿润剂和惰性填料,经过机械粉碎而制成的粉状混合物制剂。湿润剂的加入可以改善药剂的性能,该剂型达到的标准为:98% 的粉粒通过 325 目筛,湿润时间小于

2 min,悬浮率在 60% 以上。优点是喷在作物上的黏附性好,防治效果高。缺点是助剂性能不良时,不易在水中分散悬浮均匀,易堵塞喷头,或造成喷雾不匀等影响田间使用效果。

(3)水剂:将原药溶解在水中并加助剂制成。许多易溶于水的抗生素杀菌剂属于这种剂型。其优点是生产成本低,不含有机溶剂,安全性好,喷雾使用后也不污染环境。缺点是黏附性较差,不耐雨水冲刷,贮藏期怕冻。为了使水剂在贮运过程中免于污染变质,加工过程中需加入防腐剂等。

(4)悬浮剂:把难溶于水的固体原药变成液体制剂,使微粒化的固体原药分散于水中所形成的悬浮状的制剂。兼具乳油和可湿性粉剂的特点,如黏附在作物表面比较牢固,抗雨水冲刷,药效较高,适用于各种喷洒方式,还可供飞机微量喷雾等。在生物农药中,苏云金杆菌系列杀虫剂 1 号就属这种剂型,是将苏云金杆菌发酵液经过离心、浓缩、收集芽孢和伴胞晶体的混合物,直接加入乳化剂配制而成。

(5)乳油:农药原药按比例溶解在有机溶剂(甲苯、二甲苯等)中,加入规定量的农药专用乳化剂配制而成的透明均相液体。乳油的优点是有效成分含量高,稀释方便,在作物、虫体和病菌上黏附性和展着性好,药效高。缺点是成本高,保存时需注意防火,另外,田间施用后有机溶剂会给环境带来一定污染。

(6)活体昆虫:瓢虫、捕食螨、草蛉等天敌昆虫,通过人工饲养繁殖,进行工厂化生产活虫,再以商品形式销售给农户。农民按技术规程要求,释放到田间防治害虫。

(7)卵卡、蛹卡:卵卡是利用被天敌昆虫寄生的害虫卵或人造卵制成的。如赤眼蜂卵卡是利用被赤眼蜂寄生的柞蚕卵粒,用黏着剂粘在硬纸片上制成的,卵卡制成后可先在低温冷库中贮存,不使其孵化。农户在使用前购入这种卵卡,按规定时间挂在田间玉米、大豆等作物上,几天后即赤眼蜂就从卵卡上的卵粒内孵出,用于控制田间害虫,此过程叫放蜂。丽蚜小蜂则是制作成蛹卡,销售给农户使用,在保护地内放蜂可防治白粉虱等害虫。

☞ *10.* 生物农药的特点是什么?

生物农药来自天然存在的生物及其代谢产物。相对化学农药而言,大多数生物农药具有以下优点。

(1)选择性强,对人、畜安全。不少生物农药靶标专一,使用后只杀有害生物,而对人、畜及各种有益生物(包括动物天敌、昆虫天敌、蜜蜂、传粉昆虫及鱼、虾等水生生物)比较安全。

(2)对自然生态环境安全、无污染。生物农药主要利用自然界已经存在的某些特殊微生物或微生物代谢产物所具有的杀虫、防病、促生功能。其有效活性成分完全存在和来源于自然生态系统,它的最大特点是极易被日光、植物或各种土壤微生物分解,是一种来于自然,归于自然正常的物质循环方式。

(3)某些生物源农药的作用方式是非毒杀性的,包括引诱、驱避、拒食、绝育、调节生长发育、寄生、捕食、感染等,可保护天敌。

(4)病虫不易产生抗药性。任何事物都是一分为二的,生物农药虽然具有许多优点,但是,生物农药产品与化学农药相比也存在许多本身固有的弱点,主要包括以下几点:防治效果一般较缓慢;有效活性成分比较复杂;控制有害生物的范围较窄(有些抗生素除外);防病效果易受到环境因素的制约和干扰;产品有效期较短,质量稳定性较差。

☞ *11.* 天然生物农药等于无毒无害吗?

长期以来一直有一种流行的观点,认为凡是来自天然的生物农药都是无毒无害的,对靶标生物、生态和环境是友好的,甚至在某些生物农药的说明书和宣传材料中标有"天然产物、无毒、无污染"等字样,这是不科学的、不事实求是的。应该说绝大多数生物农药表现为高效低毒无污染,但是也有少数一些生物农药表现毒性相对较高,不能用于生产 A 级、AA 级绿色食品。禁止使用的药剂,如阿维菌素。另外,众所周知,有些天然的生物体本身就含有大量对人类有害的物质,如马铃薯中含有剧毒的癫茄碱等,说明天然产物不等于无害,但是这些有毒的生物农药,可以通过适当的生产加工或使用方式,将其毒性控制到最低。

☞ *12*. 如何根据气象条件使用生物农药?

施用生物农药时田间气象条件严重地影响生物农药对病、虫、草害的防治效果,主要气象条件有:

(1)温度:生物农药喷施的适宜温度是 20℃ 以上。因为这类农药的活性成分是蛋白质晶体或有生命的活体芽孢、菌体等,低温下蛋白质晶体不易发生作用,不利于生防菌的生长繁殖,芽孢在害虫体内繁殖速度也极慢,因此不能很好地发挥药效。实验表明:在 25～30℃ 条件下施用生物农药,其药效比在 10～15℃ 时施用高 2 倍左右。

(2)雨水:雨水会将喷洒在植株上面的菌液冲刷掉,降低药效,但如果在施药后 5 h 下小雨,则不但不会降低药效,反而可提高防效。因小雨对细菌芽孢活动和真菌孢子萌发侵入等有利,害虫食后会加速其死亡。

(3)光照:阳光中紫外线可杀伤生物农药中的细菌芽孢、真菌菌体等制剂中的生物活体,同时可加速生物农药中的生物活性物质(抗生素等)失活。直接阳光照射 30 min 苏云金杆菌芽孢便可死亡 50% 左右,照射 1 h 则死亡率高达 80%,而且紫外线的辐射对蛋白晶体也有变形降效作用。因此,生物农药应选择在下午 16

时以后或阴天施用。

(4)湿度:使用某些生物农药如真菌类,环境湿度越高,药效越高,尤其是施用粉状生物制剂,只有在高湿条件下药效才能得到充分发挥。因为生物农药中的生物活体(细菌、真菌等)不耐干燥。因此,喷洒细菌或真菌杀虫剂宜在早晚有露水的时候进行,一方面,露水有利于菌剂能较好地粘在植株的茎叶上,增加生物农药与害虫接触的机会;另一方面,露水能促进生物农药中生物活体的生长和发育,如促进细菌芽孢的萌发、真菌的孢子萌发等,并有利于侵染害虫使其发病。

☞ *13.* 如何科学使用生物农药?为何要均匀喷施药剂?

目前,在我国农业生产中使用的生物农药剂型,主要有粉剂、可湿性粉剂、水剂、乳油、悬浮剂、颗粒剂、卵卡和蛹卡、活虫等。很多生物农药制剂属于胃毒剂或触杀剂,极少有内吸传导作用,胃毒剂只有喷到害虫取食的食物上如叶片才能被昆虫吃进消化道内才能起胃毒作用;触杀剂只有喷到害虫虫体上或病灶处才能引起害虫或病菌致病或死亡,所以就要求做到均匀施药,使生物农药能充分的与杀菌作用部位或害虫虫体接触,这样才能保证防治效果。

一般情况下,生物源农药经常常量喷雾,施药时要尽可能使叶片正反两面都着药液,为保证药剂有效成分均匀喷施,每 667 m^2 的喷液量一般用 $40 \sim 50 \text{ kg(L)}$ 为宜。粉剂施用要尽可能利用早、晚田间有露水时进行,以增加药黏附着在植株和害虫虫体上的数量,提高防治效果。风速大时不要喷药,防止飘移浪费药剂。在释放天敌昆虫时,要计算益害比,做到适量释放。使用抗生素类农药时,要求药液中有效成分含量达到足以杀灭病菌和害虫的浓度,才能有稳定的防效。

☞ *14.* 如何确定生物农药的施药时期？为什么适时施药非常
重要？

适时施药应根据防治对象发育期和农药特性来确定。对大
多数生物农药品种而言，因其杀虫速度较慢，一般都在发生初期
施药，以便早期控制。触杀型的生物农药，则要求害虫在田间有
一定数量时施药，过早施药田间无虫，起不到杀虫作用。诱抗型
杀菌剂则要求早施，以诱发作物对病菌的抗性，减轻受害。又
如，鲁保1号防治菟丝子，则要求大部分菟丝子出土抽茎缠绕作
物时施药。过早施药，对后出的菟丝子无效。总之，要根据防治
对象的发育时期，结合所用生物农药品种的特点，科学确定适时
施药的时间。尽可能减少防治次数，在保证药效的前提下，降低
成本。

☞ *15.* 如何科学贮存生物农药？

贮存生物农药要注意以下几点：一是要防止在高温或强光
下暴晒，避免生物农药失效；二是放在阴凉、干燥通风处；三是配
好的药液，要在当天用完，防止水解失效，或生物活体死亡；四是
因很多品种是水剂，冬季要放在不冻的低温条件下贮存；五是在
保质期内使用完，贮存时间超过保质期的则失效，不可再用。对
活体生物制剂更要十分注意贮存条件和贮存时间，避免损失。
活体天敌昆虫购入后应在规定的时间内放入田间，不能在一般
条件下贮存。如必须贮存时应按其所要求的技术条件，放到一
定温度的冰箱、冷室内短期贮存，抑制天敌昆虫的生长，使其处
于休眠状态。

☞ **16.** 生物农药的重要作用是什么？

生物农药作为农药的一种，在植物病虫草鼠害的防治中一直起着重要的作用，并使生物防治成为病虫草鼠害综合治理的最重要手段之一。随着无公害农产品生产的发展，人们环保意识的增强，以及为保护生态环境实现农业可持续发展，生物农药正得到更广泛的重视和发展，生物农药已成为一类十分重要的农药。目前，生物农药已在大田作物、蔬菜、果树、花卉上广为使用，生物农药是绿色食品生产和发展无公害农业的重要保证。

☞ **17.** 生物农药发展中存在的主要问题是什么？

尽管生物农药在我国具有较悠久的历史，但主要存在以下问题制约着生物农药的发展速度：一是稳定性差，尤其是活体微生物为有效成分的农药制剂，生物活性下降很快，产品的质量保证期短。二是药效反应慢，不具备化学农药用量少、见效快的优点。三是产品价格无优势，由于生物农药开发成本高，与化学农药相比价格较高。国内一些生物农药生产企业，存在规模小、设备差、缺乏资金和技术落后等难题，导致成本偏高。四是由于受目前人们消费观念、农产品市场准入制度、农产品残毒检测手段等多方面因素影响，用高毒农药和生物农药生产的产品在市场上没有明显的价格差别，经济效益提高不明显。五是农业生产者科学使用生物农药的意识和技能不强，需要不断提高。

☞ **18.** 为什么要大力发展生物农药？前景如何？

滥用、误用化学农药导致的农产品安全问题已引起了社会广泛关注,要从源头上杜绝化学农药残留问题,大力推广生物农药将是一个发展方向,但是实际推广和应用情况却与预期相距甚远。1992 年召开的"世界环境与发展大会"明确提出了"到2000 年要在全球范围内控制化学农药的销售和使用,生物农药的用量应达60%"。虽然这个目标尚未达到,生物农药的推广速度还很缓慢,其在整个农药中所占的份额还比较小,而且生物农药在短期内不会完全取代化学农药,但它指明了生物农药发展的趋势和未来。

我国加入世界贸易组织后,在国际农产品和食品贸易中,将面对苛刻的农药残留标准,这就要求国家进行农药品种结构调整、农业产业结构调整,为生物农药产业化发展提供政策上的引导和实施上的有力支持。高毒农药的淘汰给生物农药腾出了广阔的市场空间。人民生活水平的提高对生物农药的发展产生迫切要求,国内生态产业逐渐兴起,农民对生物农药认识的不断提高,生物技术的不断发展及其在生物农药中的应用等,这些都为生物农药的快速发展提供了历史上的最好机遇。另外,我国地大物博、资源丰富,有人力和资源优势,发展生物农药符合中国国情。

☞ *19.* 如何大力加强生物农药的推广工作?

针对生物农药发展推广和应用中存在的问题,为促进生物农药的尽快推广,政府及有关部门应采取积极措施,扶持和促进生物农药的发展。工商和农药主管部门应对目前农药市场进行清理整顿,使农药市场更有利于绿色农药的推广和应用;农业技术推广和销售部门应加强推广和普及生物农药的力度,增强农民的环保意识,增进农民对生物农药的了解;生产厂家务必确立"质量第一"的观念,采取切实措施,抓好质量管理,并合理制定价格。只有这样才能使生物农药走上良性发展轨道,从而促进生物农药的推广与应用。有关部门、推广应用单位和生产企业应抓住时机,根据国际和国内生物农药的发展形势,有选择地推广生物农药。农民朋友也应根据国际国内市场对绿色食品的高度需求,选择使用生物农药。

二、生物源杀虫、杀螨剂

☞ *20.* 植物源杀虫剂主要有哪些种类？

目前,生产上应用防治害虫的植物杀虫剂种类主要有:烟碱制剂、鱼藤制剂、苦参碱制剂、茴蒿素制剂、川楝素制剂、除虫菊类等。在我国已经注册的植物杀虫剂种类有:烟碱、除虫菊、鱼藤酮、百部碱、苦参碱、氧化苦参碱、川楝素、印楝素、茴蒿素、藜芦碱、茶皂素、骨酯素、异羊角扭甙(异羊角拗苷)、莨菪碱、马钱子碱、莰酮以及棉籽碱、牛儿醇、蓖麻油、鱼尾汀碱、螟蜕素等。

另外,还在其他许多植物中分离出具有杀虫效果的物质,如在雷公藤、苦皮藤、除虫菊、黄杜鹃等植物中分离出杀虫效果较好的成分。有些植物性油类如苦楝油、山苍子油、香茅油、肉桂油等也可应用于防治某些害虫。

☞ *21.* 植物源农药的优点有哪些？

(1)无污染、无残留:植物源农药是从植物体内分离出来的,来源于自然,自然界的物质一般都有其相应分解的微生物群,因而使用后易被分解,半衰期短,残留降解快,不易残留,不会污染环境及农产品,毒性不易在环境和人体内积累,对人和牲畜安全,具低毒、低残留的特点,这也是大力推广植物源农药的原因之一。

(2)可就地取材:我国植物资源十分丰富,可因地制宜就地取材开发和利用这些杀虫植物资源,具有广泛的应用前景。

（3）生产方便：生产某些植物源农药时，可用简单技术粗提加工，无需专门设备和工厂，按需生产，随制随用，保管、施用和运输也十分方便。如栽培烟草的地区，可将烟叶、烟筋、烟茎等下脚料直接用清水浸泡，滤液就可用于防治蔬菜蚜虫。

（4）不会产生抗药性：植物源农药杀虫活性成分主要是植物次生代谢物质，有效成分复杂多样，其中许多种次生代谢物杀虫方式独特，杀虫机理复杂，这些次生代谢物质也是植物自身防御系统的组成部分，是与昆虫适应演变协同进化的结果，昆虫对其不易产生抗药性。

（5）对天敌危害小：和化学农药相比，植物源农药有效成分在害虫体内存在时间短，很快被分解或失活，不在害虫体内积累，因而不会对捕食或寄生害虫的天敌和其他有益动物造成伤害。

（6）促进作物生长发育：某些植物源农药使用后可被植物吸收，具叶面施肥功效，具有促进植物生长和改善其品质的作用。

☞22．植物源杀虫剂的缺点有哪些？

目前，国内外对植物杀虫剂的利用发展缓慢，主要是植物杀虫剂自身也有一些缺点。

（1）药效缓慢：植物杀虫剂一般是缓效型药剂，发挥药效慢，不像化学农药那样速效，会使喷药次增多，增加防治成本。此外，多数植物源农药残效期相对较短，不利于较长时间控制害虫。此外，在害虫大面积暴发时，不能满足迅速杀灭害虫的需求，农民接受程度较低，这限制了植物源农药的推广使用。

（2）价格稍高：植物杀虫剂的有效成分含量常常很低，造成生产成本相对较高，其高价格也给市场推广造成一定难度。同时，多数天然产物化合物结构复杂，不易合成或合成成本太高。

（3）标准化生产难：植物有效杀虫成分含量因产地、季节和气候等因素而不同,而且活性成分易分解,制剂成分复杂,使产品难于标准化生产。

(4)地域和季节限制:由于植物的分布地域性和季节性,杀虫植物采集与使用受到一定程度的限制。

(5)药效不稳定:植物源农药一般为水剂,使用后受强烈阳光照射或某些微生物作用易分解失效,也会在某种程度上影响药效。

☞ 23. 植物源农药杀虫机理有哪些?

植物源农药杀虫作用机理与植物源农药中的杀虫活性成分有关,由于其有效成分种类较多,因此杀虫机理多样化,对昆虫表现为毒杀、拒食和忌避作用、行为干扰、调节生长发育和光活化毒杀作用等,对某种植物源农药来说,其杀虫机理可能是其中的一个,也可能是多个的综合。

(1)毒杀作用:这是植物源农药对昆虫最直接、最有效的作用方式,当害虫将带有植物源农药的植物组织吃进消化道内后,植物源农药中的胃毒物质可破坏昆虫中肠组织结构、阻断昆虫神经传导、抑制多种解毒酶,发挥神经毒剂的作用。胃毒毒杀作用症状为虫体脱水缩短,拉稀,甚至拉出直肠或囊泡状物,直至死亡。

(2)触杀作用:当植物源农药喷到害虫体表时,害虫接触到具触杀作用的物质,会表现出兴奋状、神经中枢被麻醉,并使害虫蛋白质凝固堵死虫体气孔,从而使害虫窒息死亡。

(3)熏杀作用:大部分植物精油都有熏蒸作用,精油可使害虫表皮蜡质层结构发生变化,破坏中肠组织,抑制中枢神经,从而导致害虫死亡。

(4)拒食和忌避作用:喷施某些植物源农药后可引起害虫取食量降低或逃避喷药场所,表现出拒食和忌避作用,但具有此类活性植物源农药并不会直接杀死害虫,而是允许其存在,但迫使害虫转移选择目标,离开取食作物,也可减轻为害。

(5)干扰生长发育:许多植物源农药能干扰害虫正常生长发育,如害虫取食带有这些农药的作物后,会使害虫幼虫在低龄期死亡、发育反常、取食后食物消化和转化不正常、不化蛹、蛹不羽化、成虫异常羽化、不能正常积累营养物质、不能越冬、产卵量降低、生殖率降低、其他行为不正常等。这种方式对当代或当年害虫影响不太明显,但可控制下一代害虫发生。

(6)光活化毒杀作用:光活化毒杀作用是植物源农药活性物质借助于光敏化剂发挥作用,光敏化剂是光活化毒杀作用的关键。其杀虫机理可能是光动力作用和光诱导毒性,即光敏化剂接受一定波长的光子,产生自由基攻击生物大分子,如脂蛋白、酶和核酸等,从而导致害虫的死亡或损伤。

☞ **24.什么是生物碱?生物碱的特点有哪些?**

生物碱是生物体(主要是植物)中的一类含氮的碱性有机化合物,是植物次级代谢物之一,是植物体内有毒成分中最大一类。生物碱多见于高等植物的双子叶植物中,已知存在于 50 多科 120 多属植物中。生物碱种类很多,有 10 000 多种。多数生物碱呈无色结晶状,少数为液体。大多数几乎不溶或难溶于水,但麻黄碱、烟碱、麦角新碱等在水中溶解度较大。不溶于水的生物碱可溶于酒精、氯仿等有机溶剂。生物碱多呈碱性,与酸形成盐而溶于稀酸水液,生物碱盐类化合物多溶于水。生物碱或其盐类多具苦味,有些味极苦而辛辣,甚至可使唇舌焦灼感。

生物碱结构较复杂,多数有复杂环状结构,氮素多包含在环内,根据其结构可分为 60 多类,主要类型有:有机胺类(如麻黄碱、益母草碱、秋水仙碱)、吡咯烷类(如古豆碱、千里光碱、野百合碱)、吡啶类(如菸碱、槟榔碱、半边莲碱)、异喹啉类(如小檗碱、吗啡、粉防己碱)、吲哚类(如利血平、长春新碱、麦角新碱)、莨菪烷类(如阿托品、东莨菪碱)、咪唑类(如毛果芸香碱)、喹唑酮类(如常山碱)、嘌呤类(如咖啡碱、茶碱)、甾体类(如茄碱、浙贝母碱、澳洲茄碱)、二萜类(如乌头碱、飞燕草碱)和其他类(如加兰他敏、雷公藤碱)。

生物碱在植物体内以多种形式存在,主要存在形式:一是游离态生物碱;二是盐类,生物碱可与柠檬酸、酒石酸、乌头酸、绿原酸等,有机酸或与硫酸、盐酸等无机酸形成盐类,并以盐类方式存在的;三是以苷类、酰胺类、N-氧化物、氮杂缩醛类、烯胺、亚胺等的形式存在于植物中。

生物碱对生物机体有毒性或强烈生物活性,其中许多种类对多种昆虫表现出强烈的杀虫活性,这些有杀虫活性的生物碱就可以被开发成为植物源杀虫剂,用来防治为害果树、蔬菜、林木、花卉、农作物等植物的害虫。使用后在环境中容易被降解,基本无农药残留;其次与常规的有机磷、有机氯农药没有交互抗性,因此更适合防治对有机磷和有机氯产生抗性的害虫;生物碱类药剂对天敌和有益生物较安全,符合人们对理想杀虫剂的要求,是一类高效、低毒、无污染的天然产物杀虫剂,有广阔应用前景,也应该在害虫综合防治中因地制宜大力提倡推广使用,以替代或部分替代某些化学药剂的使用量,降低环境污染和农药残留,为生产安全食品奠定基础。

☞ 25. 烟碱的种类和作用方式是什么?

烟碱又称蚜克和尼古丁,为植物源杀虫剂。烟碱通常是指烟草碱及其类似物生物碱的总称。自然界中存在量较大的烟碱有:烟草碱、假木贼碱和原烟草碱 3 种,其中应用最多的是烟草碱。烟碱类化合物存在于烟草属、假木贼和某些茄科、菊科和景天科的某些植物中。烟草中以烟草碱为主,存在于整个烟草植株中,平均含量为 4%,以叶片含量最多,叶主脉次之,茎部含量最少。烟草植株越老烟草碱含量越多。长时间贮存烟草会使烟草碱含量降低。游离的烟草碱杀虫效果最高,因此烟草溶液的酸碱度对杀虫能力影响极大。烟碱制剂可广泛用于大棚蔬菜、果树、园林、森林等害虫的防治。

碱性烟草碱溶液杀虫效果最好,酸性条件下烟草碱形成盐不易渗透细胞膜。烟草碱按作用方式分为 3 类:

(1)挥发性烟草碱:即游离烟草碱,有强挥发性,具有较强的熏蒸和触杀作用,一般在使用后 1 d 内大部分挥发掉,因此持续期较短。

(2)不挥发性烟草碱:即非游离烟草碱,挥发慢,对害虫有触杀作用,熏蒸作用极弱,防效较低。硫酸烟碱和假木贼碱属于此类。使用时最好加入适量肥皂,以增加挥发性提高触杀效力。

(3)固定性烟草碱:完全不能挥发、不溶于水,仅有胃毒作用,如鞣酸烟草碱。

烟草碱在植物中以柠檬酸盐或苹果酸盐形式存在,极易被水浸出成为水溶性有机酸烟草碱盐类,再经石灰水或其他碱性化合物处理即成为游离挥发性的烟草碱。烟草碱可和多种酸作用生成盐,如盐酸烟草碱、硫酸烟草碱、酒石酸烟草碱、苦味酸烟草碱、油酸烟草碱、椰子油脂肪酸烟草碱、蓖麻油脂肪酸烟草碱等。烟草碱的盐类较稳定,残效期长。目前已开发出了一些烟草碱盐类或用烟碱跟其他药剂复配的商品杀虫剂。

烟碱杀虫活性较高,主要起触杀作用,兼有胃毒和熏蒸作用,还有一定杀卵作用,对植物组织有一定的渗透作用,但无内吸作用。纯烟草碱是无色油状液体,遇光和空气变褐,烟碱被分解成氧化烟草碱、烟草酸和甲胺而有奇臭味和强刺激性。烟碱对人、畜中毒,对鱼、贝类毒性小,对作物药害轻。生产中使用的烟草碱制剂有 2％水乳剂和 10％的乳油等剂型,因有效成分含量低使用相对安全。

为提高烟碱药效,扩大杀虫谱或降低施药成本,烟碱还与其他药剂进行复配形成许多类型的复配剂,如有 1.3％马钱子碱·烟碱水剂、2.7％莨菪碱·烟碱悬浮剂、27.5％烟碱·油酸乳油、10％除虫菊素·烟碱乳油、9％辣椒碱·烟碱微乳剂、15％蓖麻油酸·烟碱乳油、0.5％烟碱·苦参碱水剂、1.2％烟碱·苦参碱乳油、27％皂素·烟碱可溶性浓乳剂等。还有与其他农药的复配剂,如 10％烟碱·高效氯氟氰菊酯水乳剂、10％油酸烟碱·阿维乳油、18％阿维·烟碱水剂、7％残·烟碱乳油、17％敌敌畏·烟碱乳油等。这些复配药剂使用方法和防治对象要参照药剂说明书进行,要特别注意的是,要严格按照说明书的使用方法、防治对象和使用浓度使用,对某些新药剂类型在使用前可先喷洒少面积作物以检验有无药害,然后再大面积使用;或防治某些说明书没有提及的同类害虫,也最好是先小面积试验,施药后杀虫药效好则可大面积使用。

🖝 26．烟碱防治害虫有何优点？

烟碱是从烟叶中提炼出来的植物杀虫剂,对害虫有强烈的触杀、胃毒和熏蒸作用。其优点主要有：

(1)低毒、低残留。

(2)用量低。

(3)在环境中易分解,无污染。

(4)有效期较长,达 20 d 左右。

(5)对害虫不易产生抗药性。

(6)杀虫广谱。

☞ 27. 如何使用烟碱防治害虫？

(1)防治棉蚜：在蚜虫发生初期，每 667 m² 用 2%水乳剂 300～500 mL，对水 40～50 kg 喷雾，残效期 7 d，或者用 10%的乳油 50～70 g 对水 40～50 kg 喷雾。

(2)防治其他害虫：如蔬菜、茶叶、果树、水稻等作物上的蚜虫、夜蛾、蓟马、椿象、大豆食心虫、潜叶蝇以及水稻上的三化螟、飞虱、叶蝉等害虫，用 2%水乳剂稀释 800～1 200 倍液，均匀喷雾，残效期 7 d。

(3)防治蟓象、飞虱、黄条跳甲、叶蝉、潜叶蛾等害虫，每 667 m² 用烟草粉末 3～4 kg 直接喷粉。或 1 kg 烟草粉末拌细土 4～5 kg，在清晨露水较多时撒施。

(4)防治菜青虫、小菜蛾、蓟马、菜蚜、麦螨等害虫，可自行用烟草下脚料配制烟草水剂。配制方法：用烟叶、烟筋、烟茎等下脚料直接用清水浸泡，烟草和清水的重量比例为烟草下脚料：水＝1：(6～8)，浸泡 12～14 h，浸泡时揉搓烟草 1 次，换水 4 次，1 kg 烟草下脚料可揉出 24～32 kg 液体，用纱布过滤后就可田间喷雾。

(5)用烟叶土法制造：1 kg 烟叶泡入 10 kg 热水，揉搓后捞出再放入另 10 kg 清水中揉搓。合并两次揉搓液，使用时与 10 kg 石灰水（其中含石灰 0.5 kg）混匀后喷雾，防治蚜虫、蓟马、蟓象等。

(6)防治松毛虫：可用烟碱烟剂，引火拉燃启动，在幼虫 3 龄以前每 667 m² 用药量为 1～1.5 kg。

☞ 28. 使用烟碱防治害虫的注意事项有哪些？

(1)该药以触杀为主，无内吸作用，喷药时务必均匀周到。

（2）使用时不宜与酸性农药混用。

（3）安全间隔期为7～10 d。

（4）在稀释液或浸出液中加入适量肥皂和石灰等碱液能够提高药效。还可加入适量的湿润剂和增效剂茶皂素。

（5）自行配制烟草浸出液应该注意防护，戴手套操作。

（6）施药不要污染河流和在养蚕场所使用。

（7）本品易挥发，贮存时应密封。田间稀释混配药剂随配随用。

（8）该药中毒，经口摄入，口内有烧灼感，急性中毒初始出现恶心、呕吐、腹痛、腹泻、出汗、流涎、心动过速、血压升高、呼吸增快、头昏、眩晕、烦躁不安、怕光、视听觉障碍等，随后逐步恢复；大剂量中毒出现肌颤、心前区疼痛、呼吸困难、面色苍白、抽搐和神经麻痹等。

（9）烟碱中毒的急救措施：①清洗排毒。经口中毒神志清楚者先催吐后洗胃，神志不清者立即插胃管洗胃。洗胃液可用1‰～3‰鞣酸液或浓茶水，洗后再服浓茶或鞣酸。还可用碘酊5～8滴加水 100 mL 或 10%碘化钾溶液 3～5 mL 加水 50 mL 口服，每小时 1 次，连续 2～3 次。皮肤污染立即用大量清水或浓茶水冲洗和肥皂水彻底洗净。呼吸道吸入者立即脱离现场，并吸新鲜空气或氧气。②呼吸衰竭处理。出现呼吸衰竭应迅速人工呼吸通气，此时不宜给呼吸兴奋剂。③阿托品。可解除早期出汗、流涎等症状，而且还可防止烟碱对心脏的损害，一般用 0.5～1 mg 皮下或肌肉注射，必要时应重复使用。

☞ *29.* 如何使用油酸烟碱？

油酸烟碱又名毙蚜丁、HUN－植物杀虫剂，是一种中等毒性的植物源杀虫剂。制剂为棕褐色液体,在低温下贮存稳定,由烟碱(10%)和蓖麻油酸(17.5%)复配制成。对昆虫和螨类有胃毒、触杀及熏蒸作用。

防治棉花的棉蚜并兼治红蜘蛛:在棉花 3～4 片真叶期,卷叶率为 20%～30%,百株蚜量近 2 000 头时施药。每 667 m² 用27.5% 乳油 100～150 mL,对水稀释成 500～1 000 倍液喷雾。根据虫情,隔 7 d 左右喷第 2 次,连续防治 2～3 次。

防治蔬菜、果树、茶树、小麦、水稻、烟草、花卉等作物上害虫。可防治蚜虫、菜青虫、螨类、飞虱、叶蝉和 3 龄以下的棉铃虫等害虫。用 27.5%乳油稀释 300～500 倍喷雾,隔 5～7 d 喷 1 次,连续防治 2～3 次。使用时注意事项同烟碱。

☞ *30.* 如何使用皂素烟碱来防治害虫?

皂素烟碱是由茶皂素和烟碱经混配而制成的植物源广谱杀虫、杀螨剂。茶皂素是从山茶科油茶种子提取的一种糖苷化合物。以触杀作用为主,具一定杀卵作用,但无内吸作用。可防治多种作物上的蚜虫、螨类和蚧类等害虫。制剂为棕褐色液体,耐雨水冲刷,可在阴雨、潮湿条件下施用且防效更好。本品低毒,对人畜和环境安全,在作物上无残留,因此适宜在生产绿色食品中使用。生产上常用的剂型有 27%皂素烟碱可溶剂和 30%的茶皂素·烟碱水剂。

使用方法:在害虫发生初期用 27%可溶剂稀释 300 倍喷雾,并根据虫情间隔 5～7 d 喷 1 次,连喷 2～3 次。喷雾时叶正反面都应均匀喷到,以充分发挥药剂触杀作用。30%茶皂素·烟碱水剂防治蔬菜上的菜青虫和蚜虫每 667 m² 用量是 7.5～10 g,对水均匀喷雾。注意事项同烟碱和油酸烟碱。

☞ *31.* 除虫菊素的特点如何？

除虫菊素又名除虫菊酯和除虫菊，是从除虫菊花中加工而来的植物源杀虫剂。除虫菊是世界上唯一集约化栽培的杀虫植物，属菊科多年生草本植物，其花朵中含 0.6％～1.3％ 的有效成分除虫菊素和灰菊素。除虫菊素纯品为黄色黏稠油状液体，有同花一样的清香味。遇碱或在强光和高温下可分解失效。商品制剂有 0.5％ 粉剂和 3％ 乳油等剂型。

除虫菊杀虫谱广，击倒力强，残效期短。具强触杀作用，微弱胃毒作用，无熏蒸和传导作用。主要用于防治卫生害虫，如蚊、蝇、臭虫、虱子、跳蚤、蜚蠊、衣鱼等。在农业上主要用于防治农作物、林木、果树等多种害虫，如蚜虫、蓟马、飞虱、叶蝉和菜青虫、叶蜂、猿叶虫、金花虫、椿象等。除虫菊素低毒，对人、畜无害，使用安全，不污染环境。

由于除虫菊的高效杀虫，根据除虫菊化学结构目前人工合成了大量的拟除虫菊酯仿生杀虫剂，品种有丙烯菊酯、溴氰菊酯、氰戊菊酯、氯菊酯、高效氯氰菊酯、顺式氟氯氰菊酯、溴氟菊酯、顺式氰戊菊酯、甲氰菊酯、高效氟氯氰菊酯、联苯菊酯、氯氰菊酯、乙氰菊酯、戊菊酯、醚菊酯、顺式氯氰菊酯、氟氯氰菊酯、四溴氰菊酯等。

☞ *32.* 如何用除虫菊素来防治害虫？

（1）喷粉：防治棉蚜、菜蚜、蓟马、飞虱、叶蝉、菜青虫、猿叶虫、叶蜂等，每 667 m² 喷 0.5％ 粉剂 2～4 kg，在无风晴天喷撒。

（2）喷雾：防治蚜虫、蓟马、猿叶虫、金花虫、椿象、叶蝉等多种蔬菜及果树害虫，用 3％ 乳油，对水稀释 800～1 200 倍液喷雾。根据虫情隔5～7 d后再喷1次。

(3)土法生产:夏、秋季把即将开放的除虫菊花朵采摘下来阴干后磨粉,过120～150目筛。0.5 kg除虫菊粉加200～300倍的水,并酌加肥皂做成悬浮液,搅匀后喷洒,可防治农业上的多种害虫,或把除虫菊草整个浸泡在20倍的水中,浸出液喷雾也有良好防效。

(4)制作蚊香:把下列物质按一定比例混合配制:除虫菊粉50%,榆树皮粉48%,萘酚1%和色粉1%配在一起,再加入一定量的水调成糊状,就可制成蚊香。

(5)利用秸秆:在秋末土壤上冻前,将除虫菊茎秆截碎埋入地下可杀死土壤内越冬害虫。还可将除虫菊干品粉碎撒入牲畜圈舍内,可使禽畜外体不生虱子、跳蚤、臭虫等寄生虫,夏季可控制蝇蛆,防止疾病传播。

(6)果园套栽:每667 m² 果园套栽除虫菊200株,或每3～4 m² 栽一株,可有效地抑制害虫进入果园,减免使用化学农药的危害。

☞ 33. 使用除虫菊素应注意什么事项?

(1)本剂不宜与碱性药剂混用,如波尔多液等。

(2)除虫菊素对害虫击倒力强,但常有复苏现象,特别是药剂浓度低时,因此药剂的浓度要适当,浓度太低会降低防效。

(3)本剂对蝗虫、介壳虫和螨类的药效可能较低,防治地下害虫也远不如有机磷杀虫剂,因此生产上可适当加大剂量或不用本剂来防治这些害虫,而选择其他药剂。

(3)除虫菊无内吸作用:因此喷药要周到细致。

(4)贮存:药剂应保存在阴凉、通风、干燥处,严防高温、日晒。在保质期内用完,以防失效。

(5)除虫菊对鱼、蜈蚣、蛙、蛇等动物有毒麻作用,注意鱼池周围不要使用。

(6)生产上使用的除虫菊类似物,即拟除虫菊酯类农药在连年或一年连续多次施药后害虫会很快产生抗药性,因此使用除虫菊也应该注意使用浓度、次数以及农药的轮用,以防出现害虫的抗药性。

(7)由于除虫菊制剂的有效成分光稳定性较差,田间使用后持效期较短,因此更适宜于卫生害虫和贮粮害虫的防治。

☞ *34*．生产除虫菊素制剂的厂家有哪些?

在我国登记生产的有效成分为除虫菊素的部分制剂产品、剂型、防治对象见表1。

☞ *35*．鱼藤酮的特点有哪些?

鱼藤酮又名鱼藤、毒鱼藤,是从鱼藤属等植物中提取的一种有杀虫活性的物质,是三大传统植物源杀虫剂之一(另外两种是烟碱和除虫菊)。鱼藤酮存在于鱼藤属、灰叶属、鸡血藤属、梭果属、紫穗槐、猪屎豆等植物中。鱼藤酮对昆虫作用方式较多,以触杀和胃毒为主,无内吸性,如对菜粉蝶幼虫有强烈触杀作用和胃毒作用,对日本甲虫有拒食作用,对某些鳞翅目害虫有抑制生长发育作用。鱼藤酮作用谱广,可对15目137科800多种害虫具一定的防效,尤其对蚜、螨类害虫防效较好,是历史悠久的治蚜植物源农药。对贮粮害虫如谷象、杂拟谷盗成虫及杂拟谷盗和谷斑皮蠹幼虫也具一定拒食活性。鱼藤酮药剂使用后对人、畜安全,易光解变成无毒或低毒化合物,在环境中残留时间短,对环境无污染。鱼藤酮杀虫作用缓慢,常数天后才死亡,但杀虫作用较持久,可维持10 d左右。防治蔬菜等多种作物上的蚜虫,安全间隔期为3 d。

27

表 1 除虫菊素部分产品种类

生产厂家	登记证号	登记名称	总含量	剂型	登记作物	防治对象	推荐用药量
云南南宝生物科技有限责任公司	PD20092509	除虫菊素	70%	原药			
	PD20098425	除虫菊素	1.5%	水乳剂	十字花科蔬菜	蚜虫	27~40.5 g/hm²
	WL20110086	杀虫气雾剂	0.6%	气雾剂	卫生	蚊、蝇、蜚蠊	
	WL20130004	除虫菊素	1.8%	热雾剂	卫生	跳蚤、蚊、蝇、蜚蠊	3 mL/m³
	WP20110080	除虫菊素	1.5%	水乳剂	卫生	蝇	1.125 mg/m³
						跳蚤	5.625 mg/m³
						蚊	20倍稀释
	WP20120248	杀虫气雾剂	0.9%	气雾剂	卫生	蚊、蝇、蜚蠊	
	WL20130023	除虫菊素	0.1%	驱蚊乳	卫生	蚊	
云南创森实业有限公司	PD20092513	除虫菊素	70%	原药			
	PD20095107	除虫菊素	5%	乳油	十字花科蔬菜	蚜虫	22.5~37.5 g/hm²

续表1

生产厂家	登记证号	登记名称	总含量	剂型	登记作物	防治对象	推荐用药量
内蒙古清源保生物科技有限公司	PD20121952	除虫菊素	1.5%	水乳剂	叶菜	蚜虫	18～36 g/hm²
广州超威日用化学用品有限公司	WL20120011	杀虫气雾剂	0.6%	气雾剂	卫生	蚊、蝇、蜚蠊	
云南中植生物科技开发有限责任公司	WP20080074	除虫菊素	60%	原药			
	WP20080075	杀虫气雾剂	0.2%	气雾剂	卫生	蚊、蝇、蜚蠊	
澳大利亚天然除虫菊公司	WP20130001	除虫菊素	50%	原药			
北京三浦百草绿色植物制剂有限公司	WP20080417	杀虫喷射剂	0.1%	喷射剂		蚊、蝇	
四川新朝阳邦威生物科技有限公司	WP20090170	杀虫气雾剂	0.3%	气雾剂		蚊、蝇、蜚蠊	
	WP20090272	电热蚊香片	15 mg/片	电热蚊香片		蚊	
	WP20090281	蚊香	0.25%	蚊香		蚊	

☞ *36.* 鱼藤酮的作用机制如何？

鱼藤酮及其混剂的作用机制主要是抑制昆虫呼吸作用、抑制谷氨酸脱氢酶活性、与 NADH 脱氢酶、辅酶 Q 之间的某成分发生作用,使害虫细胞线粒体呼吸链中电子传递链受到抑制,从而降低生物体内能量载体 ATP 水平,最终使害虫得不到能量供应,然后行动迟滞、麻痹而缓慢死亡。

此外,还能破坏中肠和脂肪体细胞,造成昆虫局部变黑,影响中肠多功能氧化酶活性,使药剂不易被分解而有效地到达靶标器官,从而使昆虫中毒致死。

☞ *37.* 鱼藤酮及其混剂登记厂家有哪些？

我国目前已经生产出多种鱼藤制剂,已注册登记的部分鱼藤产品种类见表 2。

☞ *38.* 如何使用鱼藤酮防治害虫？

(1)防治蔬菜和果树蚜虫:在田间蚜虫发生始盛期,每 667 m^2 用 2.5% 乳油 100 mL,对水 40～50 kg 喷雾。或每 667 m^2 使用有效成分为 25 g,拌匀后田间喷雾,根据田间蚜虫发生情况,连喷2～3 次。

(2)防治菜青虫、二十八星瓢虫、猿叶虫、黄守瓜、黄条跳、菜螟:用 4% 粉剂 1 kg,中性肥皂 0.5 kg,对水 200～300 kg,或用 5% 鱼藤精 250 g,对水 400～500 kg 喷雾。

(3)防治菜蚜、豆蚜、棉蚜:用鱼藤粉 0.5 kg,中性肥皂 0.5 kg,在早晨露水未干时喷粉。

表 2 鱼藤酮部分产品种类

生产厂家	登记证号	登记名称	总含量	剂型	登记作物	防治对象	推荐用药量
广西施乐农化科技开发有限责任公司	PD20083523	鱼藤酮	95%	原药			
广东金农达生物科技有限公司	PD20085108	鱼藤酮	2.5%	乳油	十字花科蔬菜	蚜虫	37.5~56.25 g/hm²
广东深圳市华农生物工程有限公司	PD20090716	鱼藤酮	2.5%	乳油	十字花科蔬菜叶菜	蚜虫	37.5~56.25 g/hm²
广州益农生有限公司	PD20110891	鱼藤酮	2.5%	乳油	甘蓝	蚜虫	37.5~56.25 g/hm²
河北昊阳化工有限公司	PD20097721	鱼藤酮	2.5%	乳油	十字花科蔬菜叶菜	蚜虫	37.5~56.25 g/hm²
广州农药厂从化市分厂	PD91105-2	鱼藤酮	2.5%	乳油	叶菜	蚜虫	37.5 g/hm²
河北天顺生物工程有限公司	PD20092307	鱼藤酮	4%	乳油	十字花科蔬菜	蚜虫	24~36 g/hm²
	PD20095935	鱼藤酮	95%	原药			

续表2

生产厂家	登记证号	登记名称	总含量	剂型	登记作物	防治对象	推荐用药量
广东新秀田化工有限公司	PD20086351	氰戊·鱼藤酮	2.5%	乳油	十字花科叶菜	菜青虫	30~45 g/hm²
	PD20086352	氰戊·鱼藤酮	7.5%	乳油	十字花科叶菜	小菜蛾	42.4~84.4 g/hm²
	PDN30-94	氰·鱼藤	1.3%	乳油	蔬菜	菜青虫	19.5~24 g/hm²
					蔬菜	蚜虫	19.5~24 g/hm²
广西施乐乐农化科技开发有限责任公司	PD20091876	鱼藤酮	7.5%	乳油	十字花科叶菜	蚜虫	33.75~45 g/hm²
广西施乐乐农化科技开发有限责任公司	PD20095175	藤酮·辛硫磷	18%	乳油	甘蓝	斜纹夜蛾	162~324 g/hm²
广东新秀田化工有限公司	PD20093596	敌百·鱼藤酮	25%	乳油	甘蓝	菜青虫	150~225 g/hm²
陕西省西安西诺农化有限责任公司	PD20097887	氰戊·鱼藤酮	1.3%	乳油	十字花科叶菜	菜青虫	19.5~24 g/hm²
张家口金赛制药有限责任公司	PD20090250	阿维·鱼藤酮	1.8%	乳油	甘蓝	小菜蛾	8.1~10.8 g/hm²

（4）防治食用菌跳虫（烟灰虫）、木耳伪步行虫:用 4%的鱼藤精粉稀释 500～800 倍液喷雾。

☞ *39*. 使用鱼藤酮注意事项有哪些?

（1）遇强光、高温易分解。药液应随用随配,当天用完,以防分解失效。

（2）本剂为中等毒性杀虫剂,对人、畜安全,对作物安全,但鱼类对本剂极为敏感,不宜在水生作物上使用,并注意不要使鱼塘、河流遭到污染。对家蚕高毒,因此不能在饲养家蚕用的桑树上使用。

（3）该药能有效地防治多种作物上的蚜虫,安全间隔期为 3 d。

（4）本剂遇碱分解,因此不能与碱性农药混用。

（5）药剂应贮存在阴凉、黑暗处,并远离火源。

（6）鱼藤酮中毒症状:皮肤污染局部出现瘙痒、疼痛、红肿和丘疹,用手可挤出米粒状物。呼吸道吸入粉尘,可致鼻黏膜干燥、鼻前庭炎、咽干和舌麻。

（7）鱼藤酮中毒急救处理:经口中毒选用 2%～4%碳酸氢钠液洗胃,忌用油类泻剂,同时禁用油、酒类食物。皮肤污染局部用肥皂水和清水冲洗,眼部污染用 2%碳酸氢钠液冲洗。

☞ *40*. 楝素有何特点?

楝素又称川楝素、苦楝素、绿保威、果蔬净和蔬果净,是从楝科植物川楝和苦楝的树皮和种核中分离而来的一种植物源杀虫剂,具胃毒、触杀和拒食等作用,对多种害虫具有很高杀虫效果。较低浓度的楝素对小菜蛾、菜粉蝶、三化螟、白脉黏虫、亚洲玉米螟等幼虫表现出较强拒食活性,明显抑制菜粉蝶的生长发育。其提取物可引起稻瘿蚊产卵忌避反应,抑制水稻铁甲虫、尘污灯蛾、方背皮蠹、墨西哥瓢虫、小菜蛾及中华稻蝗的生长发育,并能抑制多种贮粮害虫如玉米象、米象与绿豆象的繁殖。楝素制剂可防治蔬菜、果树、烟草、茶叶、瓜类等多种作物上的鳞翅目害虫,对蔬菜和小麦蚜虫防效较好,对小菜蛾也有一定防效。楝素毒性低,对人、畜和天敌安全,在环境中易于分解不会造成残毒和污染,且不易产生抗药性,是一种优良的植物杀虫剂。生产中使用剂型是 0.5%楝素杀虫乳油。

☞ 41. 楝素是如何杀虫的?

楝素主要作用于昆虫神经系统和消化系统。在作用与取食有关的化学感受器时,使之丧失对食物刺激的正常敏感性,抑制感觉冲动传入。如楝素可抑制黏虫幼虫下颚须及下颚某些感受器,破坏神经系统内取食信息的传递,使害虫失去味觉功能而表现出拒食。楝素也影响害虫消化系统和解毒代谢。如可抑制菜粉蝶幼虫消化系统蛋白酶和淀粉酶活性,造成中毒害虫中肠蛋白质含量持续下降,并抑制幼虫解毒酶如多功能氧化酶、酯酶及其同工酶的活性。这样当害虫取食和接触药物后,可破坏中肠组织,阻断中枢神经传导,破坏各种解毒酶系,干扰呼吸代谢作用,影响消化吸收,丧失对食物味觉功能,表现出拒食,最终导致害虫生长发育受阻而逐渐死亡,或在变态蜕皮时形成畸形虫体,重则麻痹,昏迷致死。

☞ 42. 如何使用楝素防治害虫? 使用楝素的注意事项有哪些?

防治如菜青虫、小菜蛾、甜菜夜蛾、菜螟、食心虫、金纹细蛾、斜纹夜蛾、烟粉虱、斑潜蝇等害虫,应在 2～3 龄幼虫期施药,使用剂量是每 667 m² 用 0.5％乳油 50～100 mL,或有效成分为 0.25～0.5 g,加水 50～60 kg 稀释后喷雾。防治食叶类毛虫可用 0.5％乳油稀释 1 000～2 000 倍喷雾。

使用楝素制剂防治害虫注意事项如下:

(1)本剂不宜与碱性农药混用。

(2)为增加展着性,在稀释农药时可加入稀释农药量 0.03％的中性洗衣粉。

(3)本剂作用较慢,一般在 1 d 后生效。因此,不要随意加大用药量。

☞ 43. 速杀威的特点如何? 如何使用?

速杀威是 5％烟碱与楝素混配的植物源杀虫剂。对害虫主要是触杀和兼胃毒作用。具有低毒、高效、无残留、不污染环境等优点。适用于防治多种农林植物上的蚜虫、螨类及鳞翅目幼虫等害虫,如蔬菜蚜虫、红蜘蛛、菜青虫、小菜蛾;花卉和中药材蚜虫、红蜘蛛;柑橘红蜘蛛以及林木蚜虫、夜蛾、绢野螟等。

本复配剂尤其适宜安全间隔期要求短的瓜果、蔬菜等作物上应用,对生产 A 级和 AA 级绿色食品有重要意义。防治上述害虫可用 5％乳油对水稀释 400～500 倍后喷雾,间隔 5～7 d 喷 1 次,连喷 2～3 次。注意事项同烟碱和楝素。

☞ 44. 烟百素有何特点? 如何使用?

烟百素是由烟碱、百部碱、楝素 3 种植物源农药混配而成的植物源杀虫剂。1.1％烟百素乳油商品名又叫绿浪。对害虫具较强的触杀和胃毒作用。杀虫谱广,可防治鳞翅目、双翅目、同翅目、半翅目的多种害虫。药剂在作物上的消失极快,无残留,对人、畜低毒和不污染环境,可防治蔬菜、果树、烟草、棉花、茶树、甘蔗、中药材、花卉和森林等作物上多种害虫,包括菜青虫、小菜蛾、蚜虫、白粉虱、美洲斑潜蝇、尺蠖、叶蝉、红蜘蛛、葱蓟马、螟虫、茶毛虫、烟青虫、蚧壳虫、棉铃虫等。尤其是对小菜蛾有特效,且无交互抗性,可替代菊酯类和有机磷类农药。生产上用 1.1% 烟百素乳油稀释 1 000～1 500 倍喷雾,持效期为 7～10 d。施药最好在下午 17 时后进行,并视虫情连喷 2～3 次。防治豇豆红蜘蛛在红蜘蛛盛发期用 1.1% 绿浪乳油稀释 500 倍,或每 667 m² 按有效成分 1.32 g,对水喷雾;防治茶树假眼小绿叶蝉可稀释 500～800 倍喷雾。

☞ 45. 使用烟百素需注意哪些事项?

(1)本剂不能与碱性农药混用,稀释用水要尽量选用中性水,水温宜在 30℃ 以下。

(2)施药应在害虫发生初期,以防为主,虫龄较低时防效更好;对老龄幼虫及虫害发生重的地块,用药浓度和用药量可适当加大。

(3)喷药时注意安全操作和防护。可戴风镜保护眼睛,若药液溅入眼睛立即用大量清水冲洗。

(4)喷药时间:春、秋季节最好在 10 时前或 16 时后;夏季最好在 8 时前或 18 时后,阴天时全天均可喷药。

(5)露天喷药后如 2 h 内下雨,应雨后补喷,以保证使用效果。

(6)使用喷雾器喷药时力求所喷药液呈雾状,多喷叶片背面,使害虫充分接触药液,以达到理想防效。

(7)为降低抗药性的产生,注意和其他药剂交替轮换使用。如用稀释 500～800 倍的 1.1% 绿浪乳油和 1% 苦参碱醇液在防治茶小绿叶蝉时交替使用。

☞ 46．印楝素有何特点？

印楝素又名爱禾，是从印楝树种子提出来的植物源杀虫剂。对昆虫具很强的触杀、拒食、胃毒、忌避、抑制生长发育、抑制呼吸、抑制激素分泌和降低生育能力等多种生理活性，其中以触杀、拒食、忌避和抑制生长发育作用尤为显著。在极低浓度下具有抑制和阻止昆虫蜕皮、降低昆虫肠道活力、抑制成虫交配产卵的作用。

印楝素对光敏感，暴露在光下会逐渐失去活性，在低于 20℃下稳定，温度较高时会加速其降解，碱性和强酸液中不稳定，中性条件下较稳定。微生物活动会加快印楝素降解。从结构上，印楝素含有一些不饱和键，这些键极易发生质子转移反应，使印楝素不稳定，印楝抽提物和纯品中的水分会加速其降解。

印楝素杀虫谱较广，持效期长，可防治作物、蔬菜、茶叶、果树、仓储和卫生害虫 250 多种，对鳞翅目、鞘翅目和双翅目害虫效果较好，如柑橘作物上的红蜘蛛、锈蜘蛛、蚜虫、潜叶蛾、粉虱；蔬菜上的小菜蛾、菜青虫、烟青虫、棉铃虫以及茶小绿叶蝉、茶黄蓟马以及各类蝗虫。印楝素对人、畜、鸟和蜜蜂安全，对天敌影响也较小，可在自然环境中降解、无残留，且不易产生抗药性，特别适用于防治已有抗药性的害虫。

☞ 47．印楝素是如何杀虫的？

印楝素对昆虫的作用机理为直接或间接通过破坏昆虫口器的化学感应器而产生拒食作用。影响中肠的消化酶活性使食物营养转换不足从而影响生命力。高剂量的印楝素可直接杀死昆虫，低剂量的则使昆虫停止发育，出现永久性幼虫或畸形蛹、成虫。印楝素可抑制脑神经分泌细胞的功能，降低促前胸腺激素的合成与释放;影响前胸腺对蜕皮激素的合成和释放,影响咽侧体对保幼激素的合成和释放,导致昆虫血淋巴内激素水平失调,同时抑制昆虫卵黄原蛋白合成而导致不育。

印楝素类化合物与昆虫体内某些激素化学结构非常相似,这些类似物进入昆虫体内,对昆虫体自身激素平衡起破坏作用,使脑和其他各腺体功能紊乱,从而干扰昆虫行为和发育生理,导致胚后发育不正常以致生殖能力降低或丧失,降低昆虫种群数量。同时害虫不易区分这些激素类似物是体内固有的还是外界强加的,所以它们既能够进入害虫体内干扰害虫的整个生命过程从而杀死害虫,又不易引起害虫对其产生抗药性,此类昆虫激素类似物与脊椎动物激素的结构差异很大,所以它们仅杀死害虫而对人、畜无毒。

☞ **48.** 印楝素防治害虫有哪些优点?

(1)对人、畜安全:因其结构只与昆虫体内蜕皮甾类激素相似而对高等动物不起作用或作用很低。

(2)对天敌安全:印楝素作为激素影响剂,在害虫体内积累非常少,且常被转化,故对捕食性和寄生性天敌较为安全。

(3)对环境安全:印楝素在高温、光照、辐射等自然条件下易降解,残留量很低甚至无残留,不污染环境。

(4)杀虫活性高、杀虫谱广:可防治作物、蔬菜、茶叶、水果和卫生害虫多种害虫,可一次施药兼治多种害虫。

(5)不易诱发抗药性:印楝素杀虫机理独特,使害虫不容易产生抗药性,从而表现出杀虫效果的持续性。

☞ **49.** 如何使用印楝素?

(1)防治蔬菜害虫:如菜青虫、斑潜蝇、跳甲等。用0.3%的乳油稀释 800～1 200 倍喷雾。0.3％印楝素乳油对小菜蛾药效与药量呈正相关,可适当高剂量使用,每 667 m² 用 150 mL 对水喷雾或稀释 400～500 倍喷雾。由于小菜蛾多在夜间活动,白天活动较少,因此施药应在清晨和傍晚进行。

(2)防治水稻害虫:如螟虫类、叶蝉类、飞虱类、蹈蝗等,用 0.3％ 的乳油稀释 1 500～2 000 倍喷雾。

(3)防治棉花害虫:如叶螨类、棉铃虫、蓟马类等,用 0.3％的乳油稀释 1 500～2 000 倍喷雾。

(4)防治茶树害虫:如蚜虫、茶毛虫、卷叶蛾、尺蛾、螨类等。用 0.3％的乳油稀释 1 000～1 500 倍喷雾。防治茶树上的茶小绿叶蝉可用 0.3％印楝素乳油稀释 400～600 倍喷雾。

(5)防治烟草害虫:如烟蚜、烟草夜蛾等,用 0.3％的乳油稀释 1 500～2 000 倍喷雾。

(6)防治果树害虫:如螨类、卷叶蛾类、潜叶蛾类等,用 0.3％的乳油稀释 1 000～15 000 倍喷雾。

(7)防治柑橘害虫:如红蜘蛛、锈蜘蛛、蚜虫、潜叶蛾、粉虱等,用 0.3％印楝素乳油对水稀释 1 000～1 300 倍喷雾,间隔 8～10 d 后根据虫情可连续使用。

(8)防治林木害虫:如松毛虫、毒蛾类、松梢螟等,用 0.3％的乳油稀释 1 500～2 000 倍喷雾。

(9)防治芸豆美洲斑潜蝇:在为害初期,用 0.5％印楝素乳油对水稀释 600～800 倍喷雾。

☞ **50.使用印楝素的注意事项有哪些?**

(1)应在幼虫发生前期预防使用,与非碱性叶面肥混合使用效果更佳。

(2)施药应在阴天和黄昏前以充分发挥其药效。

(3)不能用碱性水进行稀释,也不能与碱性化肥、农药混合使用。

（4）贮存应放置于阴凉干燥处，避免阳光照射，保质期 2 年。

（5）为提高防效，可将 0.3％印楝素乳油和等量的护卫鸟牌农药展着剂（北京啄木鸟新技术开发公司出品）混合后，稀释 1 000 倍田间使用。

（6）使用间隔期为 7～10 d，用于预防时间隔期可延长至 15 d 左右。

（7）在高温、强光可分解降低活性，因此应该避免中午时使用。

（8）其药效较缓，使用后一般 1 周左右药效才到高峰，因此生产上应在虫害初期用药，以减少虫害造成的损失。

（9）蔬菜和果树上使用，注意安全间隔期为 5 d。

☞ *51*. 生产印楝素制剂的登记厂家有哪些？

我国登记的生产印楝素制剂部分厂家、剂型、成分含量见表 3。

☞ *52*. 藜芦碱的特点有哪些？

藜芦碱又名虫敌、护卫鸟、赛丸丁、西伐丁，是从某些百合植物中提取的植物源杀虫剂，是多种生物碱的混合剂。纯品为结晶，制剂为草绿色或棕色透明液体。藜芦碱制剂是从喷嚏草的种子和白藜芦的根茎中提取的。对昆虫具触杀和胃毒作用。杀虫机制是药剂接触虫体表皮或经取食进入消化道后，造成局部刺激，引起反射性虫体兴奋，抑制害虫中枢神经活动导致死亡。本品对人、畜低毒，不污染环境，残留低，药效持效 10 d 以上，比鱼藤酮和除虫菊的持效期长。可用于防治家蝇、蟑螂、虱等卫生害虫，也可用于防治大田作物、果树、蔬菜和林业害虫，如棉铃虫、菜青虫、蚜类。生产上常用剂型有 0.5％藜芦碱醇溶液、0.5％藜芦碱可溶性液剂和 5％～20％的粉剂。

表3　印楝素制剂部分产品种类

生产厂家	登记证号	登记名称	总含量	剂型	登记作物	防治对象	有效成分
河南鹤壁陶英生物科技有限公司	PD20110147	印楝素	0.7%	乳油	甘蓝	菜青虫	4.2~6.3 g/hm²
	PD20101807	阿维·印楝素	0.8%	乳油	甘蓝	小菜蛾	6.3~8.4 g/hm²
成都绿金生物科技有限责任公司	PD20101580	印楝素	0.3%	乳油	甘蓝	小菜蛾	4.8~7.2 g/hm²
					茶树	茶毛虫	5.4~6.75 g/hm²
					十字花科蔬菜	小菜蛾	2.7~4.05 g/hm²
					柑橘树	潜叶蛾	5~7.5 mg/kg
云南中科生物产业有限公司	PD20101937	印楝素	40%	母药			
	PD20101938	印楝素	0.3%	乳油	甘蓝	小菜蛾	13.5~22.5 g/hm²
浙江来益生物技术	PD20102187	印楝素	0.3%	乳油	十字花科蔬菜	菜青虫	4.05~6.3 g/hm²
海南利蒙特生物农药	PD20110076	印楝素	0.3%	乳油	十字花科蔬菜	菜青虫	2.25~3.6 g/hm²

续表 3

生产厂家	登记证号	登记名称	总含量	剂型	登记作物	防治对象	有效成分
楝产业开发股份有限公司	PD20110336	苦参·印楝素	1%	乳油	甘蓝	小菜蛾	9~12 g/hm²
辽宁省沈阳东大迪克化工药业有限公司	PD20120804	印楝素	0.3%	乳油	十字花科蔬菜	小菜蛾	2.4~3.84 g/hm²
九康生物科技发展有限责任公司	PD20130175	印楝素	0.6%	乳油	甘蓝	小菜蛾 斜纹夜蛾	9~18 g/hm² 9~18 g/hm²
山东惠民中农作物保护有限责任公司	PD20130868	印楝素	0.5%	乳油	甘蓝	小菜蛾	9.4~11.3 g/hm²
湖北蕲农化工有限公司	PD20131636	印楝素	0.3%	乳油	甘蓝	小菜蛾	3.6~5.4 g/hm²

☞ *53*. 如何使用藜芦碱?

(1)防治菜青虫:在菜青虫 3 龄前,甘蓝进入莲座期施药,每 667 m² 用 0.5% 藜芦碱醇溶液 50～100 mL,对水 40～50 kg,或用水稀释到 500～800 倍,均匀喷雾,持效期可达 2 周,还可兼治其他鳞翅目害虫和蚜虫。

(2)防治棉蚜:在棉花百株卷叶率达 5%,有蚜株率大于 30% 或每叶有蚜虫 30～40 头时施药,每 667 m² 用 0.5% 藜芦碱醇溶液 50～100 mL,对水 40 kg,或稀释 400～800 倍喷雾,并可兼治低龄棉铃虫。

(3)防治棉铃虫:在棉铃虫卵孵化盛期施药,每 667 m² 用 0.5% 藜芦碱醇溶液 50～100 mL,对水 40 kg 喷雾,可兼治棉蚜。

(4)防治烟草上的烟蚜:用 0.5% 藜芦碱醇液对水稀释 1 000 倍喷雾,防效在 69%～82%。

(5)防治其他作物蚜虫:对蔬菜、瓜类、中药材等作物上的蚜虫,每 667 m² 用 0.5% 藜芦碱醇溶液 50～100 mL,对水 40 kg 喷雾。

☞ *54*. 使用藜芦碱需要注意哪些事项?

(1)本剂不可与强酸和碱性农药混用。

(2)本剂易光解,应在避光、低温、通风和干燥条件下保存。

(3)因贮存时有少量沉淀,使用前要先摇匀后再用。

(4)要在害虫低龄阶段使用:如棉铃虫在 1～3 龄幼虫期使用致死率较高,4 龄后使用则防效较差,因此要在棉铃虫低龄阶段使用。

☞ **55. 生产藜芦碱制剂的登记厂家有哪些？**

我国登记的生产藜芦碱制剂部分厂家见表4。

☞ **56. 苗蒿素有何特点？**

苗蒿素又名山道年,是以苗蒿为原料提取的植物源杀虫剂,主要杀虫成分为山道年,其纯品为白色晶体或粉末,日光下易变黄,性质稳定,但遇酸碱分解。苗蒿素制剂为茶褐色液体,主要是以天然植物苗蒿、除虫菊为原料,以中草药等为辅料,再添加增效剂和稳定剂制成的水剂,主要杀虫成分为山道年和百部碱。

苗蒿素对昆虫具触杀、胃毒兼有杀卵作用,属广谱杀虫剂,可防治果树、蔬菜、棉花、农作物等植物上的多种害虫,如菜青虫、菜蚜、桃小食心虫、春尺蠖、白小食心虫、红蜘蛛、茶黄螨、天牛幼虫、光肩星天牛、梨粉蚜、麦蚜等害虫,对榆兰金花虫有特效,对大豆蚜虫也有一定防效。苗蒿素既杀虫又灭卵,并能促进植物生长,对人、畜毒性极低,对环境安全,因此适于绿色或有机食品生产中使用。生产上使用的剂型是 0.65% 水剂,此外,苗蒿素(0.63%)和百部碱(0.25%)按一定比例还可复配成 0.88% 的双素·碱水剂。

☞ **57. 如何使用苗蒿素防治害虫？**

(1)防治蔬菜害虫:如蚜虫类、菜青虫、韭蛆、茶黄螨等害虫,每 667 m^2 用 0.65% 水剂 100～250 mL,对水 60～80 kg,或稀释 400～600 倍喷雾,根据虫情连续使用 2～3 次。防治菜蚜时浓度可稍微高一些,如喷施 300～400 倍液。

表 4　藜芦碱制剂部分产品种类

生产厂家	登记证号	登记名称	总含量	剂型	登记作物	防治对象	用药量
成都新朝阳作物科学有限公司	PD20131807	藜芦碱	0.5%	可溶液剂	辣椒		$9\sim10.5$ g/hm²
					茄子		
					草莓	红蜘蛛	$6.25\sim8.33$ mg/kg
					枣树		
					柑橘树		
陕西康禾立丰生物科技药业	PD20130485	藜芦碱	0.5%	可溶液剂	茶叶	茶黄螨	$3.33\sim5$ mg/kg
					甘蓝	菜青虫	
河北邯郸市建华植物农药厂	PD20110125	藜芦碱	0.5%	可溶液剂	甘蓝	菜青虫	
					棉花	棉蚜	
河北馥稷生物科技有限公司	PD20102064	藜芦碱	1%	母液	甘蓝	菜青虫	
	PD20102081	藜芦碱	0.5%	可溶液剂	棉花	棉铃虫	$5.625\sim7.5$ g/hm²
					棉花	棉蚜	
山东聊城赛德农药有限公司	PD20110626	藜芦碱	0.5%	可溶液剂	棉花	棉铃虫	
					棉花	棉蚜	

(2)防治柑橘蚜虫:每 667 m² 用 0.65％水剂 200 mL 对水喷雾,连续使用 2～3 次。

(3)防治辣椒茶黄螨:每 667 m² 用 0.65％水剂 80～100 mL 对水喷雾,连续使用 2～3 次。

(4)防治果树害虫:如苹果黄蚜、尺蠖、桃小、梨粉蚜、梨木虱、天牛幼虫、梨小食心虫、红蜘蛛和天牛幼虫,将 0.65％水剂加水稀释到 500～800 倍喷雾,连续用药 2～3 次。防治天牛幼虫用稀释后的药剂用布条蘸药液堵洞。

(5)防治棉花害虫:如棉铃虫和棉蚜,每 667 m² 用 0.65％水剂 80～100 mL 对水喷雾,连续使用 2～3 次。

(6)防治园林害虫:如光肩天牛、白小食心虫、国槐尺蠖等害虫,用 0.65％水剂加水稀释 500～800 倍喷雾。

(7)用双素·碱防治蔬菜、瓜类上的蚜虫、菜青虫和黄守瓜等害虫:在害虫发生初期使用,用 0.88％双素·碱水剂 100～150 mL 对水 40～60 kg 或稀释 300～400 倍后喷雾,间隔 7～8 d 喷 1 次,连续喷 2～3 次。

☞ 58. 使用茼蒿素的注意事项有哪些?

(1)本剂不可与酸性或碱性农药混用。

(2)使用前须将药液摇匀后再加水稀释,并在当天用完,以保证药效。

(3)贮存在阴暗处,不得风吹日晒。有效期为 2 年。

☞ 59. 苦参碱的特点是什么?

苦参碱又名苦参素,0.26％水剂又称绿宝清,1.1％粉剂又称康绿功臣,是从豆科苦参中提取的植物源杀虫剂。纯品为白色粉

46

末,制剂为深褐色液体,具有触杀和胃毒作用。苦参碱是一种广谱性杀虫剂,对果树、蔬菜、小麦、水稻等多种作物上的菜青虫、小菜蛾、蚜虫、螨类、韭蛆、地下害虫等有明显防效。苦参碱药剂对人、畜安全,对作物无药害,无残留,使用后无不良气味,不影响产品风味。苦参碱杀虫机制主要是麻痹神经中枢,促使虫体蛋白质凝固,堵塞虫体气孔,使害虫窒息而死。对人、畜毒性低,不污染环境,适于生产绿色或有机食品使用。商品剂型有粉剂、水剂、乳油和可溶性液剂。另外,还可从苦参根提取氧化苦参碱,其特点跟苦参碱类似。

☞ **60. 如何使用苦参碱?**

(1)拌种:防治地下害虫和韭蛆。每千克蔬菜种子经浸种后,用0.1%苦参碱粉剂100～200 g拌匀,然后播种。未浸过的种子,每千克种子喷水50～100 mL拌后使种子湿润,再撒入0.1%苦参碱粉剂100～200 g拌匀后播种。

(2)毒土防治韭蛆:每667 m² 用0.1%苦参粉剂2～3 kg,拌细土或细沙15～20 kg,撒施或移栽前撒入移植穴内。老韭菜地宜适当增加用药,每667 m² 用粉剂3～4 kg。韭菜在扣棚时撒药,深锄1次,使药粉混入土中,3～4 d浇1次水。在第1茬韭菜收获后,再按每667 m² 用药粉2～3 kg,混细土15～20 kg,然后撒施,并锄入土中,3 d后浇水。

(3)灌根防治韭蛆:每667 m² 用1.1%的粉剂2 kg对水500 kg,混匀后顺垄灌根,持效期1个月左右,能有效控制韭蛆危害,且对韭菜安全无毒,值得推广,以替代高残留、高毒农药提高韭菜的安全性。

(4)防治蔬菜、花卉害虫:包括蚜虫、菜青虫、小菜蛾、叶螨、木虱、食心虫、白粉虱等。在害虫发生初期,用0.26%水剂(绿宝清)

对水稀释 600～800 倍喷雾。防治蔬菜上蚜虫、小菜蛾和菜青虫还可用 0.04％水剂,在发生初期对水稀释到 400 倍喷雾,间隔3～5 d 喷 1 次,连续喷施 2～3 次。防治小菜蛾还可用 0.38％乳油或水剂,在 2 龄前对水稀释 1 000～1 500 倍喷雾。防治蔬菜潜叶蝇可用 0.3％苦参碱乳油稀释 1 000 倍,发生期喷 2～3 次可控制其为害。

(5)防治棉花、烟叶、茶叶害虫:包括棉蚜、棉铃虫、烟青虫、尺蠖、茶毛虫等。在叶蝉发生初期,用 0.26％苦参碱水剂对水稀释 600～800 倍喷雾。防治茶小绿叶蝉还可用 0.3％苦参碱水剂在叶蝉低龄幼虫期对水稀释 1 000 倍后喷雾。

(6)防治玉米、小麦害虫:包括玉米螟、麦蚜、红蜘蛛等。在害虫发生初期,用 0.26％水剂对水稀释成 600～800 倍液喷雾。

(7)防治果树害虫:包括食心虫、蚜类、红蜘蛛、星毛虫、桃蛀螟、潜叶蛾等。在害虫发生初期,用 0.26％水剂对水稀释 500～700 倍后喷雾。防治苹果黄蚜用 0.3％苦参碱水剂稀释 1 000 倍后喷雾。防治梨二叉蚜和桃瘤头蚜还可用 0.8％苦参碱·内酯水剂,防治梨二叉蚜稀释 800 倍,防治桃瘤头蚜稀释 800～1 000 倍液喷雾。

(8)使用氧化苦参碱防治蔬菜害虫:氧化苦参碱常用剂型有 0.1％氧化苦参碱水剂和 0.5％、0.6％的氧苦·内酯水剂。防治菜青虫用 0.1％氧化苦参碱水剂在低龄幼虫期每 667 m² 用 60～80 mL 对水 40 kg 喷雾,或对水稀释 500～800 倍喷雾,喷药时间最好在下午 16 时以后,1 d 内喷施 2 次则效果更佳。氧化苦参碱使用的注意事项同苦参碱。

☞ *61.* 使用苦参碱需要注意的事项有哪些?

(1)本剂不宜与碱性农药混用。

（2）喷雾使用时,阴天害虫不活动时不宜施药。

（3）保存在低温冷凉和通风处,保质期 2 年。

（4）苦参碱制剂速效性和持效性较差,生产中注意和其他农药混配或轮用以增防效。

（5）相同剂型不同厂家防治相同害虫推荐的使用剂量差异较大,生产中应该结合当地害虫发生的实际情况合理使用。

（6）使用前将液剂、水剂或乳油等剂型药剂用力摇匀,再对水稀释。安全间隔期 2 d。

（7）苦参碱水剂以触杀为主,胃毒为辅,因此喷药中,应掌握好喷药质量,尽量使虫体着药,以提高防效。

（8）喷施药剂时间最好选在下午 16 时后,1 d 内喷施 2 次则效果更佳。

☞ **62.我国生产苦参碱单剂和混剂的厂家有哪些?**

苦参碱制剂是目前登记较多植物源杀虫剂。2002 年不同厂家的 42 个产品涉及苦参碱,单剂有 28 个品种,混剂有 14 个品种。苦参碱制剂的剂型主要有乳油、水剂、粉剂和可溶性液剂。截至 2014 年 1 月,通过中国农药信息网（www.chinapesticide.gov.cn）查询以苦参碱为有效成分的产品信息有 65 条,厂、部分生产的剂型、登记防治对象见表 5,防治害虫时可选择使用。

☞ **63.苦皮藤素的特点如何?**

苦皮藤素是从卫矛科南蛇藤属多年生木质藤本植物苦皮藤提取而来的一种植物源杀虫剂。对害虫具较强胃毒、拒食、驱避和触杀作用。1%苦皮藤素乳油外观为棕红色澄清液体,对温度、光、酸碱均稳定,在田间持效期可达 10～14 d。对鳞翅目幼虫、蚜虫等有

表 5 国内登记生产的某些苦参碱农药

生产厂家	登记证号	登记名称	含量	剂型	登记作物	防治对象	推荐用药量
山西德威生化有限公司	LS20120002	苦参碱	1.3%	水剂	甘蓝	菜青虫	4.5~6.75 g/hm²
						蚜虫	
四川省都江堰市大发实业有限责任公司	PD20101419	苦参碱	0.3%	水剂	梨树	黑星病	600~800 倍液
					茶树	茶毛虫	4.05~6.75 g/hm²
陕西恒田化工有限公司	LS20130140	苦参碱	3%	水乳剂	烟草	病毒病	36~45 g/hm²
内蒙古帅旗生物科技股份有限公司	LS20130383	苦参碱	5%	水剂	甘蓝	小菜蛾	6~7.5 g/hm²
南通神雨绿色药业有限公司	PD20100678	烟碱·苦参碱	1.2%	乳油	甘蓝	菜青虫	7.2~9 g/hm²
	PD20100679	苦参碱	5%	母药			
重庆东方农药有限公司	PD20101207	苦参碱	5%	母药			
	PD20101216	烟碱·苦参碱	0.5%	水剂	柑橘树	矢尖蚧	5~10 mg/kg
山西安顺生物科技有限公司	PD20101227	苦参碱	0.3%	水剂	甘蓝	菜青虫	4.5~6.75 g/hm²
						蚜虫	4.5~6.75 g/hm²

续表5

生产厂家	登记证号	登记名称	含量	剂型	登记作物	防治对象	推荐用药量
河北阔达生物制品有限公司	PD20101233	苦参碱	0.3%	水剂	梨树	黑星病	800~600 倍液
山东美罗福农化有限公司	PD20101507	苦参碱	0.3%	水剂	十字花科蔬菜	蚜虫	6.75~11.25 g/hm²
	PD20101239	苦参碱	0.3%	水剂	十字花科蔬菜	蚜虫	6.75~9 g/hm²
河北省农药化工有限公司	PD20101244	苦参碱	0.3%	水剂	甘蓝	菜青虫	6.48~8.64 g/hm²
					十字花科蔬菜	蚜虫	4.5~6.75 g/hm²
南通神雨绿色药业有限公司	PD20101283	苦参碱	0.5%	水剂	十字花科蔬菜	菜青虫	4.5~6.75 g/hm²
					十字花科蔬菜	小菜蛾	4.5~6.75 g/hm²
					十字花科蔬菜	蚜虫	4.5~6.75 g/hm²
					茶树	茶毛虫	3.75~5.25 g/hm²
					烟草	烟青虫	4.5~6 g/hm²
					烟草	烟蚜	4.5~6 g/hm²
上海易施特农药(郑州)有限公司	PD20101234	苦参碱	0.3%	水剂	十字花科蔬菜	菜青虫	2.7~4.05 g/hm²
江苏嘉隆化工有限公司	PD20101298	苦参碱	0.3%	水乳剂	十字花科蔬菜	菜青虫	4.5~6.75 g/hm²

续表 5

生产厂家	登记证号	登记名称	含量	剂型	登记作物	防治对象	推荐用药量
五家渠农佳绿和生物科技有限公司	PD20101319	苦参碱	0.3%	水剂	十字花科蔬菜	菜青虫	4.32~6.48 g/hm²
山东省成武县有机化工厂	PD20101370	苦参·硫黄	13.7%	水剂	水稻	条纹叶枯病	7.56~8.64 g/hm²
					辣椒	病毒病	205~308 g/hm²
河北馥曦生物科技公司	PD20101371	苦参碱	0.3%	乳油	黄瓜	霜霉病	273~411 g/hm²
河北海虹生化有限公司	PD20101385	苦参碱	0.36%	可溶液剂	梨树	黑星病	5.4~7.2 g/hm²
福建新农大正生物工程公司	PD20101435	苦参碱	0.3%	水剂	十字花科蔬菜	菜青虫	600~800 倍液
北京富力特农业科技公司	PD20101455	苦参碱	0.3%	水剂	十字花科蔬菜	菜青虫	5.4~6.75 g/hm²
开封大地农生物科技	PD20101469	苦参碱	1%	可溶液剂	甘蓝	菜青虫	2.7~4.5 g/hm²
山东兖州新天地农药公司	PD20101509	苦参碱	0.3%	水剂	苹果树	红蜘蛛	15~18 g/hm²
山西稼覆丰农业科技开发有限公司	PD20101513	苦参碱	0.3%	水剂	十字花科蔬菜	菜青虫	7.5~22.5 g/hm²
					十字花科蔬菜	蚜虫	2.7~3.6 g/hm²
潍坊鸿汇化工有限公司	PD20101514	苦参碱	0.3%	水剂	甘蓝	菜青虫	4.5~6.75 g/hm²
							2.4~3.0 g/hm²

续表 5

生产厂家	登记证号	登记名称	含量	剂型	登记作物	防治对象	推荐用药量
江苏万农化工有限公司	PD20101530	苦参碱	0.3%	水剂	十字花科蔬菜	菜青虫	4.32~6.48 g/hm²
北京绿土地生化制剂有限公司	PD20101596	苦参碱	0.3%	水剂	十字花科蔬菜	菜青虫 蚜虫	2.81~6.75 g/hm²
山西广大化工有限公司	PD20101681	苦参碱	0.3%	可溶液剂	梨树	黑星病	800~600 倍液
内蒙古清源保生物科技有限公司	PD20101866	苦参碱	0.3%	水剂	十字花科蔬菜	菜青虫 蚜虫	7.5~9 g/hm²
西安嘉科农化有限公司	PD20101921	苦参碱	0.3%	水剂	甘蓝	菜青虫	3.12~3.9 g/hm²
北京亚戈农生物药业公司	PD20102013	苦参碱	0.5%	可溶液剂	甘蓝	蚜虫	4.56~6.84 g/hm²
大连贯发药业有限公司	PD20102038	苦参碱	0.3%	水剂	十字花科蔬菜	蚜虫	4.32~6.48 g/hm²
北京三浦百草绿色植物制剂有限公司	PD20102071	苦参碱	5%	母药			
	PD20110546	苦参碱	0.3%	水剂	花卉	蚜虫	2.7~4.05 g/hm²
	PD20110058	苦参碱	0.5%	水剂	十字花科蔬菜	菜青虫 蚜虫	6.48~8.64 g/hm²

续表 5

生产厂家	登记证号	登记名称	含量	剂型	登记作物	防治对象	推荐用药量
赤峰中农大生化科技有限责任公司	PD20102100	苦参碱	1%	可溶液剂	甘蓝 草原	菜青虫 菜蚜 蝗虫	7.5~18 g/hm² 4.5~7.5 g/hm²
山东乳山韩威生物科技有限公司	PD20102101	苦参碱	0.3%	水剂	十字花科蔬菜	菜青虫	2.4~3 g/hm²
河南省安阳市五星农药厂	PD20110085	烟碱·苦参碱	0.6%	乳油	甘蓝	蚜虫	5.4~10.8 g/hm²
陕西国丰化工有限公司	PD20110116	苦参碱	0.3%	水剂	十字花科蔬菜	蚜虫	6.24~8.58 g/hm²
江西高安金龙生物科技有限公司	PD20110310	苦参碱	0.3%	水剂	甘蓝	菜青虫	4.5~5.4 g/hm²
云南光明印楝产业开发股份有限公司	PD20110336	苦参·印楝素	1%	乳油	甘蓝	小菜蛾	9~12 g/hm²
山东祥隆化工有限公司	PD20110345	苦参碱	0.3%	可溶液剂	梨树	黑星病	4.5~6 mg/kg
赤峰中农大生化科技有限责任公司	PD20110637	苦参碱	10%	母药			

续表 5

生产厂家	登记证号	登记名称	含量	剂型	登记作物	防治对象	推荐用药量
山东百纳生物科技有限公司	PD20110748	苦参碱	0.3%	水剂	甘蓝	菜青虫	22.5~30 g/hm²
沈阳东大迪克化工药业公司	PD20111133	苦参碱	1%	可溶液剂	甘蓝	菜青虫	7.5~10.5 g/hm²
山东兴禾作物科学技术有限公司	PD20120002	苦参碱	0.5%	水剂	林木	美国白蛾	2.5~5 mg/kg
					梨树	黑星病	5~7 mg/kg
河北馥稷生物科技有限公司	PD20120012	苦参碱	0.3%	水剂	十字花科蔬菜	蚜虫	2.81~6.75 g/hm²
山东百士威农药有限公司	PD20120115	苦参碱	0.3%	水剂	苹果树	红蜘蛛	2~6 mg/kg

较好防效,可防治绿色行道树、茶树、绿色蔬菜等高附加值作物害虫。苦皮藤对哺乳动物、鸟类、鱼类、蜜蜂、瓢虫等安全,无残留,不污染环境,可用于绿色果蔬生产中害虫的防治。目前,苦皮藤素制剂剂型有 0.2%和 1%苦皮藤素乳油和 0.15%苦皮藤素微乳剂。

☞ 64. 苦皮藤素杀虫机理是什么?

苦皮藤素制剂中有效杀虫成分不是单个物质,而是一系列具有二氢沉香呋喃多元酯结构的化合物共同起作用,其中活性最高的是毒杀成分苦皮藤素Ⅳ和麻醉成分苦皮藤素Ⅴ。苦皮藤素Ⅴ主要作用于昆虫消化系统,可能与中肠细胞质膜上特异受体相结合,从而破坏膜结构,造成肠穿孔,昆虫大量失水而死亡。苦皮藤素Ⅳ即可作用于神经与肌肉接点,也可作用于肌细胞,对昆虫飞行肌和体壁肌有强烈毒性,明显破坏肌细胞质膜和内膜系统(如线粒体膜、肌质网膜和核膜)及肌原纤丝。质膜的断裂和消解影响动作电位的产生与传导;线粒体结构的破坏导致肌肉收缩缺乏能量供应;肌质网的破坏直接影响钙离子释放与回收;肌原纤维的破坏导致肌肉不能正常收缩。苦皮藤素Ⅳ损伤肌细胞结构最终麻痹昆虫,主要表现为虫体软瘫麻痹,对外界刺激无反应。

☞ 65. 如何使用苦皮藤素?

(1)防治菜青虫和小菜蛾:用 0.2%苦皮藤素乳油稀释 1 000～1 500 倍喷雾,或每 667 m² 用有效成分 7.5～10.5 g,折成 1%苦皮藤素乳油商品量为 50～70 mL,对水 60～75 kg 稀释,均匀喷雾,持续期可达 2 周。防治小菜蛾还用 0.15%苦皮藤素微乳剂,每 667 m² 使用 106～133 mL 对水 50 kg 稀释后均匀喷雾。

(2)防治槐尺蠖:用 0.2％苦皮藤乳油稀释 1 500 倍喷雾。

(3)防治金龟子成虫:于危害期用 0.2％苦皮藤乳油稀释 2 000 倍后树上喷雾。

(4)防治黄刺蛾:在 1～2 龄期用 0.2％的苦皮藤素乳油稀释 2 000 倍喷雾。

(5)防治马铃薯叶甲和二十八星瓢虫:可用 0.2％苦皮藤素乳油稀释 500～1 000 倍均匀喷雾,但 1 000 倍稀释液对叶甲幼虫防效较差,因此需用较低稀释倍数如 500 倍防治甲虫幼虫。

☞ 66. 使用苦皮藤素注意的事项有哪些?

(1)田间喷洒要均匀。

(2)苦皮藤素对大龄幼虫也有很好防效,但为保证防效最好在低龄幼虫期使用。

(3)0.15％微粒剂和乳油相比,可降低有效成分的用量,减少有机溶剂用量,使得制剂更符合环保的要求。使用时按说明书上推荐的浓度使用。

(4)贮存应该在阴凉通风干燥之处。

(5)本剂对皮肤轻度刺激性,对眼睛中度刺激性,田间使用时应该注意防护。

☞ 67. 我国生产苦皮藤素制剂的厂家有哪些?

国内登记名称为苦皮藤素的生产厂家、剂型、登记防治对象见表 6,防治害虫时可选择使用。

表6 国内登记名称为苦皮藤素的苦皮藤制剂种类

生产厂家	登记证号	总含量	剂型	登记作物	防治对象	用药量
河南省新乡市东风化工厂	PD20101574	1%	乳油	十字花科蔬菜	菜青虫	7.5～10.5 g/hm²
	PD20101575	6%	母药			
陕西绿盾生物制品有限公司	PD20132009	0.2%	水乳剂	槐树	尺蠖	1～2 mg/kg
成都新朝阳作物科学有限公司	PD20132487	1%	水乳剂	甘蓝	菜青虫	7.5～10.5 g/hm²
				水稻	稻纵卷叶螟	4.5～6 g/hm²
				甜菜	甜菜夜蛾	13.5～18 g/hm²
				葡萄	绿盲蝽	4.5～6 g/hm²
				猕猴桃树	小卷叶蛾	2～2.5 mg/kg
				茶叶	茶尺蠖	4.5～6 g/hm²
				豇豆	斜纹夜蛾	13.5～18 g/hm²

☞ **68.** 绿保李的特点是什么？

绿保李是以中药杜仲为主要原料的复方制剂,是一种植物源杀虫剂,其主要成分为杜仲甙、杜仲胶、京尼平甙和植物油等。对害虫具触杀和兼有杀卵作用。作用机理是药剂进入虫体后,迅速抑制害虫神经及呼吸系统,分解虫体内的蛋白,导致虫害死亡。本剂对人无毒,无残留,持效期长,不产生抗药性。对红蜘蛛、蚜虫、蓟马等刺吸类害虫有特效,20 min 即可见害虫死亡,触杀死亡率为 80%～95%。使用 1～7 d 内当药液干后向植物上喷洒少量清水或植物遇雨水、雾水,可起第二次杀虫作用。除杀虫作用外还有对真菌、细菌病害及多种病毒病分别有明显防治和预防作用。本剂还可被植物吸收,具叶面施肥功效,并促进植物生长和改善其品质。

☞ **69.** 如何使用绿保李？

(1)防治刺吸类害虫:防治红蜘蛛和蓟马加水稀释 400 倍喷雾;防治蚜虫和美洲斑潜蝇稀释 200～400 倍喷雾。杀红蜘蛛和蚜虫卵稀释倍数也是 400 倍。

(2)防治蚊、蝇幼虫:加水稀释 150 倍喷雾。

(3)防治鳞翅目幼虫:加水稀释 150 倍喷雾,也可杀卵。

☞ **70.** 使用绿保李注意事项有哪些？

(1)药剂的配制:因本药剂黏度高,配制药液时,先打开瓶盖将本药在瓶内搅匀,然后盖紧盖倒过来摇匀,这样才能全部倒出,单凭摇晃,晃不均,摇晃不均会大大降低杀虫效果。

(2)二次稀释:第一次稀释,按倒出药液数量加水 5～20 倍摇晃均匀;第二次稀释,把第一次稀释液倒入喷药桶内,按所需比例摇晃均匀后方可喷洒或浸泡。稀释后 2 h 内喷洒完毕。

(3)本产品属触杀剂,杀虫时必须喷到害虫身上,喷洒药液量应充足,喷洒时应注意害虫寄生部位,做到仔细周到。

(4)在田间使用最好在清晨或傍晚无风、相对湿度较大时喷洒为宜。在田间空气干燥、风速过大或日照强烈的气候条件下使用会降低药性。

(5)喷洒部位:本药要注重害虫为害部位,如蚜虫在植物嫩叶、嫩枝上为害,要针对性地喷洒到生虫部位,无虫部位不喷或少喷药液,以集中药液避免浪费。

(6)不能与其他农药及产品混合使用:被农药污染很重的植物,先用清水喷洗植物,叶面水干后立刻喷洒高浓度本药,可以杀灭害虫。用过其他药品的药具须清洗干净后方可使用本药。

(7)为提高防效,在干燥环境可先浇地,并在植物上喷洒清水,待叶面上无水滴即潮而无水时立刻喷洒本药。

(8)本剂因有抑菌作用,禁止在食用菌类植物上使用。

(9)在果蔬防腐保鲜时,应掌握好药剂浓度和浸泡时间,喷洒时要均匀。

(10)花卉美容,本药剂可使某些花卉叶片光亮度明显增加,长期使用还可使花朵鲜艳、增大,提高花卉的观赏价值。

☞ 71. 茶枯的特点如何? 如何使用?

茶枯又称茶籽饼、茶麸,是油茶果实即油茶籽经榨油后的余渣饼,属一种植物源农药。有效成分是皂角武素。茶枯水浸出液呈碱性,具良好湿展性。茶枯饼和茶枯液可广泛在蔬菜、水稻、果树、茶叶、花卉等作物上使用,防治蜗牛、田螺、蚂蟥、稻飞虱、稻叶蝉、红薯小象甲和地下害虫等害虫。茶枯无污染、无残毒、耐贮耐用,药效长久。茶皂素易溶于碱性水中,使用时加入少量石灰水,药效更佳,但由于茶枯含有对鱼有毒的皂角甙素,因此使用时应注意不要污染鱼塘等水域。田间使用方法如下:

(1)防治稻飞虱、叶蝉、蚂蟥:每 667 m² 用茶枯 20 kg 捣碎,在晴天中午水稻田水晒热时撒施,施后不排水。

(2)防治蜗牛:用茶枯 3～4 kg 捣碎,加水浸泡 8 h 后过滤,滤液加水 50～75 kg 喷洒。

(3)防治红薯小象甲和蛴螬:与肥料混合做基肥,兼治地下害虫。防治小象甲、蛴螬、蝼蛄等害虫,每 667 m² 用茶枯 15～20 kg,磨粉,加水沤浸 7 d,加草木灰 50 kg,拌匀,在蔬菜播种或定植前做基肥施用。

(4)防治蝼蛄:防治烟草、辣椒等作物田内的蝼蛄,可直接用枯饼磨成粉,在播种前做基肥施用。

(5)防治菜地蜗牛和蛞蝓:将茶枯饼(块)捣碎,用双层纱布包好,按 1∶4 的茶枯和水的比例加入温水,浸泡 0.5 h,并揉搓制得茶枯原汁液。在蔬菜地当蜗牛和蛞蝓爬附叶片危害后,用原液对水稀释 500～1 000 倍下午喷雾。在蜗牛和蛞蝓发生季节施药 2次即可收到满意效果。

(6)防治蚜虫、红蜘蛛、蚯蚓:用茶枯浸出液喷洒植株,对蚜虫和红蜘蛛也有较好防治效果。蚯蚓在蔬菜育苗时对种子出苗不利,可用茶枯水杀灭。

(7)辅助增效剂:可将茶枯浸出液加入农药中,可加强农药在作物及害虫虫体上的附着力,从而提高防效。方法是每 50 kg 药液中加 250～300 g 茶枯浸出滤液,充分混匀后喷施。茶枯浸出液一般不宜与酸性农药混用,但在速效、内吸性农药中加入茶枯也能提高药杀效果。注意现混现用,不宜久置。

☞ *72.* 蛇床子素的特点如何?

蛇床子素是从伞形科植物蛇床中提取的一种植物源杀虫剂。对害虫以触杀作用为主,胃毒作用为辅。对十字花科蔬菜的菜青虫、茶树的茶尺蠖有较高防效,并可防治棉铃虫、甜菜夜蛾及蚜虫等多种害虫。其作用机理是药液通过体表吸收进入虫体内,作用于害虫神经系统,导致害虫肌肉非功能性收缩,最终衰竭而死,但对高等动物低毒。蛇床子素制剂有 0.4% 蛇床子素乳油和 1% 蛇床子素水乳剂,后者多用于防治黄瓜白粉病。使用方法如下:

(1)防治十字花科蔬菜菜青虫:每 667 m² 用 0.4% 乳油 80~120 mL 对水 50~75 kg 均匀喷雾。

(2)防治茶树茶尺蠖:每 667 m² 用 0.4% 乳油 100~120 mL 对水 50~75 kg 均匀喷雾。持效期为 7 d 左右。

☞ *73.* 生产蛇床子素制剂的厂家有哪些?

生产蛇床子素制剂厂家、剂型、登记防治对象见表 7,防治害虫时可选择使用。

☞ *74.* 如何用马钱子碱防治害虫?

马钱子碱是从马钱科植物马钱子和相关植物种子内提取的一种植物源杀虫剂。对害虫有触杀和胃毒作用。马钱子碱制剂有 0.84% 马钱子碱水剂,可用于防治十字花科蔬菜的菜青虫、菜蚜,每 667 m² 用 0.84% 马钱子碱水剂 50~80 mL,对水 40~60 kg 喷雾,或稀释 1 000 倍喷雾。使用注意本药剂对鱼类有毒,不易在鱼塘及其周边使用。

表 7 国内登记的蛇床子素制剂农药

生产厂家	登记证号	登记名称	总含量	剂型	登记作物	防治对象	用药量
湖北武汉天惠生物工程公司	PD20121347	蛇床子素	10%	母药			
江苏苏科农化有限责任公司	PD20121348	蛇床子素	0.4%	乳油	十字花科蔬菜	菜青虫	4.8~7.2 g/hm^2
					茶树	茶尺蠖	6~7.2 g/hm^2
江苏苏科农化有限责任公司	PD20121586	蛇床子素	1%	水乳剂	黄瓜(保护地)	白粉病	22.5~30 g/hm^2
山东青岛泰生生物科技公司	PD20121586 F130064	蛇床子素	1%	水乳剂	黄瓜(保护地)	白粉病	22.5~30 g/hm^2
江苏溧阳中南化工有限公司	PD20131868	井冈·蛇床素	6%	可湿性粉	水稻	纹枯病	45~54 g/hm^2

☞ *75.* 如何用异羊角扭苷防治害虫？

夹竹桃科植物羊角拗的根、茎、叶均含有多种强心甙，其中一类就是异羊角扭苷。此类药剂对昆虫有触杀、胃毒、内吸作用，杀虫谱广。异羊角扭苷制剂为 0.05％异羊角扭苷水剂。防治菜青虫和茶小绿叶蝉每 667 m² 用 0.05％异羊角扭苷水剂 40～60 mL，对水 50 kg 喷雾。施药时注意不要和碱性药剂混用，阴天或傍晚施药效果更好。

☞ *76.* 如何用木烟碱防治害虫？

木烟碱又称仲氏 1 号、假木贼碱、灭虫碱，是从藜科假木贼属植物无叶假木贼枝条内提取的一种植物源杀虫剂，对昆虫有触杀、胃毒和熏蒸作用。杀虫机理是药剂进入虫体后阻断神经传导系统，最终使昆虫死亡。本药剂特别适用于防治对有机磷、菊酯类农药产生高抗性的害虫。木烟碱制剂有 0.6％木烟碱乳油和 2.8％木烟碱微胶囊水悬浮剂。防治棉铃虫用水稀释 750～1 000 倍喷雾，每 667 m² 使用量 80～100 mL，稀释液当天用完，久置会失效。防治森林害虫如美国白蛾、杨扇舟蛾、落叶松毛虫 3～4 龄幼虫，每 667 m² 可用 2.8％木烟碱微胶囊水悬浮剂 50～65 g 低容量喷雾防治。注意不能与酸性农药、化肥混用。

☞ *77.* 如何用毒藜碱防治害虫？

毒藜碱又称木贼碱、新烟碱，是从藜科段木贼属无叶假木贼（又称无叶毒藜）提取的生物碱，对昆虫有触杀、熏蒸和胃毒作用。毒藜碱制剂为 40％和 30％硫酸毒藜碱，其有效成分为毒藜碱的硫酸盐,硫酸毒藜碱挥发性低,贮存方便,对害虫有触杀和胃毒作用,是一种速效杀虫剂。可防治为害柑橘、苹果、梨和桃的蚜虫、粉虱、木虱等害虫。防治苹果、梨蚜虫和木虱可用40％硫酸毒藜碱稀释800～1 000倍喷雾。防治柑橘粉虱、蚜虫和潜叶蛾可用40％硫酸毒藜碱稀释800倍液喷雾。注意本药剂对家蚕有毒,并勿与碱性农药混用。

☞ 78. 如何使用百部碱防治害虫？

百部碱是从百部科植物块根提取一系列生物碱的总称。该药剂对昆虫有触杀和胃毒作用,也具有杀卵作用。百部碱制剂有0.88％水剂。可用于防治果树、蔬菜、花卉、农作物上的多种害虫,例如玉米螟、菜青虫、小菜蛾、食心虫、棉铃虫、粉虱、盲蝽等。防治这些害虫时,用0.88％水剂对水稀释1 000～1 500倍喷雾既可。防治居室内德国小蠊可用0.88％水剂每立方米空间喷施1～1.5 mL,可有效杀灭若虫;若浓度增加到2 mL/m³用量进行喷洒,不仅可杀灭若虫,还可有效杀灭成虫,使德国小蠊密度在短时间内降到较低水平。

☞ 79. 血根碱是一种什么样的杀虫剂？

血根碱是一种卞基异喹啉类生物碱,主要存在于罂粟科植物中,如白屈菜的全草、紫堇的块根、博落回的全草、血水草的地上部分都含血根碱,对梨木虱、钉螺、菜青虫、黏虫等有一定毒杀作用。

血根碱制剂为1％血根碱可湿性粉剂。对菜青虫、菜豆蚜虫、苹果黄蚜、苹果二斑叶螨、梨木虱有一定防效,速效性一般,施药3 d后药效才逐步显现,持效期7 d左右。防治菜豆蚜虫及菜青虫低龄幼虫可用1‰血根碱可湿性粉剂600～1 000倍液喷雾。防治苹果黄蚜和二斑叶螨、梨木虱,在低龄若虫期用1‰血根碱可湿性粉剂1 500～2 500倍液喷雾。

博落回植株干燥后可制成烟剂熏杀林木害虫,对黑翅土白蚁有良好灭杀效果,熏死率可达98%以上。对茶黄毒蛾、尖音库蚊、果蝇有毒杀作用,对家蝇也有触杀作用。

☞ *80*. 如何用桉叶素防治害虫?

桉叶素又称桉油精,来源于姜科植物花、桉树叶、樟科植物樟嫩枝等。桉叶素是无色至淡黄色油状液体,有樟脑和清凉的草药气味。对害虫、螨类有较强触杀作用,属一种低毒杀虫剂,可用于防治果树、茶树、蔬菜、烟草、中草药上的刺吸类和食叶类害虫,如蚜虫、白粉虱、叶蝉、红蜘蛛、菜青虫、烟青虫、斜纹夜蛾等。注意防治刺吸类害虫和食叶类害虫要分别在发生初期和低龄阶段使用。桉叶素制剂为5%桉叶素可溶性液剂。

防治十字花科蔬菜蚜虫,每667 m² 用5%桉叶素可溶性液剂70～100 mL,对水75 kg喷雾。防治杨扇舟蛾、分月扇舟蛾、杨二尾舟蛾等森林食叶害虫,在3龄幼虫期用5%桉叶素可溶性液剂稀释1 000倍喷雾。注本药剂不能与碱性物质混用。

☞ *81*. 如何用大蒜素防治害虫?

大蒜素是存在于百合科植物大蒜、葱鳞茎中的一种有机硫化合物,具有强烈大蒜臭,味辣。对热、碱不稳定,对酸稳定。大蒜素制剂为50%、25%、10%大蒜素粉剂。

防治水稻飞虱可用25%大蒜素粉剂30 g,对水50～75 kg喷雾。

除购买商品大蒜素药剂杀虫外,有条件地区还可自制大蒜杀虫剂,用于防治棉铃虫、蚜虫和螨类。防治棉铃虫可取去皮大蒜1.5 kg,捣烂成泥,加清水 50 kg,浸泡 30 min,多次搅拌,然后取滤液喷洒,对棉铃虫防效可达 80%。防治蚜虫、叶螨制作方法有3 种,第 1 种是取去皮大蒜1.5 kg,捣烂成泥,加清水 3 kg,再加樟脑 50 g,拌匀后取滤液喷洒。第 2 种是取大蒜、韭菜混合切碎,加等量清水,搅拌均匀,去渣后即为原液,原药加清水稀释 5～10 倍喷雾。第 3 种是取大蒜梗 1 kg,楝树叶 5 kg,加水熬成酱油色,去渣后为原液,原药加清水稀释 5 倍喷洒,每 667 m^2 用量 50 kg,连喷 2～3 次。这些土法制造的大蒜杀虫剂对棉蚜、叶螨有较好防效。

☞ *82*. 如何用闹羊花素防治害虫?

闹羊花素为杜鹃花科植物中的四环二萜类化合物,作用方式主要是拒食和胃毒作用、产卵忌避作用,兼有触杀、内吸、熏蒸和杀卵作用,可强烈抑制多种害虫生长发育。杀虫作用机理主要有两方面:一是作用于神经系统,阻断神经传导,影响离子通道的开放;二是破坏中肠生物膜系统,影响消化道酶系和解毒酶系活性。本药剂属低毒药剂,杀虫谱较广,适用于防治多种蔬菜、烟草、茶叶等农林害虫和卫生害虫。闹羊花素制剂为 0.1%闹羊花素Ⅲ乳油。

防治菜青虫、斜纹夜蛾、叶蝉等害虫:于菜青虫低龄幼虫期0.1% 闹羊花素Ⅲ乳油稀释 800～1 000 倍液喷雾,持效期可达10 d 以上。

本药剂对鱼类、鸟类高毒,对蜜蜂、家蚕为剧毒,田间使用时严禁药液流入河塘,并注意施药器械不得在河、塘内洗涤,以免对鱼类造成危害。禁止在蜜源作物上和在蚕桑养殖区附近使用。

☞ 83. 如何用瑞香狼毒素杀虫?

瑞香狼毒素是从瑞香科狼毒根、茎中提取的黄酮类化合物。对害虫有较强触杀和一定胃毒活性。药剂可通过昆虫体表进入体内,作用于昆虫神经系统,破坏新陈代谢,紊乱能量代谢,引起昆虫肌肉收缩,最后死亡。瑞香狼毒素制剂有 1.6% 瑞香狼毒素水乳剂。防治菜青虫 1.6% 瑞香狼毒素水乳剂稀释 600～800 倍喷雾或每 667 m^2 用 1.6% 瑞香狼毒素水乳剂 60～80 mL 对水 50 kg 喷雾。防治烟蚜、棉蚜用 1.6% 瑞香狼毒素水乳剂稀释 1 000～1 500 倍喷雾。防治棉铃虫、玉米螟用 1.6% 瑞香狼毒素水乳剂稀释 1 000 倍喷雾。

☞ 84. 鱼尼汀如何防治害虫?

鱼尼汀是从大枫子科灌木尼亚那中提取出的植物源杀虫剂,含有活性更高的鱼尼汀碱。鱼尼汀类杀虫剂是一种肌肉毒剂,对昆虫有触杀、胃毒和较强内吸作用。其杀虫机理是杀虫药剂首先与鱼尼汀受体结合,使通道固定为开启状,贮于小胞体内的钙离子释出,导致昆虫肌肉组织中钙离子浓度上升,随即钙离子与肌钙蛋白结合,诱发肌动朊与肌球朊之间的收缩反应,使肌肉纤维收缩。虫体最初表现为收缩症状,进而出现呕吐、脱粪等症状。

鱼尼汀类杀虫剂对鳞翅目类害虫有很好防效,如可防治玉米螟、甘蔗螟、苹果小卷蛾、苹果食心虫、舞毒蛾等。鱼尼汀类杀虫剂是一类杀虫机理独特的杀虫剂,与传统杀虫剂无交互抗性,不污染环境,对哺乳动物安全,特别是防治对其他杀虫剂已产生抗性的鳞翅目害虫十分有效。鱼尼汀制剂有 22% 粉剂和 22% 可湿性粉剂。防治鳞翅目食叶类害虫如舞毒蛾等和钻蛀类害虫如稻纵卷叶螟、二化螟、三化螟等可用 22％可湿性粉剂对水稀释 200～300 倍喷雾。

☞ 85．松脂合剂是一种什么样的杀虫剂？

松脂合剂也叫松碱合剂,是用松脂、碱(即碳酸钠或氢氧化钠)加水熬制而制成的一种黑褐色强碱性杀虫剂,杀虫主要成分是松香皂,对害虫具有强烈触杀作用,因其黏着性和渗透性很强,能侵蚀害虫体壁,尤其对介壳虫蜡质壳具有强烈的腐蚀作用。松脂合剂主要用于防治为害果树、园林树木和花卉的介壳虫,还可兼治粉虱、螨类等多种害虫,且对寄生于树干、树枝上的地衣、苔藓等寄生植物也有良好清除效果。

☞ 86．松脂合剂如何熬制？

松香、烧碱、水按 3∶2∶10 的比例备料。熬制锅内加水,标记水位后加热,沸腾后慢慢加入烧碱,待碱完全溶化后,沸腾时再慢慢放入研成细粉的松香,不断搅拌,火力保持沸腾状态,溢出时加点热水,并随时补充蒸发掉的水分。等放入的松香细粉完全溶化后(煮 30～50 min),药液颜色由棕褐色变黑褐色、成黏糊状时即可停火检测,检测合格后趁热用湿纱布过滤,滤液即松脂合剂。

质量检测:取脸盆备好一盆冷水,在熬制 35～38 min 时,用一竹片挑出少许熬制液,慢慢滴入清水中观察。滴入熬制热药液搅拌,呈肥皂水样状为成品。如果凝结成块、成团(似豆腐状)难以分散,即表明松香偏多,应加入一定量纯碱或烧碱。药液若呈豆腐花状,说明松香过少,应适当加松香;若凝结成块则松香过多,应加碱。碱加入量应根据成团程度与熬锅容量确定。以 75 kg 容量计算一般可加入碱 1～2 kg。如表现出易分散(似豆腐花),表明碱偏多,应加入一定量松香,加入量应根据其滴入水中分散速度来确定,按 75 kg 容量计算,一般可加入松香 2～3 kg。如此鉴别与判定重复几次,获得一定经验,在以后熬制时,根据此批松香、纯碱或烧碱情况,适当调整相应配比,使松脂与碱比例适当,提高熬制质量。

松脂合剂也可加茶枯制成茶枯松脂合剂,其配制比例为茶枯 1 kg、松脂 1.5 kg、纯碱 1 kg、水 5 kg,或茶枯 1 kg、松脂 0.5 kg、纯碱 0.5 kg、水 5 kg,先将茶枯 1 kg 打碎加水 10 kg,煮沸过滤,熬制锅内保持 5 kg 茶枯滤液沸腾,再加入纯碱、松脂熬制即成茶枯松脂合剂原液。熬制时,原料按比例增减,以熬制出所需的体积。

☞ *87.* 如何使用松脂合剂防治害虫?

松脂合剂具有较强腐蚀性,防治介类害虫,宜在林木、果树发芽前使用。

松脂合剂一年四季均可使用,但不同季节使用浓度不同。冬季可用松脂合剂原液用水稀释 8～10 倍后喷雾,春季稀释 20～30 倍,夏、秋季稀释 30～50 倍。施药最好在介壳虫卵孵化盛期,大部分若虫已爬出并固定在枝叶上,每隔 7～10 d 喷药 1 次,连续 1～3 次。

早春防治吹绵介、地衣、苔藓等,可用松脂合剂原液 0.5 kg 对水 4～5 kg,约波美 3 度的稀释液喷洒。夏、秋季防治吹绵介、黑点介、红蜡介及地衣、苔藓等,要避开林木、果树的开花期、幼果期和果实成熟期。用松脂合剂原液 0.5 kg 对水 8～9 kg,约波美 2 度的稀释液在早晨或黄昏时喷洒。如天气干旱、温度高,用药的前一天还需先灌水,原液稀释倍数也要酌量增加。

☞ 88. 松脂合剂熬制和使用要注意哪些事项?

(1)松香宜用老松香,用新松香须在阳光下充分曝晒。配制时宜采用不脱脂松香,如用脱脂松香,在配制时应按总溶液量 0.1% 加入浓硝酸,以改进皂化性能。入锅前松香要磨成细粉。有条件地区也可以用从松树上直接取下的松脂代替松香,与其他成分的配比不变,由于松脂中含有较多松针、树枝、枝叶,注意松脂与碱的配比调整。

(2)熬制过程中要保持原有水量,随时补充蒸发掉水量,补水要用开水,切忌补充冷水。熬制水要用软水,不宜用井水。熬制过程中,要在锅边准备清洁冷水,熬制时基本烧旺火,原液易溢出锅外,一旦溢出既损失药液,降低质量,又可能烫伤人。因此,熬制锅要比药剂容积大 1/3,锅内只能盛装容量的 2/3,留出 1/3 空间以备加入松香后溢出锅外。在原液冒泡外溢时,逐渐将冷水洒入锅内,防止溢出,另外,用于补充蒸发水分,使熬好后仍能保持原有水量。起锅原液宜用双层纱布过滤。

(3)适当调整松香与碱比例是熬制松脂合剂的关键。松香由于含水量、杂质含量不同;纯碱或烧碱纯度有差异,都会影响熬制质量。因此,应根据熬制时松脂和纯碱质量,对松脂与碱比例适当调整,以达到良好配比,提高熬制质量。同时,如配比不当松香偏多,常阻塞喷头,难以喷洒,而碱过量,防效较差。熬制时要记录每次加入的各成分重量,最后统计各成分使用量,为以后熬制提供数据参考。

(4)熬制成的松脂合剂原液需放在缸、坛、罐等耐碱腐蚀的容器内保存,以免容器被腐蚀。

(5)此药属杀虫剂,多用于防治蚧壳虫,也可防治蚜虫、红蜘蛛、锈壁虱,使用浓度一般为 10~15 倍。

（6）在萌芽、开花期、幼果期切勿施用；对生长不良树势衰弱的花木不宜多次使用。

（7）松脂合剂在下雨前后、空气潮湿时不宜使用；在夏季高温、干旱中午，特别是气温30℃以上时不能使用。在30℃以上高温、高湿施用易产生药害。长期干旱、强冷空气来临易产生冻害时，不宜施用。

（8）松脂合剂原液冷却后呈膏状，加水稀释时应先用少量温水，再加冷水。松脂合剂因碱性过强，不能与其他任何农药混用。喷完药后，要把喷雾器具用水洗净，晾干，以免被腐蚀损坏。

（9）松脂合剂使用浓度不是一成不变，应根据气候变化、树势强弱和不同生育期等因素适当变化。正常年份，冬季一般以12～14倍较安全；生长季节和幼果期，一般以18～20倍液为宜，如天气干旱、高温，用药前一天还需先灌水，原液稀释倍数也要酌量增加，以避免药害。实际使用松脂合剂时，若不能确定配制的药剂是否对喷施植物产生药害，可根据要求先配制少量药剂，选择1～2棵有代表性树进行预喷施试验，以验证有无药害，若无药害则再大面积使用。

（10）松脂合剂不要与其他药剂混用，不能与有机磷、有机氯、石硫合剂、波尔多液、代森锌、退菌特等药剂混用。用过松脂合剂后，要相隔20～30 d以上才能施用石硫合剂、波尔多液等，以免引起药害。

（11）松脂合剂是强碱性药剂，对人体有腐蚀作用，接触后要及时清洗皮肤，注意防护。

（12）有条件地区，可对熬制松脂合剂含碱量进行测定，一般应在9%～13%。含碱量过高，没有泡沫或泡沫很少，说明皂化时间不够，对这种药液要进行返工，重新熬制，含碱量过低，其原因多是配料有错或保管不当。

☞ *89*. 虫生真菌的主要类群有哪些?

虫生真菌即昆虫病原真菌,是能感染昆虫使之死亡的一类真菌。昆虫被感染后体表常覆盖菌丝、子实体或各种颜色的分生孢子。目前世界上已知的虫生真菌有 800 多种,我国有 150 多种。其中鞭毛菌、接合菌、子囊菌、担子菌和半知菌各有 2、20、57、2 和67 种。可形成微生物杀虫剂的虫生真菌主要在接合菌和丝孢纲,如接合菌中的虫霉目各属;半知菌中的白僵菌属、绿僵菌属、拟青霉属、轮枝孢属、野村菌属、镰刀菌属等。有些虫生真菌寄主非常广,如白僵菌寄主可达 700 多种,绿僵菌也有 200 多种。在生产上常用作生物防治的虫生真菌主要有:白僵菌,绿僵菌,拟青霉等。生产上常用剂型有:油剂、乳剂、颗粒剂、粉剂、可湿性粉剂、黏胶制剂等。

☞ *90*. 白僵菌和绿僵菌是如何杀虫的?

白僵菌和绿僵菌都是虫生真菌,杀虫机理类似。侵染方式是经口和气门侵染,但主要方式是经皮肤侵染,其分生孢子在昆虫体表上萌发,借助芽管侵入体内,直接导致害虫感染,而不像 Bt 需害虫取食进入体内才感染致死,因此白僵菌和绿僵菌等虫生真菌具有触杀效果,对防治刺吸类、钻蛀类及地下害虫非常有利。

杀虫真菌杀虫的机理包括酶的作用和机械作用。白僵菌通过田间撒菌粉或喷雾,大量分生孢子除通过气门或口进入虫体内外,主要是与虫体表面接触,在一定温湿度下孢子吸水膨胀长出芽管。芽管在其顶端形成能够分泌黏液的附着胞,附着在表皮上,同时分泌表皮分解酶溶解与附着胞连接的表皮以便于发芽管侵入。芽管的附着胞伸出侵入菌丝,钻进表皮,然后形成平板状菌丝,以机械压力逐渐侵入其内侧表皮层,最后到达真皮。白僵菌入侵虫体时,多数孢子萌发后形成 1～2 个发芽管,并同时分泌几丁质酶和蛋白质毒素。侵入虫体内的芽管,在血淋巴中和由血淋巴传送到组织内繁殖,形成菌丝。菌丝生长吸收虫体养分,并不断产生草酸钙,或消耗脂肪细胞的细胞质和细胞核使细胞萎缩,破坏害虫各组织。菌丝在体内不断产生芽生孢子,芽生孢子再形成菌丝体,如此不断繁殖,菌丝充满于虫体内并侵入肌肉,损坏虫体运动机能。芽生孢子和菌丝体弥漫于血淋巴中不但妨碍昆虫血淋巴循环,而且菌丝代谢产物如草酸钙类在血淋巴中大量积累,使血淋巴变混浊,改变血淋巴理化性状,害虫新陈代谢机能紊乱而死亡。最后菌丝强烈吸收虫体水分使虫体变得僵硬形成僵病。当外界湿度适宜,虫体内菌丝沿着气门和节间膜向外伸出体外,生成气生菌丝,然后其顶端再产生分生孢子,这些孢子再侵入其他害虫。

另外,真菌分泌的毒素对杀虫也起重要作用。常见杀虫真菌如白僵菌属、虫草属、虫霉属、绿僵菌属和拟青霉属等都分离出多种杀虫毒素。这些毒素可促使害虫组织衰变,破坏细胞器膜结构,干扰神经系统功能,增加氧消耗,干扰蜕皮或变态。

白僵菌侵入虫体后,害虫在发病初期,活动呆滞,食欲减退,静止时体侧倾,委靡无力。虫体失去原有色泽,有的出现黑褐色病斑。随病情发展,吐黄水或排软粪,虫尸内部组织一般都分解和液化。刚死虫体都很松弛,几小时后开始变硬。1～2 d 后在虫体口器、气门和节间膜生成棉状白毛即菌丝,3～4 d 后菌丝长满石灰状白粉即分生孢子。

白僵菌这种通过吸取害虫水分及养分致使虫体内生理代谢障碍、混乱而死亡的杀虫机理与化学农药依靠自身毒力作用杀虫有着根本不同,因此白僵菌不仅对幼虫、蛹、成虫等各虫态均能侵染,而且对害虫次代还有持续作用。通常受白僵菌侵染的害虫即使不僵死,也会因食量及活动量减少、生长缓慢、体重减轻而不能化蛹;就是能化蛹也因其蛹重减轻而不能羽化;能羽化的成虫体重减轻而不能产卵;能产卵的产卵量减少且卵重减轻,卵不能孵化等,直接影响着下一代虫口密度及其生长发育。因此,使用白僵菌防治害虫具经济、高效、对人畜无毒副作用、不污染环境等优点,是环境保护的理想生物杀虫剂,值得大力推广应用。

绿僵菌致病机理跟白僵菌类似,也是病原真菌侵染与寄主昆虫自身防御相互斗争。绿僵菌侵入寄主并造成流行包括 5 个过程:分生孢子附着于表皮并萌发;分生孢子芽管穿透寄主体壁;分生孢子芽管穿透寄主体壁后形成定殖状态的虫菌体;在寄主体内增殖并分泌毒素导致寄主死亡并形成僵虫;在僵虫表面和体内产生分生孢子,成为再次侵染源,最终从个体行为的传播实现群体效应的致病流行过程。

☞ 91. 我国生产上使用的白僵菌主要有哪些种类?

白僵菌属于丝孢纲丛孢梗孢目丛梗孢科白僵菌属,该属目前有 7 个种,我国仅发现 2 种,即球孢白僵菌和布氏白僵菌,前者应用最广,后者主要是用来防治地下害虫蛴螬。江西天人生态股份有限公司生产的登记名称为球孢白僵菌的制剂、剂型、登记防治对象、药剂使用量见表 8,防治害虫时可选择使用。

☞ 92. 球孢白僵菌的寄生范围如何?

球孢白僵菌寄生范围极广,主要寄主昆虫有鳞翅目、鞘翅目、膜翅目、同翅目、双翅目、半翅目、直翅目、等翅目、缨翅目、脉翅目、革翅目、蚤目、螳螂目、蜚蠊目和纺足目等 15 目 149 科 521 属 707种。此外,球孢白僵菌还可以侵染蛛形纲及多足纲等节肢动物中

表 8　国内登记生产的球孢白僵菌制剂

登记证号	总含量	剂型	登记作物	防治对象	用药量
PD20102133	150 亿个孢子/g	可湿性粉剂	马尾松	松毛虫	3 000~3 900 g/hm²
			花生	蛴螬	3 750~4 500 g/hm²
PD20102134	400 亿个孢子/g	可湿性粉剂	茶树	茶小绿叶蝉	375~450 g/hm²
			竹子	竹蝗	1 500~2 500 倍液
			林木	光肩星天牛	1 500~2 500 倍液
			林木	美国白蛾	1 500~2 500 倍液
			杨树	杨小舟蛾	1 500~2 500 倍液
			棉花	斜纹夜蛾	375~450 g/hm²
			马尾松	松毛虫	1 200~1 500 g/hm²
PD20102135	500 亿个孢子/g	母药			
PD20110965	400 亿个孢子/g	水分散粒剂	小白菜	小菜蛾	390~525 g/hm²
			水稻	稻纵卷叶螟	390~525 g/hm²

续表 8

登记证号	总含量	剂型	登记作物	防治对象	用药量
PD20111249	400 个亿孢子/g	可湿性粉剂	竹子	竹蝗	1 500~2 500 倍液
			林木	光肩星天牛	1 500~2 500 倍液
			林木	美国白蛾	1 500~2 500 倍液
			杨树	杨小舟蛾	1 500~2 500 倍液
PD20120147	300 亿孢子/g	可分散油悬浮剂	水稻	稻纵卷叶螟	500~700 g/hm²
			棉花	斜纹夜蛾	500~700 g/hm²
PD20130554	2 亿孢子/cm²	挂条	马尾松	松褐天牛	2~3 条/15 株
			杨树	光肩星天牛	2~3 条/15 株

的蜱螨目寄主6科27属13种。生产上多用于防治松毛虫、松叶蜂、松尺蠖、松梢螟、松小蠹、天牛、女贞尺蛾、玉米螟、甘薯象甲、麦蜷象、棉红蜘蛛、大豆食心虫、菜青虫、马铃薯象甲、桃小食心虫、板栗象甲、地老虎、金龟甲、蝼蛄、叩头虫、叶甲、蟓、蝗、叶蜂、叶蝉、蚊、蚁等害虫。在我国主要用来防治甘薯象甲、大豆食心虫、地老虎、玉米螟、棉铃虫、黏虫、稻黑尾叶蝉、稻飞虱、三化螟、稻苞虫类、茶树小黄卷叶蛾、茶毛虫、三叶草夜蛾、甜菜象甲、油菜象甲、金龟甲、叶甲、油菜尺蠖、马铃薯二十八星瓢虫、菜青虫、甘蓝夜蛾、苹果蠹蛾、桃小、天牛、松毛虫等害虫。

☞ *93*. 布氏白僵菌主要的寄主有哪些？

布氏白僵菌，异名卵孢白僵菌，在国内主要用来防治地下害虫金龟子幼虫蛴螬。布氏白僵菌寄生范围是鞘翅目、双翅目、鳞翅目、同翅目、直翅目和膜翅目等6目13科37种害虫。鞘翅目中有胸斑星天牛、黄星天牛、柳杉天牛；菜豆象、山茶象、黑葡萄耳象、玉米象；东北和华北大黑鳃金龟、暗黑鳃金龟、锯齿鳃金龟、欧洲和东方五月鳃金龟、铜绿金龟、柳杉丽金龟和四纹丽金龟；双翅目的埃及伊纹、背点伊纹、赛拉伊纹、五带淡色暗蚊、尖音库纹、环喙库纹和脉毛蚊；鳞翅目的隐纹谷弄蝶、大螟、台湾稻螟、三化螟、蔗蝶蛾、小蔗杆草螟、柚木野螟；同翅目的二点黑尾叶蝉；膜翅目的窃盗蚁和直翅目的墨西哥黑蝗。

☞ *94*. 白僵菌防治害虫有哪些优点？

（1）无残留：白僵菌防治害虫的过程是一种生命替代另一种生命的过程，它通过对害虫寄生作用来达到杀死害虫目的，生产过程也无"三废"问题，符合无公害环保要求。

（2）使用简单易行：白僵菌产品可制成粉剂、菌液等多种剂型，通过喷粉、喷液、放粉炮、放地炮、超低容量喷雾等多种方法进行菌粉施放，方法简单易行。

（3）防效持续性：施用白僵菌后其孢子广泛存在，且感染寄主死亡后能在体外产孢并再次扩散，在适宜条件下形成流行病，具有一年施药多年有效的可持续控制害虫的作用。

（4）不易产生抗药性：害虫对化学农药的抗性使得其杀虫效果逐年减退。白僵菌杀虫一方面靠白僵菌的寄生，另一方面靠菌丝在生长时吸取虫体内养分和水分，使虫体内生理代谢混乱，其杀虫是以生物作用为主，因此不易使害虫产生抗药性，连年使用效果会越来越高。

（5）安全性高：白僵菌依靠自身分泌几丁酶溶解昆虫表皮的几丁质进入昆虫体内进行侵染，人体不含几丁质，因此不侵染人、畜，对人、畜安全。

（6）经济：跟化学防治相比，使用白僵菌防治各类害虫的费用较低，连续使用后可减少杀虫剂的使用，降低防治成本。

（7）可有效控制刺吸类和地下害虫：由于取食方式特别是隐蔽为害，生产上控制这类害虫一般较困难，真菌杀虫剂能够直接从昆虫体壁入侵，具有触杀效果，只要病菌接触害虫就可以引起感染而杀死害虫。

（8）可引起流行病：白僵菌生物农药含有活体真菌及孢子。施入田间后在适宜温、湿度下可继续繁殖生长，增强杀虫效果，同时感染昆虫还可作为病原感染其他害虫，在一定条件下会引起流行病。

☞ **95.** **白僵菌杀虫剂有哪些缺点？**

（1）防效受环境条件影响较大：白僵菌孢子萌发、生长和繁殖都要受到外界环境条件影响。温度影响孢子萌发、菌丝侵入和病情的发展。相对湿度影响分生孢子的萌发和菌丝生长,干旱时孢子不萌发。孢子发芽要求相对湿度在 99%～100%,低于 95%发芽率显著降低,低于 90%基本不发芽。因此,只有在温暖潮湿的季节才能流行真菌病。此外,阳光中的紫外线也能杀死真菌孢子。

(2)杀虫速度较慢:跟化学药剂相比,微生物杀虫剂杀虫速度一般较慢,主要是由于微生物从感染到致病到杀死昆虫有一个时间周期,常经 4～6 d 后害虫才死亡,因此在害虫种群密度高的情况下施用可能会贻误防治战机,造成较大损失。

(3)不易长时间贮存:白僵菌等真菌杀虫剂,配制菌液后不能长期存放,否则会使孢子萌发,降低侵染力。

(4)杀虫效果受菌粉质量影响:在白僵菌生产和应用过程中,菌种常发生变异,出现生长瘠薄、产孢量少,杀虫毒力较低等现象,因此使用高质量菌粉是高防效的基础。在最适宜条件下施用高质量菌粉可大大提高杀虫效果,能有效持续长久地控制害虫。

(5)不同厂家的产品质量不同:由于生产真菌杀虫剂的工艺流程没有统一标准,不同厂家生产的产品质量也参差不齐,因此会影响田间的防效。

☞ *96.* 使用白僵菌防治各类害虫的一般原则是什么?

我国应用白僵菌防治农林害虫的种类和面积居世界首位,在过去 40 多年中试验和应用白僵菌防治害虫种类达 40 多种,每年防治面积近 670 万 hm^2。近年来,随病虫害无公害防治的要求,除大面积防治农林害虫外,已扩展到防治果树、茶叶、蔬菜等经济作物害虫。白僵菌商品常用剂型是粉剂和可湿性粉剂(80 亿个孢子/g)及颗粒剂(50 亿个孢子/g)。使用剂量的一般原则是每 667 m^2 用 1.5 万亿个孢子以上。使用方法主要有 3 种:

(1)喷雾法:将菌粉配制成浓度为 1 亿～3 亿个孢子/mL 菌

液,加入0.01%～0.05%洗衣粉液作为黏附剂,用喷雾器将菌液均匀喷洒于虫体和枝叶上。

(2)喷粉法:将菌粉加入填充剂,稀释到1亿～2亿个孢子/g的浓度,用喷粉器喷菌粉,但喷粉效果常低于喷雾。

(3)土壤处理法:防治地下害虫,将"菌粉＋细土"制成菌土,按每667 m² 用菌粉3.67 kg、细土30 kg,混拌均匀即制成菌土,含孢量在1亿/cm³ 左右。施用菌土分播种和中耕两个时期,在表土10 cm内使用。

☞ *97.* 如何用白僵菌防治松毛虫?

用白僵菌防治松毛虫效果明显,值得大力推广使用,使用方法是:

(1)地面喷粉:将菌粉掺入一定比例的白陶土,粉碎稀释成20亿个孢子/g的粉剂,用手动或机动式喷粉器进行林间全面或局部喷粉。

(2)挂粉袋:将白僵菌装入纱网袋中,每袋装0.5 kg,挂于林间树枝上。每667 m² 挂1袋,让白僵菌孢子自然扩散,可有效地控制松毛虫的发生。

(3)地面喷雾:用100亿～150亿个孢子/g原菌粉加水稀释至0.5亿～2亿个孢子/mL的菌液,再加0.01%的洗衣粉,用喷雾器喷雾。

(4)飞机和地面超低量喷雾:按82乳油:白僵菌高孢粉:清水为5:1:14的比例配制成含量为50亿～100亿个/mL孢子的乳剂,每667 m² 用150 mL约15万亿个孢子飞机超低量喷雾防治松毛虫。

(5)放虎归山(即放带菌活虫):在林中配5亿个孢子/mL的菌液。在松毛虫发生地区,边走边采集松树上幼虫,蘸上菌液后放回到松树上,任其自行扩散传播。每 667 m² 可按 20～100 条计算放虫量。该法用菌粉少,防治费低,可解决大面积防治菌粉不足、经费不足的问题。

☞ 98. 如何用白僵菌防治玉米螟?

北方大量使用白僵菌防治春玉米上的玉米螟,主要采取以下几种方法。

(1)心叶期撒颗粒剂:将白僵菌原菌粉按 1∶10 比例与沙子(或炉渣经 20 和 30 筛目过筛,取其中间颗粒)充分混合配成 10％的颗粒剂,在玉米心叶期即喇叭筒期,逐棵向心叶内投放颗粒剂,每株 1 g(每 667 m² 约 4 万亿个孢子)。

(2)心叶中培养白僵菌防治玉米螟:先将麦麸小火炒熟,按二级固体菌种∶麦麸∶沙子为 1∶10∶100 的比例混合,然后撒于玉米心叶中,每株用量 2 g。因玉米心叶中有一定水分,可满足白僵菌生长条件,白僵菌会在心叶中繁菌,繁殖的白僵菌又可治虫,这样把白僵菌生产和防治玉米螟有机地结合起来,一举两得,节约了大量生产白僵菌的场地和劳力。

(3)封垛:由于玉米螟以老熟幼虫在秸秆和穗轴内越冬,因此处理这些越冬场所对降低来年虫口基数意义重大。方法是:将白僵菌原菌粉按 1∶20 和滑石粉(或细土、草炭土和草木灰等)混合,先用木棍向玉米秸秆垛内插一洞,将喷粉器喷头插入垛内喷粉,每隔 1 m 插一洞喷 1 次,直至整垛喷完。喷粉用量 200 g 左右,封垛后垛内越冬幼虫寄生率达 80％以上,可减少田间为害。

(4)田间喷粉和喷雾:喷粉时采用粉剂(载体为滑石粉,含孢量 10 亿/g),用东方红 18 型背负式动力喷粉器每次 20 垄喷幅喷粉,每 667 m² 喷粉 1 kg。喷雾时用可湿性粉剂(含孢量 500 亿/g)用水稀释 100 倍,每 667 m² 用量 2 kg,喷幅 6 垄喷雾。

(5)飞机大面积喷粉:在大面积农田中可采用飞机喷粉。大面积喷施可增加自然和玉米植株上白僵菌数量,即可减轻当年为害又可对来年玉米螟发生起到一定控制作用。

☞ 99. 如何用白僵菌防治稻叶蝉?

稻叶蝉是水稻等禾本科作物的重要害虫,刺吸不仅为害作物而且还大量传播病毒造成巨大损失。防治水稻黑尾叶蝉每667 m² 使用剂量是 1 万亿个纯孢子,用粉剂和可湿性粉剂喷粉或喷雾。

☞ 100. 如何用白僵菌防治果树害虫?

(1)防治桃小食心虫:按每公顷白僵菌原菌粉 2 kg(即每公顷用 10 万亿个孢子)和对硫磷微胶囊 2.25 kg 混合后,对水稀释 70 倍,向树冠下地面喷雾,为提高防效可在喷菌后再在树盘下盖草使出土幼虫大量僵死。连续长期使用白僵菌防治桃小食心虫,可将虫口基数压低到一定水平,减少树上化防次数,节省防治成本,减轻农药污染,因此应该是果树无公害生产的重要措施之一。

(2)放粉炮:用于防治龙眼舞毒蛾。白僵菌粉炮采用纸密封包装后安装引线,引燃后将粉炮抛到树冠上空爆炸,菌粉就会随之附着到树冠上,进而扩散到树中虫体上。传统防治方法主要是树冠农药喷雾,而龙眼树冠大不易喷匀,下雨时还容易被冲刷;用白僵菌粉炮不仅省工省本,而且晴雨不误,方便操作。

☞ 101. 如何用白僵菌防治茶树害虫?

在茶叶病虫害防治中,大量地应用各种生物防治技术,既可有效地降低茶叶中农药残留,又可减少药剂污染环境,保证茶叶出口和消费者健康安全,从而提高经济和社会效益,因此应大力推广使用。白僵菌制剂可用于防治为害茶树的茶毛虫、茶小黑象鼻虫、茶小绿叶蝉等害虫。

(1)防治茶毛虫、小绿叶蝉、茶小卷叶蛾:在 1~2 龄幼虫发生初期,每 667 m² 用每克含 100 亿个孢子的菌粉 500 g 喷粉或喷雾,或用每毫升含 1 亿个孢子的菌液 40 kg,叶面均匀喷雾。

(2)防治茶小黑象鼻虫(又称茶丽纹象甲):在蛹发生盛期,成虫出土前,每 667 m² 用每克含 1 亿~2 亿个孢子的球孢白僵菌菌粉 1~2 kg,拌适量细土,撒施在茶树根际土面,或在成虫盛发初期,将菌粉加水 50 kg,叶面均匀喷雾。还可用从茶丽纹象甲病死虫上分离纯化出一个球孢白僵菌 871 菌株的菌粉,每 667 m² 用每克含 100 亿个孢子的菌粉配成每毫升含 2 亿个孢子的菌液树上喷雾防治成虫,或毒土施菌 0.5~1.5 kg 防治土中幼虫、蛹及成虫,以蛹初盛至盛末期(闽东在 3 月下旬至 4 月下旬)为防治适期,使用 20 d 后,防效在 68% 以上。

(3)防治黑足角胸叶甲:在成虫盛发初期用每克含 100 亿个孢子的白僵菌 500 倍均匀喷雾,安全间隔期 3 d。

☞ *102.* 如何用白僵菌防治豆类害虫?

白僵菌制剂可防治大豆食心虫、豆荚斑螟、豌豆造桥虫、蛴螬等害虫,可喷雾、喷粉防治。

(1)防治大豆食心虫:8 月底至 9 月上旬,老熟幼虫脱荚入土前,用每克含 30 亿个活孢子白僵菌菌粉按 1:25 的比例将白僵菌菌粉加细土搅拌均匀配成毒土,每 667 m² 用粉剂 1 kg,撒在豆田、垄台和垄沟内,老熟幼虫脱荚落地入土时接触孢子,在适宜温湿度下发病死亡,减少幼虫化蛹率,达到灭虫目的。防治成虫可用每毫升含 0.5 亿～2 亿个孢子的菌液均匀喷雾。

(2)防治豆荚斑螟:老熟幼虫入土前,田间湿度高时,可施用白僵菌粉剂,减少化蛹幼虫数量。每 667 m² 用白僵菌粉剂 1.5 kg 或干菌粉 0.5 kg 加细土 4.5～5 kg,混匀撒施豆田内。防治成虫可用每毫升含 0.5 亿～2 亿个孢子的菌液喷雾。

(3)防治豌豆造桥虫:用每克含 20 亿个孢子的白僵菌粉剂喷粉。或用每毫升含 0.5 亿～2 亿个孢子的菌液喷雾。为提高防效菌液内可添加 0.01% 的中性洗衣粉。

☞ 103. 如何用白僵菌防治地下害虫?

用布氏白僵菌或球孢白僵菌可防治大田内大黑鳃金龟、暗黑鳃金龟、铜绿金龟和四纹丽金龟等金龟子成虫和幼虫。可单用菌剂,也可与其他农药混用。单用菌剂时,每 667 m² 用每克含 17 亿～19 亿个孢子菌剂 3 kg;菌剂也可与 25% 甲基异柳磷粉剂混用,菌剂和药剂每 667 m² 用量都是 3 kg。

白僵菌制剂防治蛴螬:在蛴螬卵期或幼虫期,每 667 m² 用蛴螬专用型白僵菌杀虫剂 1.5～2 kg,与 15～25 kg 细土拌匀,在作物根部土表开沟施药并盖土。或顺垄条施,施药后随即浅锄,能浇水更好。以活菌体施入土壤,效果可延续到下一年。

☞ 104. 如何用白僵菌防治豆田蛴螬?

防治豆田蛴螬可使用两种剂型的白僵菌制剂。

(1)用每克含 150 亿个孢子的球孢白僵菌可湿性粉剂:每 667 m² 用 0.25～0.3 kg,与细土混匀制成毒土撒施田内。

(2)用每克含 50 亿个孢子的白僵菌微粒剂:白僵菌微粒剂 1～2 kg 与 10 kg 细土或 5 kg 潮麦麸、1 kg 大豆粉混匀,随种子一起穴施或随耕地机沟施,然后盖土即可。在播种或移栽时,每 667 m² 用 0.5~1 kg 拌种或蘸根。移栽后,每 667 m² 用每克含 50 亿个孢子的白僵菌微粒剂 1~2 kg,对水稀释 200~300 倍,于危害田内进行灌根。或将适量鲜草或菜切碎,加少量麦麸,与白僵菌微粒剂 1~2 kg 菌粉搅拌均匀,分成小份于傍晚放置在田间植株根际周围防治地下害虫。

☞ *105.* 如何用白僵菌防治花生田蛴螬?

蛴螬是我国黄、淮、海地区主要地下害虫之一,严重为害大豆、花生、高粱、玉米、甘蔗等农作物,其中以为害花生较为严重,对花生产量造成较大损失。目前,国内应用布氏白僵菌主要防治花生蛴螬,可采取春播和夏播两个施药期,主要的使用方式是菌粉穴施和菌液泼浇。防治时可用 10 亿个/g 的卵孢白僵菌和球孢白僵菌粉剂 2 kg 拌细土 40 kg,混匀,于播种时穴施。或用每克含孢子 20 亿的卵孢白僵菌粉剂 1~1.5 kg,在花生播种时随种子施入穴内,全生育期可有效防治花生蛴螬。或每 667 m² 用 2% 白僵菌粉剂春播拌种 1.5 kg、夏播拌种 1 kg,播种时随种子施入穴中,持效期长达 90 d 以上。

花生田或其他作物田施用白僵菌制剂防治蛴螬,白僵菌制剂可在播种期采用拌种方式施用,或在播种前开沟带状撒施并盖土,或中耕期用稀释液泼浇或拌细土 20 kg,在根部土表开沟施药并盖土。使用白僵菌制剂的药量要根据气候条件、田间蛴螬密度适当增减,一般用药量越大,防治效果越高,但防治成本也会增加。若蛴螬密度较高、为害较重,可继续在中耕期施菌土防治或白僵菌菌剂与农药混用防治。夏播花生施用布氏白僵菌防治蛴螬不仅能减少虫量,降低花生果的被害率,而且有较明显的增产作用。

☞ *106.* 如何使用白僵菌高孢粉剂？如何用高孢白僵菌防治天牛？

白僵菌常用粉剂根据其孢子含量分为两种：普通粉剂和高孢粉剂。普通粉剂孢子含量是 100 亿个/g；高孢粉剂含孢子量是普通粉剂的 10 倍。高孢粉剂由于孢子质轻粒细几乎不能和水直接混合，因此需要添加厂家提供的湿润剂。在配制时先将高孢粉倒入容器再加入湿润剂，然后迅速用盖盖住容器口防止孢子飞扬。将高孢粉调制成糨糊状，均匀湿润，直到干的高孢粉全部湿润为止，将调好的高孢粉用水稀释，一般每 667 m² 用高孢粉 10 g 对水 2～3 kg，搅拌 1～2 min，形成悬浮液后即可喷施。

用白僵菌高孢粉（含 1 千亿个孢子/g）防治天牛时，可用水稀释 300～1 000 倍，再加入 0.1％洗衣粉，用注射器或吸耳球注入天牛为害的树蛀孔中，每孔注入 10～15 mL。或用微型手压式喷粉器向蛀道内喷射高孢粉（1 200 亿个孢子/g）防治天牛。

☞ *107.* 使用白僵菌注意哪些事项？

(1)注意施药环境：白僵菌在 24～28℃、相对湿度 90％以上时才能使害虫致病。温度在 30℃ 以上孢子萌发率低，菌丝易老化；15℃以下孢子萌发率低，菌丝生长缓慢。高湿利于孢子萌发；低湿孢子萌发率低甚至不萌发。因此，施用白僵菌防治虫害时气温应在 15～30℃、相对湿度应在 80％～100％。最佳施用时间是高温、高湿、雨后、多阴天气，白僵菌制剂一般应在阴天、雨后或早晚湿度大时施用。

(2)菌剂应在阴凉干燥处贮存，以免受潮失效。

(3)菌液现配现用：配成后需要在 2 h 内用完，否则孢子过早萌发失去侵染力。

(4)养蚕区禁用:在养蚕区周围的果园、农田不宜使用。

(5)人过多接触孢子粉会有不良反应,注意皮肤防护。

(6)选择适宜虫龄:用白僵菌防治害虫多数应在害虫孵化盛期用药。防治松毛虫最好选择幼虫3龄初期施用,因为1~2龄幼虫个体小接触孢子的几率小,而4龄以后抗菌性增强。此外,各龄发育后期面临蜕皮,更是施菌应该避开的时期。

(7)菌药混用:对于害虫密度较高的地块,特别是虫龄已较大时,为治虫保叶可将白僵菌和杀虫剂混合使用,即把白僵菌粉和化学农药混用喷雾,可发挥化学农药杀虫快和生物农药药效保持时间长,达到优势互补的效果。如白僵菌与25%对硫磷微胶囊和48%乐斯本等低剂量农药混用有明显增效作用。防治松毛虫可将菌粉与防治松毛虫的化学杀虫粉剂如敌百虫混合施用。

(8)害虫感染白僵菌死亡速度缓慢,一般经4~6 d后才死亡,因此注意在害虫密度较低时提前施药。

(9)添加增效剂:为提高防治效果,菌液中可加入少量洗衣粉,但不能与杀菌剂混用。

(10)虫体繁菌:虫体繁菌包括用幼虫或蛹繁菌,即可用活体,也可用农药杀死后的落地幼虫繁菌。把捉到的活虫用白僵菌液(4亿个孢子/mL)浸死后捞起,于林缘搭棚培养,外用塑料布保温保湿,虫体变白后再用作治虫。

(11)注意施药方法:白僵菌既可喷粉也可喷雾,但喷雾前先将菌粉用清水浸泡2 h并不断搅拌,搅拌后沉淀,取上清液根据所需使用浓度对水,并根据田间虫口密度增减用菌量。

(12)针对不同害虫种类使用:尽管白僵菌寄主范围较大,但不同寄主对白僵菌敏感程度不同,例如,白僵菌对淡翅黎丽金龟生效果较差,因此应针对目标害虫进行防治,才能达到较好防效。

(13)与其他微生物杀虫剂混合使用:可与细菌制剂如Bt制剂、病毒以及其他真菌制剂混合使用,以取长补短,扩大治虫范围。

（14）自制颗粒剂：菌粉和过筛细沙搅拌均匀可制成颗粒剂，通常在7月中旬玉米心叶末期螟卵孵化盛期使用。颗粒剂在施用前，要喷少量水拌匀，使菌粉达到不飘走、不沾手的程度。另外颗粒剂也应随拌随用。

☞ *108.* 绿僵菌可防治哪些害虫？

绿僵菌寄主范围广，可寄生8目30科200余种害虫。主要用于防治金龟子、象甲、金针虫、蛾蝶幼虫、蝽和蚜虫等害虫。绿僵菌有金龟绿僵菌和黄绿绿僵菌等变种，生产上主要用金龟绿僵菌变种的制剂来防治害虫，如地下害虫、蛀干害虫、桃小食心虫、椰心叶甲、飞蝗、甘蓝小菜蛾、菜青虫和番茄棉铃虫，以及小水体中的蚊幼虫孑孓等卫生性害虫。生产上常用剂型有粉剂（每克含孢量23亿～28亿个或50亿以上）、10%颗粒剂和20%杀蝗绿僵菌油悬浮剂。

☞ *109.* 如何用绿僵菌防治地下害虫？

防治花生田蛴螬，可采用菌土和菌肥使用方式。菌土就是用绿僵菌2 kg（含孢量23亿～28亿个 g）拌湿细土50 kg，中耕时均匀撒入土中。菌肥是用2 kg菌剂和100 kg有机肥混合拌匀，中耕穴施于田间，然后埋土。豆田每667 m² 用菌剂3 kg以菌土或菌肥在中耕期使用。

☞ *110.* 国内登记生产绿僵菌制剂的厂家有哪些？

我国目前生产绿僵菌制剂的厂家、剂型及防治对象见表9。

表 9 绿僵菌部分产品种类

生产厂家	登记证号	登记名称	总含量	剂型	登记作物	防治对象	用药量
中国农科院植保所廊坊农药中试厂	LS20110306	金龟子绿僵菌	25 亿孢子/g	可湿性粉剂	滩涂	蝗虫	2.25 亿~3 万亿个孢子/hm²
重庆重大生物技术发展有限公司	PD20080671	金龟子绿僵菌	100 亿个孢子/mL	油悬浮剂	椰树	椰心叶甲	375 亿~500 亿个孢子/株
	PD20080670	金龟子绿僵菌	500 亿个孢子/g	母药	滩涂	蝗虫	250~500 mL/hm²
	PD20094629	金龟子绿僵菌	170 亿个活孢子/g	原药			
	PD20120629	金龟子绿僵菌	100 亿个孢子/g	油悬浮剂	大白菜	甜菜夜蛾	20~33 g/667 m²
江西天人生态股份有限公司	PD20121305	金龟子绿僵菌	100 亿个孢子/g	可湿性粉剂	苹果树	桃小食心虫	3 000~4 000 倍
	WP20110233	杀蟑饵剂	5 亿个孢子/g	饵剂	草地	蝗虫	20~30 g/667 m²
南通派斯第农药化工公司	WP20090077	杀蟑饵剂	5 亿孢子/g	饵剂	卫生	蜚蠊	
					卫生	蜚蠊	

90

☞ *111.* 如何用绿僵菌防治蛀干害虫？

（1）防治青杨天牛：可用 2 亿个孢子/mL 的孢子悬浮液喷雾。

（2）防治云斑天牛：可将绿僵菌和一些化学农药混合，绿僵菌孢子液（2 亿个孢子/mL）加 500 倍乐果注射为害虫孔，菌药混用有一定增效作用。

（3）防治柑橘吉丁虫：在吉丁虫为害柑橘的"吐沫"和"流胶"期，用小刀在"吐沫"处刻几刀，深达形成层，然后用排笔或小刷蘸取制好的绿僵菌液（2 亿个孢子/mL）或菌药混合液（菌液 2 亿个孢子/mL 加 200 倍杀螟松）涂刷在刀痕处。在成虫羽化前用绿僵菌液封闭蛀孔，增加成虫感染率。

☞ *112.* 如何用绿僵菌防治桃小食心虫和蔬菜害虫？

防治桃小食心虫用绿僵菌 2～3 kg 与农药如 75％辛硫磷 0.5 kg、25％对硫磷微胶囊 0.5 kg 混合使用。或在桃小食心虫脱果期每 667 m² 用菌粉 1.5 kg 施入地面，并根据卵孵化及幼虫脱果情况，用敌杀死或辛硫磷等向树上喷洒 2 次，可有效地控制桃小食心虫为害。

防治蔬菜小菜蛾和菜青虫，用绿僵菌菌粉对水稀释成每毫升含 0.05 亿～0.1 亿个孢子的菌液喷雾。

☞ *113.* 如何用绿僵菌防治东亚飞蝗？

在蝗蝻 3 龄前，每 667 m² 用 20％杀蝗绿僵菌油悬浮剂 100 mL 喷洒在 150 g 饵剂（如麦麸）上，拌匀后田间撒施。或每公顷用绿僵菌油悬浮剂 250～500 mL（100 亿个孢子/g）超低容量喷雾。杀蝗绿僵菌油悬浮剂对飞蝗、土蝗、稻蝗、竹蝗等多种蝗虫有效。

☞ *114.* 绿僵菌如何与植物源农药混用防治亚洲小车蝗？

植物源农药与绿僵菌混合施用可提高药效。农药可影响昆虫外骨骼发育，使真菌杀虫剂更易侵入虫体，并可克服真菌杀虫剂致死慢的缺点，提高杀虫效率。高书晶等研究表明低剂量印楝素和苦参碱与绿僵菌混用可防治田间亚洲小车蝗，混用比单用绿僵菌杀虫效果更好，具协同防治作用。防治亚洲小车蝗药剂使用量为每公顷 1％苦参碱水乳剂或 0.3％印楝素乳油 100 mL 与绿僵菌油悬浮剂 750 mL（100 亿个孢子/mL）混合使用，5 d 后药效达59％～65％。

☞ *115.* 使用绿僵菌防治害虫要注意什么问题？

除需要注意同白僵菌的事项外，在生产中还需注意：

（1）菌药混合使用：部分化学杀虫剂对绿僵菌分生孢子萌发有抑制作用，药浓度愈高，抑制作用愈强。但是适当混用可提高杀虫效果，如绿僵菌（含孢量为 0.19 亿个/mL）与 2.5％敌杀死乳油（稀释 6 万倍）；40％辛硫磷乳油（稀释 1 万倍）；21％灭杀毙乳油（稀释 2.5 万倍）和 25％灭幼脲悬浮剂（稀释 1.5 万倍）混用对马尾松毛虫有明显增效作用。

（2）绿僵菌虽然对环境相对湿度有较高要求，但其油剂在空气相对湿度达 35％时即可感染蝗虫致其死亡，因此可能更适合缺水少雨、气候干燥地区使用。

（3）绿僵菌使用量：田间应用中应依据虫口密度适当调整施用量，在虫口密度大的地区可适当提高用量，如饵剂可提高到每公顷3.75～4.5 kg，以迅速提高其前期防效。

☞ *116.* 如何用拟青霉防治害虫？

拟青霉是多种重要昆虫病原真菌,常见重要种类有粉红拟青霉、粉质拟青霉、玫瑰色拟青霉、蝉拟青霉、粉虱拟青霉等。这些拟青霉已开始应用于防治多种害虫,不同拟青霉使用方法如下。

(1)防治松毛虫:可用粉拟青霉制剂,在松毛虫幼虫越冬前,将菌剂撒在树干基部周围 10～15 cm 范围内,使树下越冬幼虫沾孢子后再钻入土内越冬,在温湿度条件适宜时便发病死亡。较大的树用 10 g 菌剂,小树 5 g,撒菌后疏松土壤,使菌粉混入土中。

(2)防治柞蚕饰腹寄蝇:可用玫瑰色拟青霉制剂。将每克含孢量 22.8 亿的菌粉撒于土面 3～5 cm 土中,让蛆爬行钻入时感染。

(3)防治稻褐飞虱:可用肉色拟青霉制剂,田间使用量每 667 m² 用 1 kg 菌剂喷粉,虫口减退率在 91%。

(4)防治菜青虫:可用蝉拟青霉制剂,使用剂量每 667 m² 用 0.46 亿个孢子。将菌液喷洒在菜叶表面上,对初孵化幼虫有较强侵染作用,死亡率达 90%,幼虫期施菌防治效果在 65%～70%。

此外,还可用环链拟青霉和玫烟色拟青霉防治菜青虫,同时加 0.05% 吐温作增效剂,孢子稀释液浓度为 3 亿～5 亿个孢子/g,两种拟青霉喷雾 9 d 后菜青虫的死亡率都在 65% 左右。

(5)防治温室白粉虱:可用玫瑰色拟青霉北京变种制剂。在黄瓜苗期及初瓜期,每 10～14 d 向植株上部 5～7 片叶背喷孢子液(0.1 亿个孢子/mL)1 次,一个生长期喷 3～5 次。控制种群效果达 71%,控制成虫平均 72%。

☞ *117.* 如何用块状耳霉防治蚜虫？

块状耳霉又名杀蚜霉素、杀蚜菌剂,属真菌性杀虫剂,用于防治各种蚜虫,如桃蚜、萝卜蚜、棉蚜、麦蚜类,对抗性蚜虫防效也高,专化性较强,是灭蚜专用生物农药。防治蚜虫的方法是在蚜虫发生初期,用每毫升含孢量 200 万个的悬浮剂稀释 1 500～2 000 倍后均匀喷雾。块耳霉防治保护地内植物上各类蚜虫,药效持续期长,防效比大田更好。使用时尽可能喷到蚜体上以提高防效,不可和碱性农药、杀菌剂和除草剂混合使用。

☞ *118.* 如何使用蜡蚧轮枝菌防治刺吸类害虫?

蜡蚧轮枝菌是从蚜虫和白粉虱中分离的杀虫真菌,寄主范围较广,可寄生蚧类、蚜虫、螨类、粉虱等害虫,还可寄生某些鳞翅目害虫、线虫和蓟马等。本制剂对人、畜无毒,无污染。杀虫机理同其他杀虫真菌。生产上使用的剂型有粉剂(每克含 50 亿个活孢子)和可湿性粉剂。制剂适合温度在 12～35℃和高湿环境中使用,还可以和某些杀虫剂和杀螨剂混合使用。防治蚜虫用粉剂稀释到每毫升含 0.1 亿个孢子的孢子悬浮液喷雾。防治温室白粉虱用每毫升含 0.3 亿个孢子的孢子悬浮液喷雾。防治湿地松粉蚧把菌粉稀释到每毫升含 0.1 亿～0.3 亿个孢子的孢子悬浮液喷雾。

☞ *119.* 苏云金杆菌的发现、开发和应用如何?

苏云金杆菌(Bt)早在 1901 年就由日本人从患病家蚕中分离出,并根据杆菌来源地德国苏云金省作细菌的名称,定名为苏云金杆菌,其拉丁学名第一个字母缩写即是 Bt。Bt 杆菌属 G＋菌,生活过程中能形成菱形伴孢蛋白质晶体,并形成圆形或椭圆形芽孢。细菌营养体呈长杆状,两端钝圆,周生鞭毛或无鞭毛,运动或不运动,通常 2～8 个细菌个体呈链状排列。

尽管 Bt 最早在日本发现,但把 Bt 开发为昆虫杀虫剂的却是欧洲人,1938 年法国开发出第一个商品制剂用于防治地中海粉螟,此后世界各地对 Bt 开展广泛研究,不断发现 Bt 新亚种或变种,目前全世界共分离到 5 000 余株,有 82 亚种,分属 77 个血清型,不同 Bt 亚种对同种昆虫毒力不同。我国广泛生产和使用的有青虫菌(蜡螟亚种)和 140 杀虫菌(武汉亚种),对稻苞虫、菜青虫、松毛虫等有很好毒杀效果;HD-1 菌(库斯塔基亚种)对棉铃虫有很强毒力;1897 菌(以色列亚种)对蚊子幼虫有良好防效;另外还有 Bt 乳剂、7216、5416 等。在不断发现新亚种的同时,Bt 寄主范围也不断被发现,工业化生产和应用也日益成熟,成为应用最早、防治面积最大、防效最确切和最安全的生物杀虫剂,被广泛地应用于防治农林、仓贮及卫生性害虫。目前在世界几十个国家中,Bt制剂被登记生产和使用,商品种类达 100 多种;生产 Bt 杀虫剂的厂家有 500 多家,年生产能力达 50 万 t。在我国,生产 Bt 制剂的工厂也有几十个,1991 年年产量增长 5 000 t 以上。目前从中国农药信息网可查到以苏云金杆菌为有效成分的商品有 187 条,苏云金杆菌(以色列亚种)为有效成分商品有 7 条。

Bt 杀虫剂的剂型也在不断发展,从一般的粉剂发展到乳剂,进而到高含量 Bt 可湿性粉剂、胶悬剂、水剂、颗粒剂和微胶囊剂以及较先进的水扩散性颗粒剂。在我国 Bt 产品剂型有液剂、悬浮剂、可湿性粉剂、高含量粉剂等。

20 世纪 80 年代后,随分子生物学技术发展,人们把 Bt 某些抗虫基因转移到各类植物内培育了大量的抗各类害虫转基因植物,我国目前培育出转基因植物有抗虫棉、抗虫水稻和抗虫烟草等,但转基因产品安全性一直受到人们关注或质疑,因此要慎重选择这些转基因产品。

☞ *120*. 我国生产 Bt 制剂登记厂家有哪些?

Bt 制剂在我国使用面积较大,因此生产厂家、剂型较多,部分登记名称为苏云金杆菌的厂家、剂型、防治对象见表 10。

Bt 部分苏云金杆菌混剂的厂家、剂型、防治对象见表 11。

表 10　部分登记名称为苏云金杆菌的单剂菌种剂类

生产厂家	登记证号	总含量	剂型	登记作物	防治对象	用药量
美南华仑生物科学公司	PD174-93	3.2%	可湿性粉剂	甘蓝	菜青虫	1 000~2 000 倍
				甘蓝	小菜蛾	1 000~2 000 倍
	PD20040007	15 000 IU/mg	水分散粒剂	甘蓝	菜青虫	375~750 g/hm²
				甘蓝	甜菜夜蛾	375~750 g/hm²
				甘蓝	小菜蛾	375~750 g/hm²
广东德利生物科技有限公司	PD20040007F100008	15 000 IU/mg	水分散粒剂	甘蓝	菜青虫	375~750 g/hm²
				甘蓝	甜菜夜蛾	375~750 g/hm²
				甘蓝	小菜蛾	375~750 g/hm²
				十字花科蔬菜	小菜蛾	1.5~2.25 kg/hm²
				森林	松毛虫	600~800 倍
				枣树	枣尺蠖	600~800 倍
				茶树	茶毛虫	400~800 倍
				棉花	棉铃虫	3~4.5 kg/hm²
江西威牛作物科学有限公司	PD20060120	16 000 IU/mg	可湿性粉剂	烟草	烟青虫	1.5~3 kg/hm²
				玉米	玉米螟	1.5~3 kg/hm²
				十字花科蔬菜	菜青虫	750~1 500 g/hm²
				水稻	稻纵卷叶螟	3~4.5 kg/hm²

续表10

生产厂家	登记证号	总含量	剂型	登记作物	防治对象	用药量
	PD20081972	16 000 IU/mg	可湿性粉剂	十字花科蔬菜	菜青虫	375~750 g/hm²
				十字花科蔬菜	小菜蛾	750~1 125 g/hm²
				森林	松毛虫	1 200~1 600 倍
				枣树	枣尺蠖	1 200~1 600 倍
				茶树	茶毛虫	800~1 600 倍
				棉花	二代棉铃虫	1 500~2 250 g/hm²
				烟草	烟青虫	750~1 500 g/hm²
				水稻	稻纵卷叶螟	1.5~2.25 kg/hm²
				玉米	玉米螟	750~1 500 g/hm²
湖北天泽农生物工程有限公司	PD20082346	8 000 IU/mg	可湿性粉剂	十字花科蔬菜	菜青虫	750~1 500 g/hm²
				十字花科蔬菜	小菜蛾	1.5~2.25 kg/hm²
				森林	松毛虫	600~800 倍
				枣树	枣尺蠖	600~800 倍
				茶树	茶毛虫	400~800 倍
				棉花	二代棉铃虫	3~4.5 kg/hm²
				烟草	烟青虫	1.5~3 kg/hm²
				水稻	稻纵卷叶螟	3~4.5 kg/hm²
				玉米	玉米螟	1.5~3 kg/hm²

续表10

生产厂家	登记证号	总含量	剂型	登记作物	防治对象	用药量
上海威敌生化(南昌)有限公司	PD20082860	16 000 IU/mg	可湿性粉剂	十字花科蔬菜	甜菜夜蛾	50~100 g/667 m²
				枣树	枣尺蠖	1 200~1 600 倍
				茶树	茶毛虫	800~1 600 倍
				棉花	二代棉铃虫	100~150 mL/667 m²
				十字花科蔬菜	小菜蛾	750~1 125 g/hm²
				水稻	稻纵卷叶螟	1.5~2.25 kg/hm²
				十字花科蔬菜	菜青虫	375~750 g/hm²
				烟草	烟青虫	750~1 500 g/hm²
				玉米	玉米螟	750~1 500 g/hm²
青岛奥迪斯生物科技有限公司	PD20082795	8 000 IU/mg	可湿性粉剂	十字花科蔬菜	菜青虫	750~1 500 g/hm²
				十字花科蔬菜	小菜蛾	1.5~2.25 kg/hm²
				森林	松毛虫	600~800 倍
				枣树	枣尺蠖	600~800 倍
				茶树	茶毛虫	400~800 倍
				棉花	二代棉铃虫	3~4.5 kg/hm²
				烟草	烟青虫	1.5~3 kg/hm²
				水稻	稻纵卷叶螟	3~4.5 kg/hm²
				玉米	玉米螟	1.5~3 kg/hm²

续表10

生产厂家	登记证号	总含量	剂型	登记作物	防治对象	用药量
海利尔药业集团	PD20083028	8 000 IU/mg	可湿性粉剂	玉米	玉米螟	
湖南农大海特农化	PD20083358	16 000 IU/mg	可湿性粉剂	玉米	玉米螟	
青岛金正农药公司	PD20083366	16 000 IU/mg	可湿性粉剂	玉米	玉米螟	
青岛好利特生物农药有限公司	PD20084841	16 000 IU/mg	可湿性粉剂	玉米	玉米螟	
	PD20085023	8 000 IU/mg	可湿性粉剂	玉米	玉米螟	
	PD20083324	16 000 IU/mg	可湿性粉剂	玉米	玉米螟	
	PD20083929	8 000 IU/μL	悬浮剂	玉米	玉米螟	
	PD20083182	32 000 IU/mg	可湿性粉剂	十字花科蔬菜	小菜蛾	450~750 g/hm^2
			悬浮剂	十字花科蔬菜	菜青虫	1.5~2.25 L/hm^2
				十字花科蔬菜	小菜蛾	1.5~2.25 L/hm^2
福建浦城绿安生物农药有限公司	PD20083525	6 000 IU/μL	悬浮剂	森林	松毛虫	200~400 倍
				枣树	枣尺蠖	200~400 倍
				茶树	茶毛虫	200~400 倍
				棉花	棉铃虫	3~3.75 L/hm^2
				烟草	烟青虫	3~3.75 L/hm^2
				水稻	稻纵卷叶螟	3~3.75 L/hm^2
				玉米	玉米螟	2.25~3 L/hm^2
	PD20085313	4 000 IU/mg	粉剂	森林	松毛虫	4.5~6 kg/hm^2

续表 10

生产厂家	登记证号	总含量	剂型	登记作物	防治对象	用药量
上海威敌生化（南昌）	PD20083290	32 000 IU/mg	可湿性粉剂	十字花科蔬菜	小菜蛾	450~750 g/hm²
河南远见农业科技	PD20083946	16 000 IU/mg	可湿性粉剂	十字花科蔬菜	小菜蛾	750~1 125 g/hm²
山东鲁抗生物农药	PD20084052	32 000 IU/mg	可湿性粉剂	十字花科蔬菜	小菜蛾	450~750 g/hm²
深圳市沃科生物工程	PD20084053	16 000 IU/mg	可湿性粉剂	十字花科蔬菜	小菜蛾	750~1 125 g/hm²
山西绿海农药科技	PD20084385	8 000 IU/mg	可湿性粉剂	茶树	茶毛虫	400~800 倍
东莞瑞德丰生物科技有限公司	PD20084431	16 000 IU/mg	可湿性粉剂	十字花科蔬菜	小菜蛾	750~1 500 g/hm²
武汉科诺生物科技有限公司	PD20084969	32 000 IU/mg	可湿性粉剂	十字花科蔬菜	菜青虫	450~750 g/hm²
泰安市利邦农化有限公司	PD20085233	16 000 IU/mg	可湿性粉剂	甘蓝	小菜蛾	450~1050 g/hm²
				棉花	棉铃虫	1.88~3.75 kg/hm²
深圳沃科生物工程	PD20085607	8 000 IU/mg	可湿性粉剂	十字花科蔬菜	小菜蛾	1.5~2.25 kg/hm²

表11 部分苏云金杆菌的复配剂种类

生产厂家	登记证号	登记名称	有效成分	剂型	登记作物	防治对象	用药量
扬州绿源生物化工	LS20110214	茶毛核·苏	Bt 2 000 IU/μL,茶毛虫 NPV 1万 IB/μL	悬浮剂	茶树	茶毛虫	50～100 mL/667 m²
江苏东宝宝农药化工	PD20040770	苏云·杀虫单	杀虫单 46%,Bt 100亿个活芽孢/g	可湿性粉剂	水稻	二化螟	750～900 g/hm²
威海韩孚生化药业	PD20082020	阿维·苏云金杆菌	阿维菌素 0.1%,Bt 100亿个活芽孢/g	可湿性粉剂	十字花科蔬菜	小菜蛾	1.125～1.5 kg/hm²
福建浦城绿安生物农药有限公司	PD20086093	杀单·苏云金杆菌	杀虫单 51%,Bt 100亿个活芽孢/g	可湿性粉剂	水稻	三化螟	750～1 125 g/hm²
绩溪县庆丰天鹰生化	PD20083433	阿维·苏云金杆菌	阿维菌素 0.1%,Bt 100亿个活芽孢/g	可湿性粉剂	十字花科蔬菜	小菜蛾	600～750 g/hm²
	PD20086027	甜核·苏云金杆菌	Bt 16 000 IU/mg,甜菜夜蛾 NPV 1万 PIB/mg	可湿性粉剂	十字花科蔬菜	甜菜夜蛾	1.125～1.5 kg/hm²
武汉楚强生物科技有限公司	PD20086030	苏·松质病毒	松毛虫 CPV 1万 PIB/mg,Bt 1.6万 IU/mg	悬浮剂	森林	松毛虫	1 000～1 200倍液
	PD20086035	茶核·苏云金杆菌	茶尺蠖 NPV 1千万 PIB/mL,Bt 2 000 IU/μL	悬浮剂	茶树	尺蠖	1.5～2.25 L/hm²
	PD20070419	菜颗·苏云金杆菌	菜青虫 GV1万 PIB/mg,Bt 1.6万 IU/mg	可湿性粉剂	甘蓝	菜青虫	750～1 125 g/hm²
四川贝尔化工集团	PD20090129	阿维·苏云金杆菌	阿维菌素 0.1%,Bt 1.9%	可湿性粉剂	十字花科蔬菜	小菜蛾	750～1 500 g/hm²

续表 11

生产厂家	登记证号	登记名称	有效成分	剂型	登记作物	防治对象	用药量
江苏东宝农药化工有限公司	PD20090278	阿维·苏云金杆菌	阿维菌素 0.1%、Bt 100亿个活芽孢/g	可湿性粉剂	十字花科蔬菜	菜青虫	750~1 050 g/hm²
					十字花科蔬菜		900~1 200 g/hm²
					水稻	稻纵卷叶螟	1 500~1 800 g/hm²
浙江乐斯化学有限公司	PD20090279	阿维·苏云金杆菌	阿维菌素 0.18%、Bt 100亿个活芽孢/g	可湿性粉剂	十字花科蔬菜	小菜蛾	600~750 g/hm²
安徽众邦生物工程	PD20094320	阿维·苏云金杆菌	阿维菌素 0.2%、Bt 100亿个活芽孢/g	可湿性粉剂	十字花科蔬菜	小菜蛾	1.05~1.5 kg/hm²
福建浩伦生物工程技术有限公司	PD20091097	阿维·苏云金杆菌	阿维菌素 0.1%、苏云金杆菌 100亿个活芽孢/g	可湿性粉剂	十字花科蔬菜	小菜蛾	750~1 125 g/hm²
厦门市绿地生物工程有限公司	PD20091812	阿维·苏云金杆菌	阿维菌素 0.1%、Bt 100亿个活芽孢子/g	可湿性粉剂	十字花科蔬菜	小菜蛾	900~1 500 g/hm²
福建泰禾生化有限公司	PD20092185	杀单·苏云金杆菌	杀虫单 51%、Bt 100亿个活芽孢/g	可湿性粉剂	水稻	三化螟	1.125~1.5 kg/hm²
东莞市瑞德丰生物科技有限公司	PD20092066	阿维·苏云金杆菌	阿维菌素 0.1%、Bt 100亿个活芽孢/g	可湿性粉剂	十字花科蔬菜	小菜蛾	1.125~1.5 kg/hm²
	PD20090833	阿维·苏云金杆菌	阿维菌素 0.1%、Bt 100亿个活芽孢/g	可湿性粉剂	十字花科蔬菜	小菜蛾	750~1 125 g/hm²
珠海华夏生物制剂有限公司	PD20091485	阿维·苏云金杆菌	阿维菌素 0.1%、Bt 70亿个活芽孢/g	可湿性粉剂	十字花科蔬菜	小菜蛾	700~1 200 g/hm²

续表11

生产厂家	登记证号	登记名称	有效成分	剂型	登记作物	防治对象	用药量
湖北康欣农用药业公司	PD20092317	阿维·苏云金杆菌	阿维菌素 0.1%, Bt 1.9%	可湿性粉剂	十字花科蔬菜	菜青虫	450~750 g/hm²
湖北赤壁志诚生物工程公司	PD20092500	杀单·苏云金杆菌	杀虫单 63%, Bt 0.6%	可湿性粉剂	水稻	二化螟	477~667.8 g/hm²
武汉武隆农药有限公司	PD20090683	杀单·苏云	杀虫单 62.6%, Bt 0.5%	可湿性粉剂	水稻	二化螟	437~663 g/hm²
湖北天泽农生物工程有限公司	PD20092519	阿维·苏云金杆菌	阿维菌素 0.1%, Bt 1.9%	可湿性粉剂	小油菜	小菜蛾	9~15 g/hm²
湖北仙隆化工	PD20090357	阿维·苏云菌	阿维菌素 0.1%, Bt 1.4%	可湿性粉剂	十字花科蔬菜	小菜蛾	750~900 g/hm²
江苏东宝农药化工公司	PD20091682	苏云·氟铃脲	氟铃脲 1.5%, Bt 50 亿活孢子/g	可湿性粉剂	甘蓝	甜菜夜蛾	1.2~1.8 kg/hm²
扬州市苏灵农药化工公司	PD20092689	苏云·吡虫啉	吡虫啉 1.25% Bt 0.75%	可湿性粉剂	稻	二化螟	15~30 g/hm²
					水稻	飞虱	15~30 g/hm²
武汉科诺生物科技公司	PD20090594	苏云·虫酰肼	虫酰肼 1.6%, Bt 2%	可湿性粉剂	甘蓝	甜菜夜蛾	43.2~54 g/hm²

☞ *121.* 苏云金杆菌制剂的主要优点有哪些?

和化学杀虫剂相比,苏云金杆菌杀虫剂有许多优点,主要有:

(1)对人、畜安全:由 Bt 杀虫机理可知,Bt 杀虫的主要作用在于其毒素蛋白在碱性环境中分解而起作用,而人、畜肠道酸碱环境不是强碱性的,因此不利于 Bt 分泌毒素蛋白分解,从而不产生毒害作用。

(2)无残留:Bt 跟化学杀虫剂不同,它不会产生对人和环境有害的残留,即使大量应用对环境无害也不会在停留中积累。

(3)不易产生抗药性:即使大量使用 Bt 防治害虫,对多数害虫来说一般不会产生抗药性,即 Bt 对多数害虫始终是有效的。

(4)高选择性:由于 Bt 主要是经口进入昆虫消化道而起杀虫作用。当在植物表面喷洒 Bt 杀虫剂后,只有取食这些叶片的害虫才能把 Bt 摄入体内,而寄生性和捕食性天敌是以活体昆虫为食,它们不取食代菌叶片,因此对它们是较安全的。

(5)防治成本低:与化学农药相比,大量使用 Bt 防治害虫成本远远低于使用化学杀虫剂,因此可获得更好经济效益。

(6)可防治抗化学杀虫剂的害虫:由于 Bt 作用机理和化学杀虫剂的杀虫机理不同,因此可用 Bt 来防治那些已经对化学杀虫剂产生抗性的害虫。

(7)可和多种化学杀虫剂或其他微生物杀虫剂混用:和化学杀虫剂相比,Bt 可和多种化学杀虫剂混合使用(强碱性杀虫剂除外),生产中同时使用可提高防效。同时在一定程度上克服 Bt 杀虫剂杀虫效果差、速度慢、残效期短的缺点。

(8)规模化生产工艺简便,易于生产使用。

☞ *122.* 苏云金杆菌制剂主要缺点有哪些？

(1)非速效：Bt 制剂杀虫效果较慢，常在喷施 2～4 d 后害虫才死亡，因此在害虫密度较高时常不能迅速降低害虫种群数量减少其为害。

(2)残效期较短：为取得较好防效，需连续喷洒多次，无疑会增加一定成本。

(3)防效不稳定：防效不稳定是 Bt 大田应用较致命缺点之一。影响 Bt 防效因素有很多，主要是 Bt 种类、剂型和使用技术、目标昆虫种类、虫龄、虫口密度和习性以及环境因素的高温和强紫外线等。

(4)杀虫谱较窄：即对某些目标害虫不敏感。尽管 Bt 可感染昆虫种类很多，但在生产中某些菌种对一些种类的害虫杀虫效果较低，甚至没效果，因此不能使用 Bt 防治农田中所有的害虫。

(5)不具有内吸作用：不能杀死取食作物内部的害虫，如蛀干和蛀茎类害虫。

(6)制剂加工中存在问题：主要是剂型品种单一，我国目前 Bt 剂型仅有粉剂、可湿性粉剂、悬浮剂、颗粒剂等几种剂型，而且质量较差。同时加工工艺落后，缺乏各种增效剂和增效因子以提高现有菌株的杀虫活性。

(7)尽管 Bt 可和杀虫剂混用，但化学杀虫剂可能会削弱 Bt 杀虫剂对天敌安全和对环境无污染的优势。

(8)药剂质量参差不齐：在我国生产 Bt 商品制剂中，还存在有效成分含量不足，即活芽孢数不达标，悬浮剂悬浮性能较差，样品有明显的分层，发酵残体颗粒较粗；可湿性粉剂细度不够，润湿性能差等缺点。有些产品防腐效果差，存在产品被污染后二次发酵的现象，这些都影响 Bt 制剂在田间的防效及大面积的推广使用，也是较难以被广大农民接受的主要原因之一。

☞ *123*. 苏云金杆菌制剂的杀虫机理是什么？

苏云金杆菌为一种细菌性杀虫剂,杀虫主要以胃毒作用方式为主。苏云金杆菌主要经口进入体内而感染昆虫,在昆虫体内大量增殖,一方面利用昆虫营养物质使昆虫不能正常发育,另一方面可生产一些毒素。这些毒素作用昆虫中肠即有利于细菌入侵又可使害虫在短时间内中毒死亡。感染昆虫活动力下降,食欲降低,并形成败血症,口腔与肛门有排泄物排出。死亡昆虫颜色加深变黑,虫体软化腐烂失去原形,一般有臭味。

Bt 杀虫效果主要是在其生长过程中产生的毒素,Bt 毒素成分是多种多样的,不同亚种菌株产生的毒素种类和性质不同,表现出杀虫活性也不同。

Bt 分泌毒素有两种:内毒素和外毒素。

内毒素有 δ-内毒素即伴孢晶体毒素,是一种蛋白质晶体,与芽孢同时形成,因位于芽孢旁又叫伴孢晶体毒素,是 Bt 一种最重要毒素,也是其杀虫剂主要成分。该毒素是一种前毒素,在昆虫碱性中肠内被激活消化成小片段后作用于中肠细胞膜,破坏其膜结构、扰乱其功能或作用于细胞能量供应系统,在几分钟内麻痹昆虫肠道,使其停止取食。肠道内膜被破坏后杆菌营养细胞极易穿透肠道底膜进入昆虫血淋巴,最后昆虫因饥饿和败血症而死亡。除内毒素作用外还有一些外毒素也可对昆虫起作用。

外毒素有 α、β、γ-外毒素,不稳定外毒素、鼠因子外毒素和水溶性毒素,其中后 3 种研究较少。α-外毒素,即磷脂酶 C,该毒素先作用磷脂膜造成细胞破裂或坏死,使昆虫肠道中细菌较易进入体腔,从而破坏昆虫正常防御机制。肠道内 pH 影响该毒素酶活性而影响其杀虫效果,最适 pH 6.6~7.4,与叶蜂消化道内 pH 一致因而对叶蜂效果明显。该毒素对肠道内 pH 偏碱的昆虫防效较差。β-外毒素,又名苏云金素、热稳定外毒素,是一种广谱杀虫毒素,对直翅目、等翅目、鳞翅目、半翅目、膜翅目和双翅目等 69 种昆虫、多种螨和线虫具毒杀作用。其作用机制是抑制 RNA 聚合酶活性从而抑制 RNA 合成;γ-外毒素,是一种可能对磷酯发生作用的酶。

☞ *124*·苏云金杆菌制剂可防治哪些害虫?

Bt 为高效广谱性杀虫剂。苏云金杆菌各亚种对鳞翅目、双翅目、膜翅目、鞘翅目、食毛目、直翅目、等翅目、蜚蠊目、蚤目和毛翅目 10 目 570 种昆虫有不同程度的致病力和毒杀作用。用于防治农业上的蔬菜、棉花、烟草、果树、茶叶、麻类、薯类、玉米、大豆和森林及卫生害虫,特别是对鳞翅目中粉蝶科、菜蛾科、螟蛾科、麦蛾科、天蛾科等多种害虫效果较好。可防治的害虫种类如下:

水稻螟虫类:如稻苞虫、稻纵卷叶螟、二化螟。

蔬菜害虫:菜青虫、小菜蛾、菜蛾、甘蓝夜蛾、甜菜夜蛾、斜纹夜蛾、银纹夜蛾、猿叶虫、油菜叶蜂、黄条跳虫甲。

果树害虫:卷心蛾、桃小食心虫、苹果细蛾、黄褐天幕毛虫、梨小食心虫、黄刺蛾、茶细蛾、大造桥虫、茶毛虫、茶长卷蛾、美国白蛾、枣尺蠖。

玉米和棉花害虫:玉米螟、棉铃虫和烟青虫。

地下害虫:蛴螬、蝼蛄。

森林害虫:松毛虫、槐尺蠖、春尺蠖、云杉尺蠖、柳毒蛾、杨小舟蛾、天幕毛虫、刺蛾类、舞毒蛾、卷蛾类、天社蛾、蓑蛾、巢蛾、灯蛾、黑点叶蜂、松叶蜂等害虫。

仓贮害虫:大蜡螟、地中海粉螟、印度谷象等。

卫生害虫:按蚊、库蚊、伊蚊、蚋类和蝇类等害虫。

☞ *125.* 使用苏云金杆菌制剂一般原则有哪些?

Bt 制剂使用方法与化学药剂中的胃毒剂使用方法基本类似,根据剂型可喷雾、喷粉、灌心、撒施颗粒剂、毒饵等。使用时应根据环境条件、害虫种类、害虫种群密度、习性和植物生长状况,尽量在害虫幼虫低龄阶段使用,施药期一般在卵孵化盛期到 1 龄幼虫期,此时害虫龄期低,虫体小,食量小,破坏力弱,抗药力也低,在较低浓度下就可得到较好防效。再者 Bt 杀死害虫常滞后于使用日期,等害虫死亡时可能长到高龄幼虫阶段,会造成一定损失。若在高龄害虫时用 Bt,一方面害虫虫体较大取食量激增,造成破坏性较大,同时抗药性增强,即使用 Bt 可控制其为害,造成的为害一般也较大。

在防治害虫时,若害虫种群密度较高可先用低毒高效类农药降低害虫种群密度,然后再使用 Bt 制剂。也可根据害虫种群密度在使用 Bt 制剂的同时加入某些低毒高效类农药如拟除虫菊酯混合施用以提高速效性。

对常见鳞翅目幼虫,可用 100 亿活芽孢悬浮剂 100～150 mL 或 150 亿活芽孢可湿性粉剂 100 g,加水 50 kg 均匀喷雾即可。对其他 Bt 变种制剂或复配剂可参考其说明书使用。

☞ *126.* 如何使用苏云金杆菌制剂来防治各类害虫?

(1)防治蔬菜菜青虫和小菜蛾:于幼虫低龄期或卵孵化盛期,每 667 m² 用 Bt 乳剂(100 亿个孢子/mL)100 g,对水稀释 1 000 倍液喷雾,或用 3.2%可湿性粉剂稀释 1 000～2 000 倍喷雾。

(2)防治黄条跳虫甲、斜纹夜蛾、蚜虫、菜螟:在气温 20℃以上时施药,用 Bt 乳剂 500 倍液加敌敌畏乳油 1 000 倍液混合喷雾。

（3）防治烟青虫和玉米螟：于幼虫低龄期，每 667 m^2 用 Bt 乳剂 150～200 g，对水 50～75 kg 喷雾，或用菌粉 300～800 倍喷雾。

（4）防治棉铃虫：在棉铃虫卵孵盛期，用 3.2％可湿性粉剂对水稀释 2 000 倍喷雾，有较好防效。

（5）防治玉米螟：每 667 m^2 用菌粉（100 亿个孢子/mL）50 g，对水稀释 2 000 倍灌玉米心叶，或每 667 m^2 用菌粉 100～200 g 与 3.5～5 kg 细沙充分拌匀，制成颗粒剂，投入玉米喇叭口中防治玉米螟。

（6）防治水稻螟虫：每 667 m^2 用菌粉（100 亿个孢子/g）50 g 对水稀释 2 000 倍喷洒，可防治稻苞虫、稻螟；用 Bt 乳剂（100 亿孢子/mL）400～600 倍液可防治稻纵卷叶螟。

（7）防治仓库害虫：每 10 m^2 粮堆表面层（3～5cm 厚），用 Bt 乳剂 1 kg 与粮食拌匀，可防治粉斑螟、印度螟蛾、地中海螟蛾、米黑虫、麦蛾以及对马拉硫磷产生抗性的仓库害虫，而且不影响寄生螨类和小茧蜂等天敌对害虫的控制作用。Bt 制剂施药防治仓库害虫有两种施药方式：一种是把药拌入粮堆中，另一种是表面施药。通常，对种用粮食可用药剂与粮食混匀防治害虫；对食用粮食，最好是粮堆顶层表面施药，食用取粮前，将施药层移开，取下层粮食加工食用，然后再将施药表层粮食移回压盖粮面。

☞ *127*. 使用苏云金杆菌制剂应注意哪些事项？

为了更好地使用 Bt 制剂来防治田间害虫，生产上需要注意的问题有：

（1）选择高质量菌剂：注意查看 Bt 质量是否过关，可采用"嗅"来检验，正常产品开盖时应没有臭味，且应该会有香味（培养料发出的），而过期或假冒产品则常产生异味或无气味。其次注意昆虫对不同菌种和亚种敏感性不同,甚至同一菌种不同菌株间也有差异,不同生产厂家就是用相同杆菌亚种其产品的杀虫效果和范围也可能不同,因此在应用前要充分了解药剂的防治范围,并进行田间小规模试验以确定产品的防效和防治对象,选择对防治对象最有效的菌系制成的菌剂。

(2)注意防治害虫的种类及其习性:Bt 制剂属胃毒剂,经口进入害虫体内后才能发挥其作用,因此使用 Bt 时应充分考虑害虫龄期、习性和为害方式。根据防治害虫来确定不同施用时期和方法,不同昆虫或相同昆虫的不同虫期,甚至是不同种群对 Bt 的敏感性也不同。鳞翅目幼虫对 Bt 极敏感,龄期越低,敏感性越强。不同害虫习性不同,防治时也要充分考虑,如棉铃虫初孵幼虫具有取食卵壳习性,因此应于产卵期施用。玉米螟低龄幼虫多在玉米心叶里为害,因此应该在心叶末期灌心或撒颗粒剂防治。小菜蛾 2 龄后多在叶背为害,因此应在卵孵化盛期到 1 龄幼虫高峰期,正反两面喷雾才能取得良好防效。钻蛀性害虫应在其钻蛀前使用,卷叶害虫应该在其卷叶之前使用,否则害虫钻蛀和卷叶后,防效一般都会较低。

(3)根据害虫种类使用不同浓度:害虫种类不同,对 Bt 敏感程度不同。因此应根据害虫种类使用不同的浓度。对敏感害虫如稻纵卷叶螟、稻苞虫、菜青虫等可用 100 亿孢子/mL 的 Bt 稀释500~1 000 倍使用;对不敏感的害虫如三化螟、棉铃虫等则提高用药剂量,可稀释100~200 倍使用。

(4)施用时注意气候条件:阳光和紫外线对 Bt 有破坏作用,因此应避免在强烈阳光下施用,最好在阴天或弱光照、空气湿润时用药,若光照强烈,紫外线会把 Bt 菌杀死。晴天最佳用药时间在日落前 2~3 h 或晴天在上午 10 时前或下午 14 时后施药。阴天时可全天进行。在有雾的早上喷药或喷药半小时前给植物淋水则效果较好。喷后 1 d 内遇大雨应重喷,雨水小不影响效果。施药适宜温度为 18～35℃,而在 20～25℃相对湿度在 85％以上的 Bt 活性最强,防效最好。过高和过低温度对药效发挥不利,应在平均气温 20℃以上施用。

(5)Bt 制剂非速效性:施药期应比使用化学农药提前 2～3 d。并且在田间虫口密度较大时,为尽快消灭害虫,可加少量除虫菊酯类农药,如速灭杀丁、兴棉宝、功夫等,一般在喷雾器中加 1～2 mL 即可。

(6)Bt 乳剂只有进入害虫体内才能发挥其毒杀作用,因此无论采取哪种方法都要力求均匀,喷雾可采用小容量、细雾点的弥雾法。

(7)勿与杀菌剂和某些化肥混用:喷过杀菌剂的喷雾器也要冲洗干净,否则杀菌剂会把部分 Bt 菌杀死,从而影响杀虫效果。由于化肥挥发性和腐蚀性都很强,若与微生物农药如 Bt、杀螟杆菌、青虫菌等混用,则易杀死微生物降低防治效果。

(8)添加增效剂和辅剂:加适当的可湿剂或黏附剂,施用时加入水量的 1‰的可湿剂或黏附剂如树胶、肥皂粉、少量乳剂农药等可帮助菌剂很好地黏附和扩散在植物上,提高菌剂杀虫效果,延长毒效时间。选用 6 号菌粉、HD-1 号水剂等防治一般蔬菜上发生的害虫时,可适当加入少量展着剂,来增加药液的附着力。若选用 Bt 乳剂类则不需加。

(9)对家蚕、蓖麻蚕毒性大,不能在桑园及养蚕场所内及其附近使用。

(10)药剂贮存:此药应保存在低于 25℃的干燥阴凉仓库中,防止曝晒,以免变质。存放时间太长或方式不合适则会降低其毒力。

(11)药剂混用:为解决 Bt 速效与持效的矛盾,可在不大量杀死或杀伤害虫天敌的情况下与常量的 1/4～1/5 的化学杀虫剂混用,如与敌百虫、1605、乐果、敌敌畏、对硫磷、甲基对硫磷等有协同增效作用,Bt 与杀虫双按 2∶2 或 1∶3 混用对防治二化螟、稻苞虫等也有增效作用,但不能与内吸性有机磷类农药如马拉硫磷、二嗪磷混用。此外,Bt 还可与其他微生物杀虫剂混用,也可混用不同亚种菌剂产品,与真菌制剂、病毒、微孢子虫等混用,以取长补短扩大治虫范围。

(12)现配现用:利用各种 Bt 制剂,为了保持高效需要现配现用。

☞ 128. 如何防止害虫出现苏云金杆菌抗性?

Bt 使用 30 年来,在室内条件下已发现 10 多种昆虫对 Bt 产生了抗性:小菜蛾、家蝇、黑尾果蝇、五带淡色库蚊、埃及伊蚊、印度谷螟、粉斑螟、马铃薯叶甲、向日葵同斑螟、甜菜夜蛾、海灰翅夜蛾和美洲杨叶甲等。昆虫产生抗性与 Bt 制剂处理昆虫时的选择压力有关,连续高压力可较快地产生抗性,但在大田,目前仅观察到低水平的抗性,因此生产上为避免害虫产生对 Bt 的抗性还是要尽量做到以下方法:

(1)轮用:生产上轮换使用 Bt 不同亚种制剂。害虫中肠壁细胞膜感受器对不同亚种的蛋白毒素亲和力不同,Bt 不同亚种制剂轮用是克服或延缓抗性产生的有效途径。通过轮用可使在害虫对某种亚种制剂产生抗性前轮换其他制剂,以延缓抗性的产生。轮用可降低选择压力,延缓抗性发生和恢复害虫对 Bt 的敏感性。此外还可以选择杀虫机理不同且不存在交互抗性的药剂与 Bt 制剂轮用。

(2)与化学农药低剂量混用或交叉使用:Bt 与低剂量化学农药混合使用,既能提高杀虫效果又降低两者对害虫选择压力,从而缓延抗药性产生和发展。在 Bt 制剂连续使用地区,适当停用或与化学农药交叉使用能防止抗性的产生。如在美国小菜蛾抗性严重地区 Bt 停用 15 代后,使其抗性从 28 倍下降到 4 倍。

(3)顺序使用不同的 Bt 制剂:首先使用含有毒素种类较少的制剂,其次使用含有种类多的制剂。

(4)控制使用剂量、浓度和频率:可通过人为控制 Bt 制剂或毒素使用剂量,减少使用次数和剂量来降低抗性的产生,也就是逐年缓慢减少害虫的种群数量以达到最终防治目的。多雨地区,1 季允许使用 2 次左右;干旱地区(年降雨量 300~800 mL,平均 600 mL),以 1 熟 1 次为宜。防治蔬菜小菜蛾,Bt 农药春季使用 2 次左右,夏季 1 次,秋季 2 次。如果使用超过 2 次后防效不佳,必须更换其他生物农药,必要时采用低毒化学农药。

(5)镶嵌式施药:根据田间害虫种群密度的差异,将地块按镶嵌式或棋盘式分成防治区和不防治区,或使用杀虫机理不同的几种杀虫剂进行镶嵌式防治,以适当保留敏感个体,来稀释产生抗性的个体。特别是对规模较大的农田要注意运用这一策略。

(6)改进 Bt 喷施技术:如使用静电喷雾相当于使用低剂量时的效果。

(7)使用增效剂:可在较低的 Bt 制剂剂量下获得较高的防效,减少 Bt 用量和延缓抗性发生。

(8)纯化和筛选 Bt 新菌株:使用混合苏云金杆菌会加快抗性产生,纯化菌株对防止抗性产生有一定意义。

(9)选育特异菌株:不同的 Bt 亚种或菌株常具有不同杀虫谱和毒力,甚至同变种不同菌株对同种昆虫毒力也差异显著。筛选具有特殊杀虫谱的特异菌株,获得特定目标害虫高毒力菌株,可增加 Bt 对害虫选择压力,延缓抗性发展,提高 Bt 防效。

(10)Bt 与天敌协同作用:寄生蜂和 Bt 协同作用能有效地防治小菜蛾,且寄生蜂能延缓小菜蛾对苏云金芽孢杆菌产生抗性。

☞ *129.* 如何用乳状芽孢杆菌防治蛴螬？

乳状芽孢杆菌是金龟子幼虫的专性寄生菌，是一种细菌杀虫剂。此菌于 1940 年发现，美国首先将该菌生产为商品性杀虫剂，田间大面积使用取得了显著防效。金龟子幼虫患病后主要症状是虫体呈乳白色，胸足不透明，浑浊，血乳白色，行动缓慢，前期食量减少，后期停食，弄破身体会从伤口流出脓状液体，因染病害虫体呈乳白色，因此得名。乳状芽孢杆菌为革兰氏阳性细菌，能够形成芽孢和伴孢晶体，芽孢抗逆能力强，能够在土壤内存活很长时间，感染的害虫会成为感染源而进行传播流行，使更多害虫感染。

乳状芽孢杆菌制剂使用量是每 667 m^2 施用 2.5 万亿～3.0 万亿活芽孢，最好不少于 1 000 亿活芽孢。也可用 2.5 万亿活芽孢拌麦麸制成毒饵，撒施在播种沟内。毒饵诱杀注意发病率高低与饲喂饵料种类有关，凡蛴螬喜食毒饵种类致病率高，不喜食的致病率低，喜食饵料蛴螬食量大，进入体中菌量多，更易染病，因此防治蛴螬应根据当地主要的种类选择不同的饵料。

☞ *130.* 杀螟杆菌的特点如何？

杀螟杆菌又名蜡状芽孢杆菌，是一种细菌杀虫剂。杀螟杆菌属蜡状芽孢杆菌群的细菌，是从我国感病稻螟虫尸体内分离得到，经人工发酵生产制成。制剂为白色或灰黄色粉状物，杀虫机理同苏云金杆菌，杀虫的有效成分是由细菌产生的毒素和芽孢。杀螟杆菌以胃毒作用为主，菌剂喷洒到作物上被害虫吞食后，其中含有的伴孢晶体能破坏胃肠，引起中毒，芽孢即进入害虫血液内进行大量繁殖，导致败血症。本品对鳞翅目害虫有很强毒杀能力，但毒杀速度较慢,如对稻苞虫和菜青虫等,施药 1 d 后才开始大量死亡;小菜蛾、松毛虫等害虫施药 1~2 d 后死亡才到高峰。对老熟幼虫防效比低龄幼虫防效好。防治效果受温度影响,20℃以上效果较好。本制剂对人、畜无毒,对作物无药害,对害虫天敌安全,但对家蚕染毒力较强。生产上常用剂型是粉剂(每克含活孢子 100 亿个以上)。

☞ **131.** 杀螟杆菌主要可防治哪些害虫?

杀螟杆菌制剂可用于防治水稻、玉米、蔬菜、茶叶等多种作物的鳞翅目害虫,如稻纵卷叶螟、稻苞虫类、玉米螟、菜青虫、小菜蛾、甘蓝夜蛾、黄条跳虫甲、茶毛虫、刺蛾、灯蛾、大蓑蛾、甘薯天蛾等。

☞ **132.** 如何使用杀螟杆菌防治害虫?

(1)防治菜青虫、灯蛾、刺蛾、瓜绢螟等害虫:每 667 m² 用每克含活孢子 100 亿个以上的菌粉 50~100 g,对水 40~50 kg,喷雾。

(2)防治小菜蛾、黄条跳虫甲、夜蛾等害虫:每 667 m² 用每克含活孢子 100 亿个以上的菌粉 100~150 g,对水 40~50 kg,喷雾。

(3)防治玉米螟:可使用颗粒剂,按 1∶20 比例,将菌粉与细沙或细粒炉灰渣拌匀,将药粒投入玉米心叶内,每株 1~2 g。

(4)防治豆天蛾:防治豆田内豆天蛾,每 667 m² 用每克含孢子 80~100 亿的杀螟杆菌制剂稀释 500~700 倍喷雾,每 667 m² 喷施菌液 50 kg。

☞ **133.** 如何土法生产杀螟杆菌杀虫剂?

自行制作杀螟杆菌制剂来防治害虫,可节省一定的防治费用,充分发挥杀螟杆菌的防治作用。具体方法是:在喷洒杀螟杆菌药剂的田间收集死虫,即收集已发黑变烂的虫尸,装入纱布袋内,加水浸泡、揉搓粉碎、过滤,用滤液喷雾防治田间同类害虫。一般将 50～100 g 虫尸滤出液对水 50～100 kg 后喷雾。

☞ *134*. 使用杀螟杆菌需要注意的事项有哪些?

由于杀螟杆菌是一种细菌,因此使用中的注意事项基本同 Bt 制剂。生产上要特别注意:

(1)不能与杀菌剂混用。

(2)因杀虫速度慢,应在害虫发生初期施药,喷雾要力求均匀、周到。

(3)在养蚕区不宜使用。

(4)贮存时放置在阴凉、干燥处,防止受潮、水湿、曝晒、雨淋等。不能使用过期失效药剂。

(5)尽量连续使用:害虫感染死亡后可在害虫种群内传播,引起细菌的流行病,连年施药可增加害虫细菌病流行机会,以更好地控制害虫为害。

(6)通常商品剂型为粉剂,每克含活孢子数 100 亿～300 亿,如果菌粉孢子数含量不足 100 亿或自己土法制造的杀虫剂,可根据虫情加大使剂量。

(7)本品杀虫击倒速度比化学农药慢,在施药前应做好病虫测报,掌握在卵孵化盛期及二龄前期喷药。

(8)与化学农药混用:为提高杀虫速度,可与 90% 晶体敌百虫等一般性杀虫剂混合使用。

(9)喷雾时可在稀释后的药液中加入 0.1%～1% 洗衣粉或茶籽饼粉,增加药液展着性,提高防效。

(10)本品药效易受气温和湿度影响:在 20～28℃时防效较好。叶面有一定水分时也可提高药效,因此喷雾最好选择傍晚或阴天进行。喷粉在清晨叶面有露水时进行为好,中午强光条件下会杀死活孢子,影响药效。

☞ *135.* 青虫菌的特点如何?

青虫菌又名蜡螟杆菌二号,属好气细菌杀虫剂,其杀虫作用与杀螟杆菌、苏云金杆菌相似,主要是胃毒作用。青虫菌伴孢晶体比杀螟杆菌的小,对不同害虫毒性也稍有差异。制剂为灰白色或淡黄色粉末,杀虫速度较慢,施药后一般 2～3 d 见效,有时要 4～5 d,残效期 7～10 d。因是活芽孢起杀虫作用,药效受环境影响大。制剂对家蚕毒性大,对人、畜、蜜蜂和植物无毒,不污染环境。主要用于防治鳞翅目幼虫,如菜青虫、大豆造桥虫、玉米螟、棉铃虫、烟青虫、黏虫、稻纵卷叶螟、稻苞虫、刺蛾、灯蛾、松毛虫、瓜绢螟、舟形毛虫等农林害虫。生产上常用的剂型是可湿性粉剂(每克含 100 亿活芽孢)。

☞ *136.* 如何使用青虫菌?

防治各类鳞翅目幼虫通常使用剂量是每 667 m^2 用菌粉 200～250 g,以喷雾、喷粉、泼浇等方式施用,或拌毒土及制成颗粒剂撒施。使用注意事项同 Bt。具体方法如下:

(1)防治菜青虫和小菜蛾:用青虫菌粉剂对水稀释 1 000～1 500 倍均匀喷雾。

(2)防治黏虫和棉铃虫:用青虫菌粉剂对水稀释 1 000～1 500 倍均匀喷雾。

（3）防治甘薯叶蛾和松毛虫：用青虫菌粉剂对水稀释 300～500 倍均匀喷雾。

（4）防治稻苞虫、稻纵卷叶螟等水稻害虫：用青虫菌粉剂对水稀释 500～1 000 倍均匀喷雾，或每 667 m² 用青虫菌粉剂 250 g 加细土 15～25 kg 配成毒土撒施于稻田。

（5）防治豆天蛾：防治豆田内豆天蛾，每 667 m² 用每克含孢子 80～100 亿的青虫菌制剂稀释 500～700 倍喷雾，每 667 m² 喷施菌液 50 kg

☞ 137. 什么是昆虫病毒？

病毒是一类形态极小，结构最简单的微生物，由单一核酸（RNA 或 DNA）组成中心核、核外包裹一层外壳蛋白组成。病毒个体称为病毒粒子，由两部分构成：内面是核心，成分为核酸；外层是衣壳，成分是蛋白质。没有细胞器和细胞构造，不能独立生活，昆虫病毒只能在活体寄主细胞内才能增殖，但病毒粒子体内都含有自身的核酸复制系统，这些复制系统在复制病毒核酸时需要利用寄主体内的各种核酸原料来复制自己的核酸。有的病毒粒子外边包着一层蛋白质，即蛋白包涵体。包涵体具有保护病毒免受不良环境影响的作用。有的昆虫病毒粒子外没有包涵体。具有包涵体的病毒在使昆虫致病过程中，病毒粒子需要从包涵体中释放出来才有侵染寄主细胞的能力。昆虫病毒则是以昆虫为寄主，并在昆虫种群内流行传播的一类病毒。由病毒引起的昆虫疾病称为昆虫病毒病，生产上正是利用这种病毒病引起为害作物的害虫疾病来抑制这些害虫的发生，从而达到控制害虫的目的。

☞ *138* . 什么是 NPV？

NPV 是核型多角体病毒英文 Nuclear Polyhedrosis Viruse 第一个字母的缩写，属杆状病毒科的核型多角体病毒属，是研究得最早和最为详细的一类昆虫病毒，也是田间应用种类最多的一类病毒。此类病毒具有较大的包涵体，也称多角体（polyhedral inclusion body，简称 IB 或 PIB），在被感染细胞核内形成。由蛋白质组成的多角体大小常因寄主昆虫种类而不同，呈十二面体、四角体、五角体、六角体、不规则形等，直径为 $0.5\sim15\ \mu m$，包埋多个病毒粒子，不溶于水、乙醇、乙醚、氯仿、苯、丙酮，溶于氢氧化钠、氢氧化钾。NPV 多在寄主的血、脂肪、气管、皮脂等细胞的细胞核内发育，故称核型多角体病毒。病毒专化性强，一种病毒只能寄生一种昆虫或其近源种，只在活寄主细胞内增殖。在无阳光直射自然条件下可保存数年不失活，如有的 NPV 在土壤中可维持感染力 5 年左右。阳光照射会失活。

☞ *139* . 核型多角体病毒杀虫机理是什么？

核型多角体病毒（NPV）寄主范围较广，主要寄生是鳞翅目昆虫。经口或伤口感染。经口进入虫体消化道，释放出杆状病毒粒子，通过中肠上皮细胞进入体腔，侵入细胞，在细胞核内增殖，之后再侵入健康细胞，直到昆虫死亡。病虫粪便和死虫可再传染其他健康昆虫，使病毒病在害虫种群中流行，从而控制害虫种群。

昆虫幼虫感染 NPV 后，初期无明显异常变化，随包涵体在虫体内被消化释放出病毒粒子，病毒粒子在昆虫寄主细胞内增殖，寄主昆虫幼虫表现食欲减退，动作迟钝，血淋巴由正常清液渐变为乳白色,体色变淡或成油光;随后躯体软化,体内组织液化,体节肿胀,表皮脆弱易裂,伤口流出白色或褐色浓稠液体,内含大量新形成的多角体,流出液体在未被腐生细菌侵入前并无特殊臭味。感染病毒垂死的幼虫常爬向植物高处,常倒挂在枝条上死亡,组织液化下坠,使躯体下端膨大,这是寻找感染虫体的典型特征。有时幼虫感染的病毒量不足以使其在幼虫期致死,有些幼虫仅有在末龄时呈现出血淋巴稍变乳白色的感染特征,染病幼虫可在蛹期死亡。幼虫被感染后直至出现症状和病征的这段潜伏期与害虫种类、虫龄、接种量、温度、相对湿度等因素有关。如接种量小则潜伏期长,幼虫虫龄越大易感性越低,潜伏期也延长,较高温度和相对湿度易诱发病毒病。

我国大面积田间治虫取得良好效果的有棉铃虫、桑毛虫、斜纹夜蛾、舞毒蛾的核型多角体病毒。目前已有多种核型多角体病毒产品登记。如茶尺蠖核型多角体病毒产品,登记用于茶树防治尺蠖;甘蓝夜蛾核型多角体病毒产品,登记用于甘蓝防治小菜蛾,用于棉花防治棉铃虫;棉铃虫核型多角体病毒产品,登记用于棉花防治棉铃虫,用于烟草防治烟青虫;苜蓿银纹夜蛾核型多角体病毒产品,登记用于十字花科蔬菜防治甜菜夜蛾、斜纹夜蛾、小菜蛾;甜菜夜蛾核型多角体病毒产品,登记用于十字花科蔬菜防治甜菜夜蛾等。各种核型多角体病毒仅对某些害虫有效,使用时根据害虫种类注意选择针对性强的病毒药剂。

核型多角体病毒施入农田后,侵入害虫体内,增殖后致害虫死亡,并能在田间产生更多的病毒,对害虫有持续控制作用,而且对大龄害虫也有良好防治效果,但其作用速度相对较慢,一般宜作为预防用药,在田间害虫发生量较小时施药。田间害虫种群密度大时可先用高效低毒药剂降低害虫种群密度后再用病毒制剂持续控制,或在害虫密度高时病毒药剂与化学药剂混用。

☞ *140*. 我国用于生物防治的昆虫病毒有多少？

目前,已在 11 目 43 科 900 多种昆虫中发现了 1 690 多种病毒,其中 60％为杆状病毒,这些病毒可使 1 100 多种昆虫和螨类致病死亡,可防治 30％粮食和纤维作物上的主要害虫。这些昆虫病毒属于 20 多个不同的类群,分属 13 个科,有杆状病毒科、痘病毒科、多分病毒科、泡囊病毒科、虹彩病毒科、细小病毒科、呼肠孤病毒科、二分 RNA 病毒科、微 RNA 病毒科、野田村病毒科、T 四病毒科、前病毒科和变位病毒科。尽管已发现很多昆虫病毒,但目前用于农作物防治害虫病毒种类有限,用于生物防治的主要是杆状病毒科的核型多角体病毒(NPV)和颗粒体病毒(GV)以及呼肠孤病毒科的质型多角体病毒(CPV)。

我国开发利用核型多角体病毒(NPV)杀虫剂防治棉铃虫、斜纹夜蛾、毒蛾、茶毛虫;颗粒体病毒(GV)杀虫剂防治小菜蛾、菜青虫、黄地老虎及质型多角体病毒(CPV)防治松毛虫都在大面积生物防治实践中取得经济、生态、社会 3 大效益。目前已有几十种昆虫病毒杀虫剂进入大田应用、试验和示范,如棉铃虫、油桐尺蛾、茶尺蛾、斜纹夜蛾、草原毛虫、美国白蛾、杨尺蛾、天幕毛虫、甘蓝夜蛾 NPV;菜粉蝶、小菜蛾、黄地老虎、茶蚕杨扇舟蛾、茶小卷叶蛾 GV 和松毛虫 CPV 等。其中应用面积最大的棉铃虫、油桐尺蛾、茶尺蛾、斜纹夜蛾 NPV;菜粉蝶和小菜蛾 GV 和马尾松毛虫 CPV。

☞ *141*. 病毒杀虫剂是如何生产的？

病毒繁殖需要在活体上进行,我国常用病毒杀虫剂的制备方法是利用人工半合成饲料或天然饲料大量饲养寄主,然后对这些寄主接种病毒,待接种感染寄主长到一定虫龄后就对这些寄主进行磨浆过滤制造出病毒杀虫剂。我国病毒杀虫剂生产工艺大体经历了 3 个发展阶段,20 世纪 70 年代生产流程为:感病虫尸捣碎→过滤去渣→悬浮液→直接用于大田防治的初级阶段(粗制品阶段);80 年代为:感病虫尸机械磨浆→过滤→离心提纯→干燥→粉碎过筛→标定含量→添加辅助剂拌合→分装(机械化或半机械化生产的剂型产品阶段);90 年代后,主要是在剂型研制上有了很大进展,目前病毒杀虫剂可使用的剂型主要有可湿性粉剂、乳剂、乳悬剂、水悬剂等。

☞ *142.* 如何收集田间感染死虫继续使用?

根据病毒生产的特点,可自己制造病毒杀虫剂。在没有使用病毒杀虫剂的田块,寻找感染死亡的害虫,研磨过滤,滤液可喷洒在农田防治同种害虫,也可进一步增殖这些病毒增加病毒量,待病毒增殖到达足够量后再喷洒到田间,甚至发展成为病毒杀虫剂。增殖病毒过程是,把感染害虫研磨过滤,滤液喷洒在害虫取食叶片上,然后在田间收集或饲养同种害虫,饥饿 1~2 d 后喂喷过滤液的叶片,然后饲养这些接种的害虫,待这些害虫死亡后就可研磨过滤,得到更多病毒滤液即可田间喷施。

在喷施病毒制剂的农田,害虫感病致死,适时收集这些病死虫,主要收集体黄白色的病死虫和未流出脓液的病死虫,之后充分碾碎,量大时可用绞肉机,或把收集回来的病死虫放在避光处 2 d 自然腐解成病毒原液,加少量水稀释后用纱布过滤,滤液即病毒原液。一般每 667 m² 用 30~40 头病死虫研磨过滤液,用水将滤液稀释 800 倍左右均匀喷施,5~8 d 后又可再次收集大量具有典型病状的病死虫,制成原液后装入瓶内盖好后用,并将制好的病毒原液注明虫量,以便日后使用方便。本法生产病毒简易并能与田间防治相结合,以降低害虫防治成本。

喷洒病毒杀虫剂的农田就可作为病毒生产田,一般 1 份病毒生产田只要适时连续收集大部分病死虫,可供给喷施 50 份农田所需的病毒,这样就能循环往复不断使用。若收集病虫太多可适当保存,方法是将病死虫放入瓶内封盖,注明死虫数量、收集日期、采集地点、作物种类等信息后放入室内阴暗处,避免曝晒,防止与酸碱物质混合,室内温度控制在 0~28℃。经室内保存 12 个月后在田间喷施杀虫效果仍在 80% 以上,这种方法很适合广大农户使用。若长期存放可将病毒放在 −20℃ 冰柜内保存。

☞ 143. 常用的病毒辅助剂有哪些?

生产上常用病毒剂型有可湿性粉剂和悬浮剂,为提高病毒药效,通常会在病毒制剂生产时添加一些辅助剂。辅助剂是配制病毒杀虫剂的重要成分,通常包括增效剂、保护剂、展着剂、黏着剂、诱饵剂和填充剂等。我国研制的病毒杀虫剂中使用的辅助剂主要有以下几种:

增效剂:西维因、杀灭菊酯、硫酸铜、硫酸锌等。

展着剂:中性洗衣粉、茶枯粉、十二烷基硫酸钠(SDS)等。

乳化剂:656N、656L、吐温-20 等。

诱饵剂:依害虫而定,如棉铃虫用棉油、棉叶粉等。

保护剂:翠蓝、果绿、活性炭、黄连素、荧光素钠、苋菜红等。

黏着剂:甲基纤维素、淀粉等。

填充剂:碳酸钙、白陶土、粉煤灰、高岭土、硅藻土等。

不过在多数商品化的病毒制剂中,可能已经包含了上述一种或多种辅助剂,是否添加这些辅助剂要根据商品病毒杀虫剂的成分和防虫需要而定,在添加之前需要仔细阅读病毒杀虫剂的说明书。

☞ *144.* 如何应用棉铃虫核型多角体病毒防治棉铃虫？

棉铃虫核型多角体病毒（HaNPV）寄主范围较广,可防治棉花、玉米、高粱、烟草、番茄等作物上的棉铃虫,还可防治其他一些害虫,如松叶蜂、襄蛾、舞毒蛾、天幕毛虫、斜纹夜蛾、苜蓿粉蝶、粉纹夜蛾等。

由于不同厂家的病毒制剂包涵体含量不同,因此使用时应根据说明书推荐的剂量使用。使用时以每克含有 10 亿个病毒包涵体（1 亿＝$1×10^8$）为例,每 667 m^2 用药 100～200 g,即每 667 m^2 用病毒包涵体（PIB）的总量是 1 000 亿～2 000 亿个,对水稀释 500～1 000 倍在棉铃虫卵孵化盛期常规喷雾即可。其他包涵体含量不同的病毒制剂可按以上稀释相应倍数常规喷雾。飞机低容量喷雾防治初孵幼虫可用乳悬剂,每 667 m^2 使用剂量是 600 亿～800 亿个包涵体。

☞ *145.* 我国登记的棉铃虫核型多角体病毒制剂产品有哪些？

我国生产棉铃虫核型多角体病毒厂家、剂型、防治对象见表 12,防治棉铃虫时可选择使用。

☞ *146.* 使用棉铃虫 NPV 时需注意哪些事项？

（1）根据当地主要害虫种类来选择是否使用本病毒制剂。由于病毒的专化性强即杀虫谱较窄,可能对一些害虫防效较低。

（2）喷药时注意环境条件:尽量选择阴天或晴天的早、晚时间进行,不能在高温、强光条件下喷药。喷药当天如遇降雨,应补喷。喷雾液滴需完全覆盖叶片。

表 12　棉铃虫核型多角体病毒部分产品种类

生产厂家	登记证号	登记名称	剂型	登记作物	防治对象	有效成分	使用剂量
上海市邦生物工程(信阳)有限公司	PD20085013	棉铃虫核型多角体病毒	可湿性粉剂	棉花	棉铃虫	10 亿 PIB/g	1.2~1.5 kg/hm²
湖北仙隆化工股份有限公司	PD20097484	棉铃虫核型多角体病毒	悬浮剂	棉花	棉铃虫	20 亿 PIB/mL	0.75~0.9 L/hm²
	PD20097117	棉铃虫核型多角体病毒	母药			5 000 亿 PIB/g	
湖北天门市生物农药厂	PD20097118	棉铃虫核型多角体病毒	可湿性粉剂	棉花	棉铃虫	10 亿 PIB/g	1.2~1.5 kg/hm²
	PD20097119	棉铃虫核型多角体病毒	悬浮剂	棉花	棉铃虫	20 亿 PIB/g	0.75~0.9 L/hm²
广东省珠海市华夏生物制剂有限公司	PD20098111	棉铃虫核型多角体病毒	悬浮剂	棉花	棉铃虫	20 亿 PIB/mL	1.35~1.8 L/hm²
河南省禹州市百灵生物药业有限责任公司	PD20098113	棉铃虫核型多角体病毒	可湿性粉剂	棉花	棉铃虫	10 亿 PIB/g	1.2 万亿~1.5 万亿 PIB/hm²
	PD20098195	棉铃虫核型多角体病毒	悬浮剂	棉花	棉铃虫	20 亿 PIB/mL	0.75~0.9 L/hm²
湖北省赤壁志诚生物工程有限公司	PD20098123	棉铃虫核型多角体病毒	可湿性粉剂	棉花	棉铃虫	10 亿 PIB/g	1.5~2.25 kg/hm²

续表12

生产厂家	登记证号	登记名称	剂型	登记作物	防治对象	有效成分	使用剂量
河北新农生物化工有限公司	PD20098128	棉铃虫核型多角体病毒	悬浮剂	棉花	棉铃虫	20 亿 PIB/mL	0.75～0.9 L/hm²
上海宜邦生物工程（信阳）有限公司	PD20098197	棉铃虫核型多角体病毒	悬浮剂	棉花	棉铃虫	20 亿 PIB/mL	0.6～0.75 L/hm²
河南省安阳市瑞泽农药有限责任公司	PD20100044	棉铃虫核型多角体病毒	可湿性粉剂	棉花	棉铃虫	10 亿 PIB/g	1.2～1.5 kg/hm²
湖北仙隆化工有限公司	PD20100751	棉铃虫核型多角体病毒	可湿性粉剂	棉花	棉铃虫	10 亿 PIB/g	1.2 万亿～1.5 万亿 PIB/hm²
	PD20120501	棉铃虫核型多角体病毒	水分散粒剂	棉花	棉铃虫	600 亿 PIB/g	30～37.5 g/hm²
河南省济源白云实业公司	PD20121005	棉铃虫核型多角体病毒	悬浮剂	棉花	棉铃虫	50 亿 PIB/mL	300～360 g/hm²
	PD20097636	棉铃虫核型多角体病毒	母液			5 000 亿 PIB/g	
广东省佛山市盈辉作物科学有限公司	PD20121335	棉铃虫核型多角体病毒	悬浮剂	棉花	棉铃虫	20 亿 PIB/mL	0.75～0.9 L/hm²

续表12

生产厂家	登记证号	登记名称	剂型	登记作物	防治对象	有效成分	使用剂量
河南省博爱惠丰生化农药有限公司	PD20098243	棉铃虫核型多角体病毒	母液			5 000 亿 PIB/g	
	PD20097935	棉铃虫核型多角体病毒	可湿性粉剂	棉花	棉铃虫	10 亿 PIB/g	1.2～1.5 kg/hm²
	PD20101241	棉核·辛硫磷	可湿性粉剂	棉花	棉铃虫	HaNPV 10 亿 PIB/g、辛硫磷 16%	1.2～1.5 kg/hm²
河南省焦作市瑞宝丰生化药有限公司	PD20097363	棉核·高氯	可湿性粉剂	棉花	棉铃虫	高效氯氟氰菊酯 2%、HaNPV 1 亿 PIB/g	1.05～1.5 kg/hm²
	PD20097423	棉核·辛硫磷	可湿性粉剂	棉花	棉铃虫	HaNPV 1 亿 PIB/g、辛硫磷 18%	1.05～1.5 kg/hm²
武汉楚强生物科技有限公司	PD20098198	棉核·苏云菌	悬浮剂	棉花	棉铃虫	HaNPV 1 千万 PIB/mL、Bt 2 000IU/μL	3～6 L/hm²

（3）本剂为活体生物菌剂，须在保质期内用完，不宜用过期失效的陈药。病毒制剂应现配现用，配制好的药液要在当天用完，药液不宜久置。特别是跟化学农药混合使用时混合液不得过夜。

（4）贮存于阴凉、干燥、通风处。较长期需要在 0～5℃ 的环境中存放。正常贮存条件下保质期一般为 2 年。

（5）不能与碱性和特酸性物质混用。

（6）感染的害虫死亡后，体内病毒可向四周传播，引起其他虫体感病死亡，因此在施药后的第 2 年对害虫仍然有效，根据虫情可适当减少打药次数以降低防治成本。

（7）与苏云金杆菌混用有明显增效作用。

（8）与低剂量西维因混合使用，既有互补效果，又起增效作用。从防治害虫角度讲，防治前期，低剂量西维因能补充在潜伏期病毒效果的不足，后期又能增强病毒侵染力。

（9）其他增效剂：大豆卵磷脂与棉铃虫 NPV 混用，可提高病毒毒力，提高害虫死亡率。大豆卵磷脂还是一种天然乳化剂和混悬稳定剂，可考虑作为病毒杀虫剂剂型配制的一种优良辅剂。

（10）与少量化学农药或其他微生物混用：如敌百虫、青虫菌、硫酸铜、硫酸亚铁、苦楝叶、椿树叶、七米叶及棉籽液，有一定增效作用，还可保护天敌。据研究病毒与甲基对硫磷、灭多威、三氟氯氰菊酯、乙酰甲胺磷和溴氰菊酯等混合对抗性棉铃虫的杀虫效果增效显著，特别是与甲基对硫磷混用表现出很强增效作用，生产上可适当挑选这些农药与棉铃虫 NPV 混合使用。

（11）防治棉铃虫可在卵期施药：棉铃虫幼虫孵化后取食卵壳，因此在卵期喷洒，使刚孵化的幼虫得到感染，以提高防效。

（12）对树木和果树害虫，根据树龄大小喷药量不同，大树要加大喷药量。

（13）注意害虫密度：害虫感染病毒后 3～5 d 才死亡，因此在害虫低龄阶段、密度较低的情况下病毒可控制害虫为害，但在害虫虫龄较高，密度较大的情况下，由于病毒杀虫速度较慢，需要注意加适量速效杀虫剂,如 Bt 和低毒高效农药等。

(14)本品在瓜类、甜菜、高粱等作物上慎用,以防药害。

☞ *147.* 如何用甘蓝夜蛾核型多角体病毒防治害虫?

甘蓝夜蛾核型多角体病毒(MbNPV)早在 1960 年就被发现是甘蓝夜蛾的主要病原微生物。此后俄罗斯和法国用 MbNPV 防治甘蓝夜蛾均取得成效,并研发成商品制剂。MbNPV 是一种广谱昆虫病毒微生物杀虫剂,具有杀虫谱广、杀虫时间短、环境友好、对人畜无害等优点,可较好地防治多种鳞翅目害虫,很适于在蔬菜害虫防治中大量推广施用。近年来,甘蓝夜蛾核型多角体病毒杀虫剂在我国推广面积增长迅猛,在蔬菜、水稻等作物上累计应用 400 万亩次。我国江西新龙生物科技有限公司登记生产 MbNPV 制剂(登记号 LS20110165),病毒制剂是病毒含量为 20 亿 PIB/mL 的悬浮剂,登记作物为甘蓝,防治对象为小菜蛾,推荐使用剂量是每 667 m^2 用 90～120 mL 制剂喷雾。防治棉花棉铃虫每 667 m^2 使用剂量为 50～60 mL 制剂喷雾。

☞ *148.* 如何用甜菜夜蛾核型多角体病毒防治甜菜夜蛾?

甜菜夜蛾核型多角体病毒(LeNPV)属杆状病毒科的一类病毒,目前已广泛用于以鳞翅目害虫为主的农林害虫生物防治。与传统化学药剂相比,具有特异性强、不易产生抗药性、安全、无害等特点,同时还可对整个害虫种群起到一定的削弱作用,从而实现对害虫可持续控制。目前病毒制剂剂型主要是浓度为 5 亿、10 亿、30 亿 PIB/g 的悬浮剂和 300 亿 PIB/g 水分散粒剂。

防治甜菜夜蛾:使用剂量 30 亿 PIB/mL 的悬浮剂 20～30 g 喷雾;或使用 300 亿 PIB/g 水分散粒剂 30～75 g 喷雾。

除防治甜菜夜蛾外,该病毒制剂还可以防治稻纵卷叶螟。选用药剂是甜核·苏云金杆菌可湿性粉剂,每 667 m^2 用制剂用量 75～100 g 对水喷雾,对稻纵卷叶螟有一定效果。

☞ *149*. 我国登记甜菜夜蛾核型多角体病毒制剂有哪些?

我国登记生产甜菜夜蛾核型多角体病毒制剂的厂家、剂型、防治对象见表 13,生产中可选择使用。

☞ *150*. 如何用苜蓿银纹夜蛾核型多角体病毒防治害虫?

苜蓿银纹夜蛾核型多角体病毒(AcNPV)是一种低毒的病毒杀虫剂,杀虫谱较广,对害虫有胃毒作用,害虫经口通过取食感染病毒引起死亡。该药药效持久,使用安全,不易产生抗性,低残留,不伤害天敌,对人、畜无毒,是生产无公害蔬菜的首选生物类农药之一。苜蓿银纹夜蛾核型多角体病毒主要应用防治玉米、蔬菜、果树和观赏植物上的鳞翅目幼虫,特别对夜蛾科的幼虫防效较高,如甜菜夜蛾、斜纹夜蛾、甘蓝夜蛾、棉铃虫以及小菜蛾、菜青虫等害虫。AcNPV 制剂剂型主要为病毒包涵体含量不同的悬浮剂。

苜蓿银纹夜蛾核型多角体病毒主要通过喷雾防治害虫,在害虫发生初期、卵孵化盛期或低龄幼虫期开始喷药。田间每 667 m^2 使用病毒水悬浮剂(10 亿 PIB/mL)40～60 mL,用水稀释 800～1 200 倍后连喷 1～2 次,每次间隔 5～7 d,可有效控制害虫发生。用苜核·苏云金杆菌悬浮剂防治十字花科蔬菜的甜菜夜蛾,使用量为 75～100 mL 混剂对水喷雾。注意事项同其他 NPV 制剂。

☞ *151*. 我国登记苜蓿银纹夜蛾核型多角体病毒制剂有哪些?

我国生产棉铃虫核型多角体病毒厂家、剂型、防治对象见表14,生产中可选择使用。

表 13　甜菜夜蛾核型多角体病毒制剂部分产品种类

生产厂家	登记证号	登记名称	有效成分	剂型	登记作物	防治对象	使用剂量
武汉楚强生物科技有限公司	LS20130003	甜菜夜蛾核型多角体病毒	5 亿 PIB/g	悬浮剂	十字花科蔬菜	甜菜夜蛾	1 800～2 400 mL/hm²
	PD20086027	甜核·苏云金杆菌	Bt 1.6 万 IU/mg，LeNPV 1 万 PIB/mg	可湿性粉剂	十字花科蔬菜	甜菜夜蛾	1 125～1 500 g/hm²
	PD20086028	甜菜夜蛾核型多角体病毒	200 亿 PIB/g	母药			
	PD20121697	甜菜夜蛾核型多角体病毒	2 000 亿 PIB/g	母药			
河南省济源白云实业有限公司	PD20130162	甜菜夜蛾核型多角体病毒	30 亿 PIB/mL	悬浮剂	十字花科蔬菜	甜菜夜蛾	300～450 g/hm²
	PD20130186	甜菜夜蛾核型多角体病毒	300 亿 PIB/g	水分散粒剂	十字花科蔬菜	甜菜夜蛾	30～75 g/hm²
广东省广州市中达生物工程有限公司	PD20132526	甜菜夜蛾核型多角体病毒	10 亿 PIB/mL	悬浮剂	甘蓝	甜菜夜蛾	750～1 500 mL/hm²

表 14　苜蓿银纹夜蛾核型多角体病毒制剂部分种类

生产厂家	登记证号	登记名称	有效成分	剂型	登记作物	防治对象	使用剂量
绩溪县庆丰天鹰生化有限公司	PD20096845	苜蓿银纹夜蛾核型多角体病毒	1 000 亿 PIB/mL	母药			
	PD20096846	苜蓿银纹夜蛾核型多角体病毒	10 亿 PIB/mL	悬浮剂	十字花科蔬菜	甜菜夜蛾	1.5～2.25 L/hm²
武汉楚强生物科技有限公司	PD20097412	苜核·苏云金杆菌	AcNPV 0.1 亿 PIB/mL，Bt 2 000IU/μL	悬浮剂	十字花科蔬菜	甜菜夜蛾	1.125～1.5 L/hm²
广东植物龙生物技术有限公司	PD20130734	苜蓿银纹夜蛾核型多角体病毒	10 亿 PIB/mL	悬浮剂	十字花科蔬菜	甜菜夜蛾	1.5～1.95 kg/hm²

☞ *152.* 如何用油桐尺蠖核型多角体病毒防治害虫？

油桐尺蠖又名大尺蠖，是茶树的主要害虫之一，在江苏、浙江、安徽、江西等省都有发生。幼虫取食叶片，为暴食性害虫，发生猖獗时，使茶叶生产受到严重损失。油桐尺蠖核型多角体病毒（BsNPV）可防治茶树上和油桐上的油桐尺蠖。该病毒杀虫剂对第 1 代油桐尺蠖的 2～3 龄幼虫，喷药 10 d 后达到较高防效，对第 2 代的防效也很高。田间每 667 m^2 病毒使用总量是 500 亿～2 000 亿个包涵体，若使用每毫升含 10 亿个包涵体的病毒悬浮剂制剂，每 667 m^2 则使用 50～200 mL，加水稀释 800～1 000 倍常规喷雾即可。在病毒制剂中加入少量硫酸铜、硫酸亚铁或尿素有一定增效作用，而以含硫酸铜的制剂杀虫效果最好。

☞ *153.* 如何用茶尺蠖核型多角体病毒防治茶尺蠖？

多年来在防治茶树茶尺蠖等害虫中，大量使用多种化学药剂，使茶叶中农药残留超标率居高不下。为改变现状就必须用生物防治逐步替代药剂防治，特别是生产有机茶的茶园不能使用化学农药，由于茶尺蠖病毒制剂防治效果好，可持续控制作用强，因此可基本替代茶尺蠖的化学防治，值得大力推广使用。

茶尺蠖核型多角体病毒（EoNPV）是茶尺蠖幼虫的主要病原微生物，对茶尺蠖幼虫具较强侵染力和毒力，可较好地控制茶尺蠖田间种群。茶尺蠖每年发生 6～7 代的地区，第 1 代一般虫口较少，且发生整齐，茶尺蠖发生严重的茶区宜在第 1 代 1～2 龄幼虫期喷施，其次可在第 2 代或第 5～6 代喷施。如果 1 代幼虫发生两个高峰，在前一个高峰期喷施为好。

防治茶尺蠖可用茶尺蠖核型多角体病毒和苏云金杆菌的复配剂茶核·苏云杆菌悬浮剂,每 667 m² 使用 150～150 g 制剂对水喷雾。

目前,生产茶尺蠖核型多角体病毒及其复配剂的厂家主要是江苏扬州绿源生物化工有限公司和武汉楚强生物科技有限公司,都生产茶核·苏云金杆菌悬浮剂(登记号分别为 PD20097569 和 PD20086035)。制剂有效成分含量都是茶尺蠖核型多角体病毒 1 000 万 PIB/mL、苏云金杆菌 2 000 IU/μL,登记作物是茶树,防治对象是茶尺蠖。

☞ *154*. 茶毛虫核型多角体病毒杀虫机理是什么?

茶毛虫核型多角体病毒(EpNPV)常经昆虫口腔进入消化道。在消化道内消化液将病毒多角体蛋白质溶解,释放出病毒粒子。病毒粒子穿过中肠细胞进入昆虫组织细胞内,然后就阻止寄主细胞蛋白质和核酸的合成,利用昆虫细胞中的原料复制大量病毒的蛋白质和核酸,并装配成许多完整病毒粒子,最后导致昆虫细胞破坏。复制出的病毒,又去反复侵染和破坏昆虫邻近细胞,直至整个虫体组织全部崩解。

茶毛虫感染病毒后,食欲减退,动作迟缓,体色变浅,毒毛逐渐脱落。因病毒在体内大量复制和破坏细胞使昆虫感到极度不适,缓缓爬上枝头树梢,尾足上挂,倒悬而死。被感染死亡虫尸变软液化,皮肤一触就破,流出乳白色脓状液体,即病毒多角体。这些多角体可再去感染其他害虫,造成病毒在茶毛虫群体内流行引起大量死亡。

🖝 *155*. 如何用茶毛虫核型多角体病毒防治茶毛虫？

江苏扬州绿源生物化工有限公司登记生产的茶毛核·苏悬浮剂（登记号为 LS20110214），是苏云金杆菌和茶毛虫核型多角体病毒的复配剂，有效成分含量为苏云金杆菌 2 000 IU/μL、茶毛虫核型多角体病毒 10 000 PIB/μL。防治茶树茶毛虫时每 667 m² 使用 50～100 mL 制剂喷雾。

虽然茶毛虫核型多角体病悬浮液 $1×(10^1～10^9)$ 多角体/mL 浓度均能使茶毛虫感病致死，但田间单独用 EpNPV 防治茶毛虫时最适宜病毒浓度是 10 万 PIB/mL。在已使用茶毛虫核型多角体病毒的田间，可收集感染病毒死亡的死虫 100 头或 10 g 虫尸，研磨过滤，滤液加水 75～100 kg 喷雾可防治 667 m² 茶园。

施药时间最好在茶毛虫 3 龄前进行防治，一是茶毛虫在 3 龄前群集而未分散，施药防治方便；二是早期防治可减少害虫对茶叶的经济损失。气温对防效有重要影响，在 18～35℃ 范围内，茶毛虫均可发病死亡，温度愈高，感染病死亡愈快。少量降雨对病毒防效无明显影响，在茶叶上喷施病毒制剂 4～12 h 后 3～30 mm 的雨水冲刷对药效影响不大，因此病毒制剂适于在多雨山区使用。为使悬浮液中多角体均匀分散并能黏附到茶叶上，可适当使用乳化剂以提高防效。

🖝 *156*. 如何用杨尺蠖核型多角体病毒防治杨尺蠖？

杨尺蠖核型多角体病毒（AcNPV）地面喷洒使用的适宜剂量范围为每 667 m² 用 200 亿～400 亿个包涵体，病毒制剂加水稀释一定倍数常规喷雾即可。空中飞机超低量喷雾病毒总量是每公顷

3.75 万亿个包涵体。防治时期以 1～2 龄幼虫占 85％左右为最好，或 2～3 龄占 85％左右。防治 3～4 龄时应加大 1 倍的剂量，此时由于幼虫虫龄较大取食量大因此保叶效果差。喷洒时间应在下午 16 时以后，可避免阳光对病毒影响。

☞ *157.* **如何用斜纹夜蛾核型多角体病毒防治害虫？**

斜纹夜蛾核型多角体病毒(SINPV)杀虫剂防治害虫，可有效降低化学农药的田间用量，从而减少化学农药在作物上的残留和对环境的污染，是生产无公害蔬菜的重要手段之一，但单一病毒杀虫剂田间应用见效慢，杀虫谱窄，因此需要寻找一些增效措施，如不同病毒制剂混用，病毒与增效化学物混合都是常用的方法。研究发现毒死蜱(乐斯本)和虫螨腈(除尽)化学农药与 SINPV 混用有相互增效作用。SINPV 杀虫剂可防治大白菜、花菜、甘蓝、芋头、豇豆、花生、莲藕等作物上的斜纹夜蛾。施药时间要比化学农药提前 2～3 d，即在卵期施药。

防治十字花科蔬菜上的斜纹夜蛾，在幼虫 1～3 龄期，每 667 m^2 病毒使用总量为 300 亿～600 亿个包涵体，用水将病毒悬液制剂稀释 800～1 000 倍后常规喷雾，即每 667 m^2 用含 10 亿 PIB/g SINPV 可湿性粉剂 40～50 g，或用含 200 亿 PIB/g 斜纹夜蛾核型多角体病毒 3～4 g，或用 SINPV 和高效氯氰菊酯复配的高氯·斜夜核悬浮剂 75～100 mL 对水喷雾。

☞ *158.* **登记生产斜纹夜蛾核型多角体病毒制剂的厂家有哪些？**

我国登记的斜纹夜蛾核型多角体病毒制剂工厂、剂型、防治对象见表 15。

表 15　斜纹夜蛾核型多角体病毒制剂部分种类

生产厂家	登记证号	登记名称	有效成分	剂型	登记作物	防治对象	使用剂量
广东省广州市中达生物工程有限公司	PD20096742	斜纹夜蛾核型多角体病毒	10 亿 PIB/g	可湿性粉剂	十字花科蔬菜	斜纹夜蛾	600～750 g/hm²
	PD20096743	斜纹夜蛾核型多角体病毒	300 亿 PIB/g	母药			
	PD20132627	斜纹夜蛾核型多角体病毒	10 亿 PIB/mL	悬浮剂	甘蓝	斜纹夜蛾	0.75～1.125 L/hm²
武汉楚强生物科技有限公司	PD20097660	高氯·斜夜核	高效氯氰菊酯 3%，SlNPV 1 千万 PIB/mL	悬浮剂	十字花科蔬菜	斜纹夜蛾	1.125～1.5 L/hm²
河南济源白云实业有限公司	PD20121168	斜纹夜蛾核型多角体病毒	200 亿 PIB/g	水分散粒剂	十字花科蔬菜	斜纹夜蛾	45～60 g/hm²

☞ *159*. 用斜纹夜蛾核型多角体病毒防治害虫要注意哪些事项?

为确保斜纹夜蛾 NPV 制剂的防治效果,须掌握以下使用技术要点。

(1)与农药混用:当斜纹夜蛾世代重叠严重、发育不齐、其他害虫同时发生、害虫种群密度较大时,可用病毒制剂和低浓度杀虫剂混用。病毒使用每 667 m² 总量是 600 亿个包涵体,化学农药用量按常规使用量的一半以下,混合使用可适当提高防效,还可兼治其他害虫。

(2)施药方法:在使用病毒制剂时,应先加少量水将药剂调成糊状,然后兑足水量混匀后喷洒。加水量视喷雾方式及作物种类而异,一般以能均匀湿润作物为原则。如用一般喷雾法每 667 m² 对水 100~150 kg,若用超低容量喷雾法每 667 m² 对水 10 kg,喷雾液滴需完全覆盖叶片。

(3)施药适期:尽量在幼虫 3 龄前施药,最好在 1~2 龄幼虫时喷药。

(4)施药时间:跟其他微生物杀虫剂一样,喷药时注意环境条件,尽量不要在高温环境下喷药。最适施药时间为傍晚,若阴天则全天均可喷施。

(5)病毒制剂保存:在常温下存放在阴凉干燥处,或较长时间保存应该在 0~5℃冰箱保存,忌曝晒。

☞ *160*. 什么是 GV?

GV 是颗粒体病毒英文 Granulosis Virus 第一个字母的简称,在分类上属杆状病毒科颗粒体病毒属,是有包涵体的昆虫病毒,核酸为双链 DNA。包涵体称颗粒体（granule）或荚膜（capsule），先在被感染细胞的核内形成，但当核膜破裂后可溢出到细胞质内。包涵体形状有卵形、椭圆形、长卵形等，直径常为 $0.1 \sim 0.3 \ \mu m$，长 $0.3 \sim 1.0 \ \mu m$。每个包涵体内一般只有一个病毒粒子。GV 不溶于水和一般有机溶剂如乙醚、乙醇、丙酮、二甲苯等，遇强酸或强碱包涵体能迅速溶解，并可使病毒粒子变性而失去侵染力。GV 室温下保存 5 年以上仍有侵染力，高温可使其失活，冰冻无多大危害，较低温度有可能延长贮存时间。紫外线使病毒失活。用稀碱处理后可获得完整和具侵染性的病毒粒子。

☞ *161.* 颗粒体病毒如何杀虫?

颗粒体病毒（GV）经口进入虫体消化道，在中肠中溶解，游离的病毒粒子通过肠道细胞微绒毛而侵入，在这些细胞核中增殖，新形成的颗粒体病毒释放于血淋巴中而导致对其他组织的继发感染。GV 主要侵染脂肪体、表皮细胞、中肠上皮细胞、气管、血细胞、马氏管、肌肉、丝腺等组织。GV 感染寄主细胞后，幼虫病症和感染 NPV 很相似，有一个潜伏期，早期症状不明显，之后出现反应迟钝、行动迟缓，食欲减退甚至停止取食，体色改变，血液渐变乳白色，腹部肿胀。如菜粉蝶幼虫得病后，体色由深绿色逐渐变为微黄色、黄绿色、乳黄色，腹部乳白色。稻纵卷叶螟幼虫感染后，体色变白或略带橙黄色，节间明显，可看到中肠青绿色粪便。后期体节肿胀，表皮全为乳白色。后期体色变淡，体液变混浊，已死幼虫体壁脆弱，弄破后流出大量脓状液体。刚死幼虫头部下垂，口腔内向外吐出黏稠液体。被感染害虫由于病毒粒子大量繁殖，消耗昆虫营养，使昆虫代谢紊乱而死亡。

染病幼虫可存活较长时间，常在幼虫期死亡，有时也可活到蛹或成虫期。从染病到死亡所需时间随害虫种类、感染龄期、病毒剂量、环境温度等因素而变,一般 4~5 d,最长可达 34 d。病死虫体有时用腹足倒挂枝叶上,呈"Λ"形。

☞ **162.** 如何利用菜青虫颗粒体病毒防治害虫?

菜青虫 GV 或菜粉蝶 GV 可防治多种蔬菜害虫,如菜青虫、小菜蛾、银纹夜蛾、甜菜夜蛾、斜纹夜蛾、粉纹夜蛾、菜螟;还可防治棉花害虫,如棉铃虫、棉造桥虫、棉红铃虫,以及茶树害虫,如茶卷叶蛾、茶尺蠖等。目前我国登记生产菜青虫颗粒体病毒的厂家有武汉楚强生物科技有限公司,除生产原药(含 1 亿 PIB/mL,登记号 PD20060149)外,还生产两种剂型的复配剂菜颗·苏云金杆菌:可湿性粉剂(登记号 PD20070419,有效成分为菜青虫颗粒体病毒 1 万 PIB/mg、苏云金杆菌 16 000 IU/mg,每 667 m^2 使用剂量为 50~75 g 制剂对水喷雾)及悬浮剂(登记号 PD20120875,有效成分为菜青虫颗粒体病毒 1 000 万 PIB/mL、苏云金杆菌 0.2%,每 667 m^2 使用剂量为 200~240 mL 制剂喷雾)。

单独使用菜青虫颗粒体病毒制剂每 667 m^2 用粉剂 40~60 g,对水稀释 750 倍,在幼虫 3 龄前于阴天或晴天下午 16 时后均匀喷雾,持效期 10~15 d。

☞ **163.** 使用菜青虫颗粒体病毒注意事项有哪些?

(1)不能和碱性农药和强氧化剂混用。

(2)施药期:以卵高峰期最佳,不得迟于幼虫 3 龄前。虫龄大时防效差,喷药时叶片正反面均要喷到。

(3)GV 循环利用:喷施 GV 后,可收集田间感染虫尸,捣烂,过滤后将滤液对水喷于田间仍可杀死害虫。每 667 m² 用 5 龄的死虫 20～30 条研磨滤液即可。

（4）贮存在阴凉、干燥处，防止受潮，保质期一般 2 年。

☞ *164.* 如何利用小菜蛾颗粒体病毒杀虫剂？

小菜蛾颗粒体病毒（PxGV）是影响小菜蛾种群数量重要生物因子之一，使用对减轻小菜蛾为害有明显效果，小菜蛾颗粒体病毒具较强专化性，对其他动物和环境安全，害虫不易产生抗性，病毒制剂生产容易，使用方便，成本低，使用后作用明显，患病虫体可成为再次侵染源，当遇到适当条件后可造成再次大流行。小菜蛾感染病毒后取食量下降，表现拒食现象，2 d 后可大量死亡，对幼虫、成虫有较高防效。由河南济源白云实业有限公司登记生产的小菜蛾颗粒体病毒制剂（登记号 PD20121694）是每毫升含 300 亿个病毒包涵体的悬浮剂，防治十字花科蔬菜害虫小菜蛾时，每 667 m² 使用剂量是 25～30 mL 制剂对水喷雾。

本病毒除防治小菜蛾外，还可防治菜青虫、银纹夜蛾和大菜蝴蝶。使用量是每 667 m² 喷洒 500 亿～850 亿个颗粒体，或病毒制剂加水稀释 800～1 000 倍常规喷雾或按说明书使用即可。

但要注意在大量施用化学杀虫剂、天敌作用尚未恢复的生态系统中，小菜蛾自然种群密度较高情况下，单施用小菜蛾颗粒体病毒可能不会完全控制小菜蛾种群数量，因此，可适当间隔 4～7 d，连续 1～2 次用药，或与其他生物手段，如用 Bt 或释放赤眼蜂等相结合。小菜蛾病毒与 Bt 制剂混合使用，有增效作用。其余注意事项同其他 GV 制剂。

☞ *165.* 如何使用黄地老虎颗粒体病毒？

本病毒制剂可防治黄地老虎和警纹地老虎。使用剂量是每 667 m^2 用病毒乳悬剂 20 mL,在低龄幼虫阶段均匀喷雾。本病毒制剂还可和细菌农药和化学农药混合使用,如病毒制剂 150 g,杀螟杆菌 450 g,敌百虫和乐果均为 450 g,施药 10 d 后比单用病毒防效要高 17%;20 d 后死亡率又比单施敌百虫加乐果的高 59%。另外黄地老虎 GV 还可和青虫菌、敌百虫混合施用,防治大白菜上的黄地老虎,效果也明显。注意事项同其他 GV 制剂。

☞ *166.* 如何使用棉褐带卷蛾颗粒体病毒防治棉褐带卷蛾？

本病毒制剂可防治夏季果树上的棉褐带卷蛾。在棉褐带卷蛾成虫产卵到 1 龄幼虫阶段,用病毒悬浮液均匀喷雾,每 667 m^2 使用病毒 6 670 亿个包涵体。注意事项同其他 GV 制剂。

☞ *167.* 如何使用苹果小卷蛾颗粒体病毒防治苹果小卷蛾？

苹果小卷蛾颗粒体病毒可防治苹果和梨上的苹果小卷蛾。生产上使用的剂型是水乳剂和悬浮剂。在幼虫初孵期,每 667 m^2 使用病毒 6 670 亿个包涵体,均匀喷雾,或使用 667 亿个包涵体,每隔 1 周施药 1 次,根据虫情连续使用 2~4 次。

☞ *168.* 什么是 CPV？

CPV 为质型多角体病毒英文 Cytoplasmic Polyhedrosis

Virus 第一个字母缩写,属呼肠孤病毒科质型多角体病毒属。CPV 发现比 NPV 和 GV 晚。其包涵体和 NPV 相似,也是多角体,一般为四边形、六边形、球形、椭圆形等,大小为 $0.5\sim10\ \mu m$。1 个多角体可包埋 $100\sim10\ 000$ 个病毒粒子。病毒粒子为球形二十面体,直径为 $30\sim60\ nm$。CPV 核酸为双链 RNA,感染寄主细胞质,并在寄主细胞质内增殖,故称质型多角体病毒。CPV 不溶于水,但在水中经较长时间可被蚀刻而从表面失去粒子。在碱液中溶解度比 NPV 多角体的小。

☞ 169. 质型多角体病毒杀虫剂的杀虫机理如何?

质型多角体病毒(CPV)主要经口感染,伤口传染可能性极少。害虫取食带有病毒或多角体的叶片后,经肠道碱性消化液作用,使多角体溶解释放出病毒粒子,病毒粒子侵入寄主细胞,继而侵入中肠上皮细胞,在其细胞质内增殖,也可传染至前后肠细胞,不侵入其他组织,并形成多角体。半数没被包埋入包涵体的游离病毒粒子释放到细胞间隙,可再次感染健康细胞,最后细胞解体。

CPV 利用寄主细胞中材料大量复制病毒粒子,在感染的虫体内增殖情况与 NPV 类似,也粗略地可分为隐潜期、缓慢增殖期、高速增殖期及稳定增殖期。CPV 缓慢增殖期一般较长,以后则进入高速增殖期,最后增殖速度保持相对稳定。

昆虫感染 CPV 后,早期症状是食欲不振、体躯变小,有时虫体比例不当,头部显大,中肠中多角体大量增殖使体色变为黄色或淡白色。感染昆虫死亡周期较缓慢,一般为 $3\sim20\ d$ 甚至更长,在病虫患病期间,中肠细胞被液化,多角体可被呕出或随粪便不断排出,再感染其他健康虫,在害虫种群中可形成病毒流行病,有效控制害虫种群数量。松毛虫幼虫感染松毛虫 CPV 后,前期症状不明显,随病情发展,幼虫食欲减退,行动呆滞,生长发育缓慢,体型萎缩,头大尾尖,刚毛竖起,尾部常带灰白色黏稠粪便,虫死后体壁不易触破。

CPV 可感染鳞翅目、双翅目、膜翅目、鞘翅目、脉翅目昆虫,但主要是鳞翅目和双翅目。CPV 作为杀虫剂应用的不多,目前现已从 30 种昆虫中发现了质型多角体病毒,如马尾松毛虫 CPV、茶毛虫 CPV、棉铃虫 CPV。

☞ *170.* 如何用松毛虫质型多角体病毒防治松毛虫?

在松毛虫幼虫 2～4 龄期,若虫口密度平均每株低于 50 头时,可单独使用 CPV 防治松毛虫,每 667 m² 施用病毒总量是 50 亿～100 亿个多角体。病毒制剂按此剂量喷粉或用水稀释 1 000 倍左右后喷雾即可。

CPV 和 Bt 混合用于防治松毛虫效果较好,每 667 m² 使用病毒的剂量是 15 亿～30 亿个多角体,Bt 的剂量是 1 500 亿～3 500亿个芽孢。

此外,湖北武汉兴泰生物技术有限公司生产一种杀虫卡:松质·赤眼蜂(登记号 PD20110518),是松毛虫质型多角体病毒和松毛虫赤眼蜂的复配剂,使用剂量是每 667 m² 在松树上均匀分布悬挂 5～8 个卡,此杀虫卡是把天敌寄生和病毒杀虫相结合,应该是一种可提高害虫防效的剂型。

☞ *171.* 我国登记生产松毛虫质型多角体病毒厂家有哪些?

生产松毛虫质型多角体病毒厂家、剂型、防治对象见表 16。

表 16 松毛虫质型多角体病毒制剂部分种类

生产厂家	登记证号	登记名称	有效成分	剂型	登记作物	防治对象	使用剂量
武汉楚强生物科技有限公司	PD20086029	松毛虫质型多角体病毒	100 亿 PIB/g	母药			
	PD20086030	苏·松质病毒	松毛虫 CPV 1 万 PIB/mg，Bt 1.6 万 IU/mg	可湿性粉剂	森林	松毛虫	1 000~1 200 倍
湖北武汉兴泰生物技术有限公司	PD20100176	松毛虫质型多角体病毒	50 亿 PIB/mL	母药			
	PD20110518	松质·赤眼蜂	松毛虫 CPV 1 亿 PIB，松毛虫赤眼蜂 1 500 头/每卡	杀虫卡	松树	松毛虫	75~120 卡/hm²，悬挂

☞ 172. 使用松毛虫质型多角体病毒的注意事项有哪些？

(1)飞机大面积防治工作中,应注意避免高温、风大时施药。施药后至少 2 d 不能下雨,或选择在越冬前 2～3 龄时进行。

(2)高龄幼虫在高密度下注意添加速效低毒药剂:松毛虫 CPV 是一种缓效病毒杀虫剂,喂毒后须经 4～6 d 才开始死亡,死亡高峰在喂毒后 8～15 d。在高虫龄、高虫口区,6～8 d 时间松毛虫足以吃光全部松针,因此在这种情形下使用 CPV 防治松毛虫时,需要加入一些低毒化学农药或其他速效生物农药,如 Bt 对松毛虫致死速度快,喂毒后 4 h 即开始出现死虫,24～48 h 达到死亡高峰。

(3)混用农药使用剂量:常用与 CPV 混用的药剂是菊酯类化学农药,用量为常用量的 1/3～1/2。

(4)关注害虫龄期和密度:由于 CPV 必须经取食进入害虫中肠,才能感染害虫,因而防治时虫龄不宜过小,以避免因害虫取食量过小而减少受感染机会,进而降低防效。此外,松毛虫 CPV 杀虫速度较慢,防治高龄幼虫效果不强,易出现虫死树光的现象,因此防治时机又不能太迟。这就要求在确定防治时机时必须从虫口密度、环境温度及松林忍耐力等方面综合考虑。

(5)防治时机:林相较好,虫口密度较高时应在 4 龄前防治;高温季节,松毛虫发育速度加快,防治时机应适当提前;越冬代气温低于 15℃时,松毛虫取食活动基本停止,应待气温回升后或提前于越冬前气温较高时防治。

(6)适当添加增效剂:在病毒液中加入 0.06% 硫酸铜、1% 活性炭可提高杀虫率 20% 左右。

(7)CPV 与 Bt 混用并加入适量化学杀虫剂防治松毛虫是非常成功的。混用可提高杀虫速度和防治效果,减少松针损失,保护天敌,不污染环境,持续控制作用比较显著,是值得推广的一种防治方式。但是使用松质·赤眼蜂杀虫卡,挂卡后不能立即喷杀虫剂,否则会杀灭赤眼蜂,降低防效。

☞ *173.* 蟑螂病毒制剂如何灭杀蟑螂?

1990 年武汉大学在蟑螂体内分离出一株病毒黑胸大蠊浓核病毒(PfDNV),由此开发成一种生物杀蟑螂的饵剂,商品名为拜乐。蟑螂取食饵剂后病毒进入蟑螂体内,在蟑螂体内细胞中繁殖增生,导致接触到病毒的蟑螂体内细胞破裂,在数天后死亡,并且让分食它的蟑螂也感染这种病毒。同时商品内还添加了从蟑螂体内提取出的能够引诱蟑螂群聚的蟑螂信息素。

蟑螂食用拜乐胶饵后,浓核病毒在蟑螂体内有一个发病过程,因此不会立即死亡,但自发病之日起,病毒便开始在蟑螂种群内传播并感染其他蟑螂,使蟑螂相互传染而最终相继死亡。一般德国小蠊取食后 3～7 d 达到死亡高峰、美洲大蠊和黑胸大蠊取食后 7～15 d 达到死亡高峰。

☞ *174.* 蟑螂病毒制剂有何优点?

(1)寄主专一性:即此病毒制剂只感染蟑螂,对人类和其他生物不感染、无毒害,对环境无任何污染。

(2)高效性:由于某些商品内添加了吸引蟑螂聚集的激素物质,可使隐匿在缝隙内的蟑螂争相出来取食而感染病毒,从而提高防效。

(3)安全性:病毒只对蟑螂起作用,对兔、鼠、鱼和灵长类动物均安全。

(4)应用范围广:可广泛地应用于家庭、办公室、商店、仓库、机房、粮库等,也可用于食品加工厂、酒店、医院等高标准场所。

(5)持续性:由于是一种病原微生物,可在蟑螂种群内传播,形成流行病,起到持续控制种群的作用。

☞ *175.* 如何使用蟑螂病毒饵剂防治蟑螂?

蟑螂多在晚上出来活动,因此施药最好选在晚饭做完清洁后,以 20 时后为宜。重点在蟑螂经常出没地方如厨房和卫生间施药。厨房橱柜内顶边、抽屉底部及两外侧、水槽四周及下顶部、抽油烟机及排气扇的四周外侧,及墙壁缝隙及电源线接线口。卫生间紧靠水管角落处、梳洗台底部、马桶底部、浴缸四周缝隙及底部空腔内、地漏、镜子后及吊顶两头。排气扇四周外侧、地漏是外来蟑螂入侵的必经之地也需施药,地漏处可于每晚睡觉前在有蜡光纸片(如扑克牌)上点 2～4 点药剂后放置于地漏处,清洁时收起。除厨房、卫生间外,其他房间也及时清洁,施药部位应注意柜橱、沙发、地毯、杂物、管线入口及电器背部。

用药剂量是 80～100 m² 至少使用 10 g,每点施药米粒大小,间隔 15～50 cm。一共施药 3 次,第一次施药为建议剂量,第二次施药是 7 d 后,药量是第一次的一半,第三次施药是 15 d 后,药量是第二次的一半左右,两次补药主要灭杀施药前脱离母体的卵鞘孵出的幼蟑。冬季施药可利用蟑螂喜温习性,施药重点在发热设备及用具四周(如冰箱压缩机,电视机电源变压器、电炉周围等),但不要直接施药于热件上,以免信息素挥发过快。其他厂家蟑螂病毒饵剂使用方法可按照其说明书或参考本节内容。

☞ *176.* 抗生素类杀虫剂有何特点?

抗生素是由微生物(包括细菌、真菌、放线菌属)或高等动植物所产生的具有抗病原体或其他活性的一类次级代谢产物,能干扰其他细胞发育的化学物质。用做杀虫剂的抗生素多是由一些放线

菌代谢产生的次级代谢产物,对昆虫和螨类有强致病和毒杀作用,又叫杀虫素或杀虫抗生素。杀虫素有以下特点:

(1)无公害:在自然界分解比较快,残留少,不易污染环境,不会破坏自然界生态系统。

(2)高效:对昆虫作用浓度都比较低,杀虫效果高。

(3)高选择性:抗生素对害虫有很强杀灭力,对寄生性天敌却无杀灭作用。由于其高效,广谱,毒性相对低,对环境影响小,目前已在水稻、棉花、蔬菜、果树、烟草、花卉等多种作物上施用,在牲畜、宠物体内寄生虫的防治上也显示了它的优越性。

☞ *177.* 阿维菌素杀虫剂的特点如何?

阿维菌素是最早从土壤中某放线菌中分离的。阿维菌素类杀虫剂是一种新型的广谱性抗生素类杀虫、杀螨、杀线虫的药剂,对多种作物害虫等具很高生物活性。阿维菌素对昆虫和螨类具有胃毒和触杀作用,无内吸和熏蒸作用,不能杀卵,但对叶片有很强渗透作用,可杀死植物表皮下的害虫,持效期长,对害螨是30 d,对害虫是7~14 d。该类药剂还具有良好的"层移活性",即能渗入叶片组织中,在其间形成药囊长期贮存,发挥长效,因此对常用农药难防治的害螨、潜叶蝇、潜叶蛾以及其他钻蛀性或刺吸式口器昆虫有较高防效。该类药剂对抗药性害虫有较好防效,与有机磷、拟除虫菊酯和氨基甲酸酯类农药无交互抗性,具有高效、广谱、低毒、害虫不易产生抗性、对天敌较安全的特点。阿维菌素在土内被土壤吸附不会移动,且会被土壤微生物分解因而在环境中无累积作用。

阿维菌素对蜜蜂有毒,但叶面喷药4 h后对蜜蜂基本无害。阿维菌素商品剂型主要有1%和1.8%的乳油,有效成分在2%以下,加水稀释后有效成分浓度更低,毒性也随之下降。

☞ *178.* 阿维菌素的杀虫机理是什么？

阿维菌素是一种神经传导介质的颉颃剂。药液经口、气孔或爪垫进入虫体后与特殊位点相结合，抑制神经传导介质的释放，从而阻断神经传递。昆虫和螨类若虫接触药剂后即出现麻痹症状，不活动、不取食，2～4 d 后死亡。因不引起昆虫迅速脱水，阿维菌素致死作用较缓慢。阿维菌素对捕食性昆虫和寄生天敌虽有直接触杀作用，但因植物表面残留少，因此对益虫的损伤很小。

☞ *179.* 阿维菌素的防治对象主要有哪些？

阿维菌素是一种高效的抗生素类杀虫剂，不但对牲畜体内外几十种寄生虫高效，对螨类也有特效，对鳞翅目、缨翅目、鞘翅目、双翅目、膜翅目、蜚蠊目、半翅目、同翅目的 84 种农业害虫有活性。该类药剂可防治蔬菜、果树、棉花、水稻等多种作物的多种害虫和螨类，如小菜蛾、菜青虫、菜蚜、斜纹夜蛾、豆荚螟、茄红蜘蛛、桃小食心虫、潜叶蛾、斑潜蝇、棉铃虫、柑橘锈壁虱等，特别对小菜蛾、柑橘锈壁虱有特效。

☞ *180.* 阿维菌素有多少异名？

由于全国有许多生产阿维菌素厂家，中国农药信息网以阿维菌素为成分的产品就有 1 416 个，不同厂家产品命名不同，因此给生产上的使用可能带来一定的混乱，不同药剂名称可能含的有效成分相同。主成分是阿维菌素的药剂商品名称有爱福丁、爱诺虫清、灭虫丁、阿巴菌素、阿弗菌素、阿维虫清、阿维兰素、杀虫菌素、揭阳霉素、爱螨力克、螨虫素、齐螨素、齐墩螨素、齐墩霉素、害极灭、阿巴丁、强棒、赛福丁、虫螨克、虫克星、灭虫清、农哈哈、灭虫灵、7051杀虫素、杀虫畜、畜卫佳、Agrimec、Avermectin B₁等。还有一些通过改造阿维菌素结构生产的药剂如有效成分为甲氨基阿维菌素苯甲酸盐的药剂也有许多工厂生产。

在我国不同厂家用阿维菌素原药生产出的不同浓度阿维菌素制剂商品种类很多,通常乳油类有效成分含量0.12％～2％,粉剂为0.05％,也有的将阿维菌素和其他药剂或物质混配,如杀虫单、吡虫啉、灭多威、高效氯氰菊酯、氯氰菊酯、甲氰菊酯、高氯氟氰菊酯、氰戊菊酯、溴氰菊酯、联苯菊酯、辛硫磷、毒死蜱、三唑磷、敌敌畏、乙酰甲胺磷、杀螟硫磷、马拉硫磷、乐果、苏云金杆菌、柴油、机油等,生产出大量的各种各样的产品,如4％阿维·啶虫乳油、1.5％阿维·啶微乳剂、10％阿维·烟乳油、0.4％阿维·苦微乳剂、17％阿维·杀虫微乳剂、30％阿维·灭幼悬浮剂、0.8％阿维·印楝乳油、1.2％阿维·辣椒碱微乳剂、1.8％阿维·鱼酮乳油、1.8％阿维·氟铃脲乳油、2.5％阿维·氟铃乳油、0.1％阿维·苏WP等。

此外,为提高阿维菌素的某些特性或提高杀虫效果,对其结构进行改造,又生产出了大量的类似的杀虫剂,如埃玛菌素、橘霉素、南昌霉素等。

因此,在生产中选用阿维菌素类杀虫剂时,要仔细阅读说明书,注意其有效成分的浓度和种类等以免误用。

☞ *181*. 我国登记生产阿维菌素单剂厂家有哪些?

我国登记的有效成分含有阿维菌素的产品有1 400余个,其中登记名称为阿维菌素的部分阿维菌素单剂的厂家、剂型、防治对象见表17。

表17　登记名称为阿维菌素的部分单剂种类

生产厂家	登记证号	含量	剂型	登记作物	防治对象	使用剂量
海利尔药业集团股份有限公司	LS20130104	5%	悬浮剂	十字花科蔬菜	菜青虫	11.25~15 g/hm²
					蚜虫	7.5~13.5 g/hm²
安徽美兰农业发展股份有限公司	LS20130223	10%	乳油	小白菜	小菜蛾	10.5~13.5 g/hm²
湖北谷瑞特生物技术有限公司	LS20110140	0.1%	饵剂	水稻	稻纵卷叶螟	180~270 mL/667 m²
河南济源白云实业有限公司	LS20110217	10%	悬浮剂	苦瓜	瓜实蝇	10.5~16.5 g/hm²
济南绿霸农药有限公司	LS20120052	3%	微囊悬浮剂	棉花	红蜘蛛	225~315 g/hm²
南通联农农药制剂研究开发有限公司	LS20120277	5%	微囊悬浮剂	西瓜	根结线虫	262.5~337.5 g/hm²
海利尔药业集团股份有限公司	LS20130104	5%	悬浮剂	黄瓜	根结线虫	12~15 g/667 m²
华北制药集团爱诺有限公司	LS20130387	10%	悬浮剂	水稻	稻纵卷叶螟	6.75~9 g/hm²
江西威牛作物科学有限公司	PD20080435	18 g/L	乳油	水稻	稻纵卷叶螟	8.1~10.8 g/hm²
河南濮阳市双灵化工有限公司	PD20081464	1.8%	乳油	十字花科蔬菜	菜青虫	4.5~9 mg/kg
河南博爱惠丰生化农药有限公司	PD20081617	1.8%	乳油	柑橘树	红蜘蛛	5.4~10.8 g/hm²
山东科大创业生物有限公司	PD20081706	3%	可湿性粉剂	菜豆	美洲斑潜蝇	3~4.5 g/hm²

续表17

生产厂家	登记证号	含量	剂型	登记作物	防治对象	使用剂量
潍坊双星农药有限公司	PD20081957	1.8%	乳油	菜豆	美洲斑潜蝇	10.8～21.6 g/hm²
石家庄宝丰化工公司	PD20082285	0.5%	乳油	十字花科蔬菜	小菜蛾	8.1～10.8 g/hm²
河北瑞宝德生物化学有限公司	PD20082287	1.8%	乳油	棉花	红蜘蛛	10.8～16.2 g/hm²
武汉天惠生物工程有限公司	PD20082288	1.8%	乳油	十字花科蔬菜	小菜蛾	8.1～10.8 g/hm²
缙溪农华生物科技有限公司	PD20082337	1.8%	乳油	梨树	梨木虱	3～4.5 mg/kg
江西盛华生物农药有限责任公司	PD20082345	0.5%	乳油	梨树	梨木虱	6～12 mg/kg
湖南天人农药有限公司	PD20082413	0.3%	乳油	十字花科蔬菜	小菜蛾	3.6～5.4 g/hm²
河北深州市奥邦农化有限公司	PD20082419	1.8%	乳油	苹果树	红蜘蛛	3～4.5 mg/kg
上海农乐生物制品公司	PD20082426	3.2%	乳油	水稻	稻纵卷叶螟	6～9 g/hm²
辽宁佳农化有限公司	PD20082439	1.8%	乳油	棉花	棉铃虫	21.6～32.4 g/hm²
深圳诺普信农化股份有限公司	PD20082447	5%	乳油	十字花科蔬菜	小菜蛾	8.1～10.8 g/hm²
河北徐水吉利仿生农药有限公司	PD20082448	1.8%	乳油	十字花科蔬菜	小菜蛾	8.1～10.8 g/hm²
威海韩孚生化药业有限公司	PD20082470	0.5%	乳油	梨树	梨木虱	6～12 mg/kg

续表 17

生产厂家	登记证号	含量	剂型	登记作物	防治对象	使用剂量
北京北农天风农药有限公司	PD20082485	0.9%	乳油	十字花科蔬菜	菜青虫	8.1~10.8 g/hm²
广西弘峰（北海）合浦农药有限公司	PD20082535	1.8%	乳油	十字花科蔬菜	小菜蛾	8.1~13.5 g/hm²
上海农乐生物制品股份有限公司	PD20082536	1.8%	乳油	十字花科蔬菜	小菜蛾	8.1~10.8 g/hm²
山东菏泽北联农药制造有限公司	PD20082546	2%	乳油	菜豆	美洲斑潜蝇	10.8~21.6 g/hm²
吉林省八达农药有限公司	PD20082617	1.8%	乳油	十字花科蔬菜	小菜蛾	8.1~10.8 g/hm²
山东省济南仕邦农化有限公司	PD20082632	2%	乳油	十字花科蔬菜	小菜蛾	8.1~10.8 g/hm²
河北三农农用化工有限公司	PD20082640	1.8%	乳油	十字花科蔬菜	菜青虫	8.1~10.8 g/hm²
安徽嘉联生物科技有限公司	PD20082652	0.6%	乳油	苹果树 苹果树 梨树	桃小食心虫 红蜘蛛 梨木虱	4.5~9 mg/kg 3~6 mg/kg 6~12 mg/kg
江西新瑞丰生化有限公司	PD20082666	1.8%	乳油	棉花	棉铃虫	21.6~32.4 g/hm²
湖北沙隆达股份有限公司	PD20082669	1.8%	乳油	十字花科蔬菜	小菜蛾	8.1~13.5 g/hm²
江西盛华生物农药有限责任公司	PD20082676	0.9%	乳油	棉花	棉铃虫	21.6~32.4 g/hm²

续表17

生产厂家	登记证号	含量	剂型	登记作物	防治对象	使用剂量
河北野田农用化学有限公司	PD20082684	1.8%	乳油	十字花科蔬菜	小菜蛾	8.1~10.8 g/hm²
辽宁海佳农化有限公司	PD20082703	1%	乳油	苹果树	红蜘蛛	4 000~5 000 倍
海南博士威农用化学有限公司	PD20082708	1.8%	乳油	十字花科蔬菜	菜青虫 小菜蛾	8.1~10.8 g/hm²
				棉花	红蜘蛛	10.8~16.2 g/hm²
				棉花	棉铃虫	21.6~32.4 g/hm²
江苏扬州市苏灵农药化工有限公司	PD20082711	1.8%	乳油	菜豆 黄瓜	美洲斑潜蝇	10.8~21.6 g/hm²
河北志诚生物化工有限公司	PD20082808	1.8%	乳油	梨树	梨木虱	6~12 mg/kg
济南天邦化工有限公司	PD20082813	1.8%	乳油	十字花科蔬菜	小菜蛾	8.1~10.8 g/hm²
华北制药集团爱诺有限公司	PD20082832	1.8%	乳油	苹果树	蚜虫	4.5~6 mg/kg
				梨树	红蜘蛛	3.6~4.5 mg/kg
				黄瓜	梨木虱	6~12 mg/kg
	PD20083208	3.2%	微乳剂	黄瓜	美洲斑潜蝇	900~1 200 g/hm²
河北志诚生物化工有限公司	PD20082846	1.8%	乳油	棉花	棉铃虫	21.6~32.4 g/hm²
陕西恒田化工有限公司	PD20082888	1.8%	乳油	梨树	梨木虱	6~12 mg/kg

续表 17

生产厂家	登记证号	含量	剂型	登记作物	防治对象	使用剂量
北京富力特农业科技有限公司	PD20082938	1.8%	乳油	苹果	红蜘蛛	3～4.5 mg/kg
兴农药业有限公司	PD20082972	1.8%	乳油	十字花科蔬菜	小菜蛾	8.1～10.8 g/hm²
安徽迪邦药业有限公司	PD20082973	1.8%	乳油	十字花科蔬菜	菜青虫	8.1～10.8 g/hm²
台州大鹏药业有限公司	PD20083013	1.8%	乳油	十字花科蔬菜	小菜蛾	6～9 g/hm²
济南绿霸农药有限公司	PD20083055	1.8%	乳油	柑橘树	红蜘蛛	4.5～6 mg/kg
				水稻	稻纵卷叶螟	4.725～5.4 g/hm²
海南博士威农用化学有限公司	PD20083088	3.2%	乳油	菜豆	美洲斑潜蝇	10.8～21.6 g/hm²
京博农化科技股份有限公司	PD20083100	0.5%	微乳剂	菜豆	美洲斑潜蝇	2.25～3.75 g/hm²
河北徐水吉利仿生农药有限公司	PD20083103	0.9%	乳油	十字花科蔬菜	菜青虫	8.1～10.8 g/hm²

☞ *182.* 如何使用阿维菌素?

首先注意购买种类阿维菌素的有效成分含量,其次根据说明书稀释一定的倍数对水,在幼虫初孵化时喷雾即可。

(1)1.8%的乳油使用方法:

防治红蜘蛛、锈蜘蛛等螨类:用 1.8% 阿维菌素乳油 3 000~5 000 倍液或每 100 kg 水加 20~33 mL 喷雾。

防治棉田红蜘蛛每 667 m² 用 1.8% 阿维菌素乳油 30~40 mL 对水喷雾。

防治小菜蛾等鳞翅目幼虫:用 1.8% 阿维菌素乳油 2 000~3 000 倍液或每 100 kg 水加 33~50 mL 喷雾。

(2)1% 乳油使用方法:

防治棉花害螨用 1% 乳油 4 000~5 000 倍液;蔬菜害螨用 4 000 倍液;苹果树害螨用 4 000~6 000 倍液;柑橘锈螨用 6 000~10 000 倍液;柑橘全爪螨用 4 000~5 000 倍液喷雾。

防治小菜蛾用 1% 乳油 1 700 倍液均匀喷雾;防治菜青虫用 2 000 倍液;防治斑潜蝇和桃小食心虫 2 500~3 000 倍液;防治蚜虫 4 000 倍液;防治棉铃虫 800~1 200 倍液,均匀喷雾。

☞ *183.* 使用阿维菌素类杀虫剂的注意事项有哪些?

(1)阿维菌素对蜜蜂有毒,在蜜蜂采蜜期不得用于开花作物。

(2)阿维菌素对鱼类高毒,因此施药时不要使药液污染河流、水塘。

(3)本剂与其他类型杀螨剂无交互抗性,对其他类杀螨剂产生抗性的害螨本剂仍有效。

(4)如发生误服中毒,可服用吐根糖浆或麻黄解毒,避免使用巴比妥、丙戊酸等增强 γ-氨基丁酸活性的药物。

(5)使用禁忌作物:按绿色食品农药使用准则规定,在生产 A级、AA 级绿色蔬菜和果树产品时不能用本剂。

(6)防治时间以幼虫初孵化时施药效果最好,加 0.1% 的植物油可提高药效。

(7)阿维菌素杀虫、杀螨的速度较慢,在施药后 3 d 才出现死虫高峰,但在施药当天害虫即停止取食为害。

(8)该药剂以胃毒为主,触杀为辅,无内吸性,所以喷药时需要有足够药液均匀喷雾在作物的茎叶上。

(9)不能与碱性农药混用。

(10)夏季中午时间不要喷药,以避免强光、高温对药剂的不利影响。

(11)由于用阿维菌素作为主要成分的商品药剂种类很多,因此在使用前必须仔细阅读药瓶上的说明书,注意其防治对象、使用倍数和注意事项。

(12)施药后,害虫会有 1~3 d 的不食、不动、不死的中毒过程,害虫虽然没有立即死去但不再为害,这就达到防治害虫和消除为害的目的,因此不能以化学农药的标准来要求生物农药,更不能认为虫死得越快,药就越好。

(13)使用剂量:使用前仔细阅读说明书,按照其推荐的剂量使用。田间使用时不要随意加大用量,以至增加使用成本和产生抗药性。

(14)阿维菌素的安全间隔期为 20 d,即最后一次施药与收获期需间隔 20 d,对采收期较短采收较频繁的蔬菜尤其要注意以防中毒事件发生。

☞ 184 . 多杀菌素的特点如何？

多杀菌素是土壤放线菌产生的一类活性物质。具有胃毒和触杀作用,但以胃毒为主,对昆虫、螨类、线虫有活性。多杀菌素对鳞翅目如菜青虫、小菜蛾、棉铃虫、斜纹夜蛾、甜菜夜蛾、烟青虫(烟芽夜蛾)、苹果卷叶蛾、桃潜叶蛾、菜螟、黏虫等有较高杀虫活性,也对部分双翅目如潜叶蝇、蚊、蝇等、鞘翅目、膜翅目害虫也有杀虫活性。

多杀菌素的杀虫机理是激活乙酰胆碱受体,引起昆虫神经痉挛、肌肉衰弱最终导致昆虫麻痹而致死,由于其作用机制与其他各类杀虫剂不同,因此和阿维菌素一样与其他各类杀虫剂不存在交互抗性。

多杀菌素制剂常用剂型有 2.5％悬浮剂(商品名为菜喜)和48％悬浮剂(商品名为催杀),是一种低毒生物源抗生素杀虫剂,杀虫速度快,喷药后当天即可见效,安全采收间隔期为 1 d,因此施药后也基本不会影响蔬菜上市,可在果蔬、茶叶、烟草、中草药、粮食等作物上广泛应用,最适合无公害蔬菜生产中应用,但由于它对鱼类有一定毒性,所以在水生蔬菜、水稻上谨慎使用。

☞ 185 . 如何用菜喜(2.5％多杀菌素悬浮剂)来防治害虫？

多杀菌素有效含量为 2.5％的悬浮剂即为商品药剂菜喜,用菜喜主要防治蔬菜上的小菜蛾、甜菜夜蛾、蓟马等害虫。

(1)防治小菜蛾:在甘蓝莲座期,小菜蛾处于低龄幼虫期时施药,用 2.5％悬浮剂 1 000～1 500 倍,或每 667 m² 用 2.5％菜喜悬浮剂 33～50 mL,或每 667 m² 使用有效成分 0.825～

1.25 g,对水 20～50 kg 喷雾。每季蔬菜间隔 7～10 d 后连续施药 2 次。

(2)防治蓟马:在蓟马发生初期,每 667 m² 用 2.5％菜喜 33～50 mL;或每 667 m² 用按有效成分总量为 0.825～1.25 g;或用 2.5％悬浮剂 1 000～1 500 倍,即每 100 kg 水加 2.5％菜喜 67～100 mL 均匀喷雾,重点喷洒幼嫩组织如花、幼果、顶尖及嫩梢等。

(3)防治甜菜夜蛾:在低龄幼虫期施药,每 667 m² 用 2.5％菜喜多杀菌素悬浮剂 50～100 mL,或每 667 m² 有效成分 1.25～2.5 g,喷雾,傍晚施药防虫效果最好。

☞ 186. 如何用催杀(48％多杀菌素悬浮剂)防治害虫?

催杀是多杀菌素的 48％悬浮剂。防治棉田和菜田中的棉铃虫、烟青虫时,在幼虫低龄发生期,每 667 m² 用 48％的悬浮剂 4.2～5.6 mL,对水 20～50 kg 喷雾即可。

☞ 187. 使用多杀菌素制剂的注意事项有哪些?

(1)根据虫情每季蔬菜连续施用菜喜 2 次效果最佳,间隔期 7～10 d。

(2)为延缓抗药性,每季蔬菜喷施 2 次后要换用其他杀虫剂。

(3)本品虽为低毒杀虫剂,但使用时也应注意安全防护。操作时若飞溅入眼睛,应该立即用大量清水冲洗。和药剂接触的皮肤和衣物用大量清水或肥皂水清洗。若误服切忌不要自行引吐或灌催吐剂,应携带药瓶或标签立即送医院治疗。

(4)喷雾时要均匀,使整个植株叶片的正反面和茎都喷到药液,否则防效差。

(5)将本商品存放于阴凉、干燥安全的地方,远离粮食、饮料和饲料。

(6)清洗施药器械或处置废料时,应避免污染水体。

☞ *188.* 如何用华光霉素防治害螨?

华光霉素又称日光霉素、尼柯霉素,是一种兼有杀螨、杀真菌活性的农用抗生素,属高效、低毒、低残留农药,对植物无药害,对天敌安全。华光霉素是由唐德轮枝链霉菌的代谢产物。商品制剂经发酵而得。其作用机理是阻止葡萄糖胺的转化从而干扰细胞壁几丁质合成,抑制螨类和真菌生长。

华光霉素主要用于防治害螨类,如山楂叶螨、苹果全爪螨或柑橘全爪螨等,对瓜、果、菜、豆、茄类等作物的叶螨合理用药防效可达 80% 以上。

使用方法是在叶螨发生初期,用 2.5% 华光霉素可湿性粉剂400~1 200 倍喷雾,持续期 30 d 左右。

☞ *189.* 使用华光霉素应该注意哪些事项?

(1)该药剂杀螨作用较慢,因此应在叶螨发生初期施药,若螨密度过高效果不理想。

(2)无内吸性,喷药要均匀周到。

(3)药液要现配现用,当日一次用完。若喷施后遇雨应及时补喷。

(4)不能与碱性农药混用。

(5)避免中午喷药。

（6）药剂应该保存在阴凉、干燥避光处,保质期 2 年。

☞ *190.* 如何使用浏阳霉素?

浏阳霉素是从灰色链霉菌中分离出的一种农用抗生素类杀螨剂,属高效低毒农药,对多种天敌、蜜蜂、家蚕均安全,也不杀伤捕食螨。杀螨谱较广,害螨也不易产生抗性,对螨类具特效,对蚜虫也有较高活性,可用于防治棉花、果树、蔬菜等作物螨类及蚜虫。本剂具有很强触杀击倒力,喷药后几小时就杀死大部分成虫,但无内吸性。药液直接喷至螨体上药效很高,但害螨在干药膜上爬行几乎无效。对成、若螨及幼螨有高效,但不能杀螨卵,对螨卵孵化有一定抑制作用。本剂对螨类防效好,且易被微生物分解无残留,因此可作为生产无公害水果及 AA 级绿色食品防治螨类的首选药。使用方法如下:

（1）防治蔬菜害螨:当黄瓜、茄子或豆角等蔬菜叶片上发生红蜘蛛及茶黄螨时,应在点片发生时开始,用 10% 浏阳霉素乳油用水稀释 1 000～1 500 倍进行均匀喷雾,可在 1～2 周内保持良好防效。防治辣椒上的截形叶螨和二斑叶螨混生种群,在发生初盛期喷药,10% 浏阳霉素乳油每 667 m² 使用量 30～40 mL,对水 40～50 kg 后喷雾,有效期可达 2 周以上。

（2）防治果树害螨:于各种叶螨的成螨、幼螨、若螨集中发生期进行防治。用 10% 浏阳霉素乳油防治苹果全爪螨、山楂叶螨用 1 000 倍,防治柑橘锈螨用 1 000～1 500 倍,防治柑橘全爪螨用 1 000～1 200 倍均匀喷雾。

☞ *191.* 使用浏阳霉素要注意哪些事项?

（1）和有机磷、氨基甲酸酯和某些增效剂复配后药效显著提高,生产上还可与多种杀虫剂、杀菌剂混配以提高工效,以达到增效及扩大杀虫谱的效果。

(2)浏阳霉素遇光宜分解,因此不要在中午用药。

(3)制剂对眼睛有轻微刺激作用,喷雾时注意防护。药液若溅入眼内,用大量清水冲洗,1 d后可恢复正常。

(4)对鱼类有毒。

(5)浏阳霉素对害螨以触杀为主,喷药周到使枝叶全面着药才能提高防效。

(6)该药应存放于干燥、阴凉处,以免失效。

(7)与波尔多液等碱性农药混用时,要现配现用。

☞ *192*. 什么是微孢子虫?

微孢子虫是一种极古老的单细胞真核生物,在分类上属原生生物界原生动物亚界微孢子虫门。微孢子虫分布非常广,种数与整个动物物种数目大体相等,广泛寄生于真核细胞内。在已鉴定的143属中有69属600多种以昆虫为寄主,其中42属寄生双翅目昆虫。昆虫微孢子虫可感染从卵期到成虫期任何发育阶段的昆虫,昆虫纲几乎所有的目都可被感染。微孢子虫侵染昆虫的途径有3条:经口感染、经表皮感染和经卵感染。微孢子虫个体微小,无线粒体,专性细胞内寄生,生活史常经历孢子发芽、裂殖生殖和孢子形成3个阶段,但某些微孢子虫在增殖过程中能形成两种形态和功能各异的孢子。昆虫微孢子虫的孢子多呈卵形、椭圆形或洋梨形,由孢子壁、极膜层、极丝、孢原质和后极泡等结构组成。微孢子虫侵染昆虫组织是以孢子发芽并将孢原质经极管注入寄主细胞的特殊方式完成。微孢子虫进入寄主细胞后,由于各发育时期都没有线粒体,因此其营养来源完全依赖于寄主细胞线粒体,参与微孢子虫代谢过程,为微孢子虫提供能量,从而破坏寄主细胞核和胞质之间的正常代谢。微孢子虫对寄主昆虫破坏作用主要体现在掠夺养分、分泌蛋白酶溶解寄主细胞内容物、机械破坏寄主细胞完整性等方面。随着破坏作用扩大,导致寄主组织和器官功能丧失,最后死亡。

☞ 193. 昆虫微孢子虫杀虫剂有哪些优点?

用微孢子虫防治害虫的优点主要有:

(1)防治费用低:田间使用微孢子虫防治害虫的费用一般要比化学防治低。

(2)生产简易:微孢子虫生产是用活体生产,而活体寄主的饲养通常比较简单,再者还可用替代寄主来繁殖微孢子虫。例如生产蝗虫微孢子虫的寄主东亚飞蝗就可用玉米、小麦和芦苇等禾本科植物叶片喂饲再来繁殖。

(3)安全性强:微孢子虫是昆虫专一性寄生物,不伤害天敌,对人、畜、鸟、禽安全,无须禁牧。微孢子虫在 38℃ 以上的气温条件下死亡,不污染环境。

(4)田间操作简便:微孢子虫通常是用一定载体撒在田间防治害虫,这些带有微孢子虫的载体可用飞机撒施,也可用地面机械,甚至人工撒施。

(5)微孢子虫病可自然流行:一旦微孢子虫病在害虫中流行,可维持多年控制害虫为害。

(6)害虫不会产生抗性。

(7)对植物不产生药害。

(8)可与其他防治技术协调使用:如可和化学药剂混合互补使用,即迅速压低害虫虫口密度又使微孢子虫疾病在田间流行。

☞ *194*. **昆虫微孢子虫杀虫剂有哪些缺点?**

微孢子虫杀虫剂的缺点跟其他微生物杀虫剂有很大的相似性,其主要的缺点有:

(1)杀虫慢效:多数微孢子虫杀虫效果较慢,从感染到死亡要经历一段时间。如多种蝗虫在使用蝗虫微孢子虫后常常在半个月后开始死亡。

(2)商品种类少:在微孢子虫种质资源方面,应选择开发致病力强、对多种害虫有效的种源。生产中可应用的种类不多,因此在一定程度上限制微孢子虫防治害虫的使用。

(3)效果不稳定:防效受到环境条件的限制,如强烈光照、高温可灭活微孢子虫。

(4)孢子施用方法上还不够完善,使用的载体还有待进一步多样化、简易化。

(5)由于微孢子虫是慢性的杀虫剂,因此常在害虫种群密度低的情况下使用才不至于造成很大的损失。在害虫密度较高的情况下,通常要使用高效农药先压低害虫种群密度后再使用微孢子虫。

☞ *195*. **目前可使用的微孢子虫的种类有哪些?**

目前,经室内鉴定并显示较大生物防治潜能的昆虫微孢子虫有按蚊微孢子虫、枞色卷蛾微孢子虫、棉铃象微孢子虫、蝗虫微孢子虫、玉米螟微孢子虫、黏虫变态微孢子虫等。在我国已商品化大面积应用的是蝗虫微孢子虫。

☞ *196*. 蝗虫微孢子虫可防治的对象有哪些？

商品蝗虫微孢子虫杀虫剂是微孢子虫的浓缩液,生产过程是用东亚飞蝗进行活体接种后,室内饲养 35～40 d,集中死虫粉碎、过滤、浓缩制成。

蝗虫微孢子虫可感染 58 种蝗虫,防治为害较重种类有:飞蝗、中华稻蝗、白边痂蝗、毛虫棒角蝗、宽翅曲背蝗、宽须蚁蝗、笨蝗、意大利蝗、红胫戟纹蝗、西伯利亚蝗、黑条小车蝗、黄胫小车蝗、亚洲小车蝗等。

☞ *197*. 如何使用蝗虫微孢子虫？

在我国使用蝗虫微孢子虫常用来防治草原蝗虫以及稻田稻蝗。无论防治哪种蝗虫,通常是在蝗蝻 2～3 龄期使用药剂。田间使用微孢子虫时常制作成毒饵。制作方法是把蝗虫微孢子虫浓缩液按每公顷使用 10 亿～130 亿个微孢子虫的剂量用水稀释,喷在载体上。载体通常用特制大片麦麸,每公顷用量是 1.5 kg。喷洒微孢子虫的麦麸在拌匀后就可用飞机、或地面机械、或人工条带状撒施在田间,条带间隔为 40 m 左右。撒施后 2 h 饵料即可被蝗虫吃光,此后遇雨也不影响防效。

☞ *198*. 使用蝗虫微孢子虫的注意事项有哪些？

(1)微孢子虫灭蝗死亡速度慢,因此应在蝗蝻 2～3 龄前施用,大龄蝗蝻施药蝗虫死亡率低不能减少其为害。

(2)应连年施药:在干旱草原地带,第 1 年施药后第 2～3 年应连续施药,造成蝗虫全面感染,发挥持效作用,有利于降低蝗虫密度,减轻其为害。

(3)本剂为活体制剂,购入前在-10℃下保存,购买后应冷贮快运。制成饵料后,在施药前要放阴凉处,防止阳光曝晒,并尽快撒入田间。长期保存可放在-20℃下保存1~2年。

(4)选择合适施用方法和喷施时期:防治草原蝗虫多用毒饵,防治时间在蝗蝻2~3龄。

(5)和农药混用:田间在害虫种群密度较高的情况下可与农药混用,可快速杀灭害虫,降低其种群密度。

(6)施药时应该在害虫活动高峰时使用,害虫活跃,取食量大,可尽快把毒饵食完,但尽量避开温度较高的时间施药,以防阳光和高温对微孢子虫的灭活。

(7)不同蝗虫种类对蝗虫微孢子虫敏感程度不同,因此注意应根据防治蝗虫种类适当增加微孢子虫的剂量。

(8)多数蝗虫喜欢取食禾本科的植物,毒饵的载体常用麦麸,但是不同蝗虫种类喜欢取食的植物不同,可根据当地具体种类选择其喜欢取食的植物作毒饵载体,以提高防效。

☞ *199.* 如何用按蚊微孢子虫防治蚊虫?

防治蚊子的微孢子虫主要是按蚊微孢子虫或微粒子,对按蚊、伊蚊和库蚊等27种蚊子有致病性,可使冈比亚按蚊和四斑按蚊大量死亡,幸存按蚊成虫产卵量减少、寿命缩短、传播疟疾能力也降低。

使用剂量是每平方米水域用0.1亿~22亿孢子。防治的关键使孢子能在滋生蚊子的水面上保持几天,以便蚊子食下孢子感染发病,若使用后迅速沉降到水底则防效较差。

☞ *200*. 如何用枞色卷蛾微孢子虫防治杉树卷蛾？

可用枞色卷蛾微孢子虫防治杉树上的卷叶蛾。

使用方法是在卷蛾幼虫 3～4 龄时,每株白云杉树喷雾 500 亿～1 800 亿孢子液,可使虫口发病持续 2～3 年。

☞ *201*. 如何用玉米螟微孢子虫防治玉米螟？

用玉米螟微孢子虫防治玉米螟,每公顷的使用剂量是 2 万亿～13 万亿个孢子,每季喷施 2～3 次,并用脱脂奶粉作为紫外线保护剂。玉米螟微孢子虫还可与苏云金杆菌混用。

此外,用玉米螟微孢子虫还可防治云南松毛虫,用 0.26 亿/mL 的药液浓度在害虫 1～4 龄期喷雾使用。

☞ *202*. 如何用黏虫变形微孢子虫防治害虫？

黏虫变形微孢子虫可防治多种害虫,如黏虫、烟青虫(烟草芽夜蛾)、结球甘蓝尺蠖、苜蓿绿夜蛾等害虫。该微孢子虫对害虫致病力强,高剂量孢子可引起害虫肠道病害而快速死亡;低剂量孢子可侵染脂肪体和其他组织而使害虫缓慢致死。国外报道的用黏虫变形微孢子虫防治害虫的方法有下列几种:

防治玉米田间黏虫,可将微孢子虫液滴到玉米穗花丝中,每穗使用剂量是 0.01 亿～4 亿个孢子,防效在 70% 左右。

防治烟草烟芽夜蛾、结球甘蓝尺蠖:可喷洒微孢子虫药液,使用剂量每公顷 2.2 万亿个孢子。

防治谷实夜蛾和烟芽夜蛾:在烟草、大豆和高粱田中,防治此类害虫,可喷施黏虫微孢子虫,使用剂量是每公顷 25 万亿个孢子。

感染率在 63% 以上。

防治苜蓿绿夜蛾:在大豆田中,每公顷喷施 2.5 万亿个孢子。

微孢子虫毒饵配制:毒饵可防治小地老虎幼虫,使用载体是葡萄渣肥,使用剂量是每公顷用 22.5 kg 葡萄渣肥,微孢子虫的剂量是 40 万亿个孢子,混匀后撒施。

☞ *203*. 什么是杀虫线虫?

土壤中生活的线虫种类繁多,有 4.2 万余种。按照其食性可分 3 类:腐生线虫、植物寄生线虫和动物寄生线虫。其中生产上使用的杀虫线虫属于动物寄生线虫。线虫不仅种类多,而且数量巨大,一些寄生于昆虫的线虫,可效地抑制一些害虫的种群,如蚊、摇蚊、蝗虫、舞毒蛾、日本丽金龟等。

能寄生昆虫的线虫统称为昆虫寄生性线虫,具有生物防治潜力的种类主要有 5 个科:索科、新垫刃科、滑刃科、斯氏线虫科和异小杆科。其中斯氏线虫科和异小杆科线虫的侵染期幼虫携有共生细菌,可引发昆虫败血症。为区别于其他昆虫寄生性线虫,特称之为昆虫病原线虫。这类线虫杀虫机理是它们消化道内携带共生细菌,能从寄主的表皮、肛门和气孔等处或随食物进入害虫体内,然后进入血腔,排出自身携带的共生细菌,并在血液内繁殖,使寄主引起败血症迅速死亡。

昆虫病原线虫寄主范围广,杀虫效果好,致死速度快,不危害植物,能用人工培养基工厂化生产,线虫本身在土壤中有较好的生存和扩散能力,施用后可自行寻找寄主,对隐蔽为害难以防治的地下害虫和钻蛀害虫有着其他防治手段所不可比拟的优势。

我国昆虫病原线虫研究尚处初级阶段,研究集中于小卷蛾线虫、芜菁夜蛾线虫和异小杆线虫等 40 多种害虫的防治。目前应用较多的昆虫病原线虫有 2 类。

一类是索科线虫,索线虫体圆柱形,长 1～50cm,其大小随寄主大小和种类而变。因个体大、发现早、对人畜安全、易于生产、便于贮存、易在新环境中定居,且使用后对害虫有持续控制,因此索线虫被列为昆虫寄生线虫首位,有很大生防潜能,在国外已有商品制剂出售。索线虫有 80 余属 3 000 余种,我国已发现的索线虫科有 5 属,其中已定名的有 9 种。这些索线虫可寄生直翅目、鳞翅目、双翅目、同翅目等 19 目的 3 000 多种昆虫。

另一类是斯氏线虫和异小杆线虫,寄主范围广,在其生活史中有一种共生菌随线虫进入昆虫体内,致使昆虫在 1～2 d 内死亡。在土壤中有较好的生存能力和扩散能力。

☞ 204. 如何使用芜菁夜蛾线虫防治害虫?

芜菁夜蛾线虫又名斯氏线虫和夜蛾斯氏线虫。是经人工培养扩繁而制成的活体线虫杀虫剂。其杀虫机理是线虫经自然孔口侵入寄主,在寄主血腔内释放为线虫发育提供营养的共生菌,并促进 4 龄线虫发育成雌雄异体的成虫,用寄主营养繁殖后代,当发育为 3 龄时便从寄主体内钻出,寻找新的寄主,最后耗尽害虫营养导致害虫死亡。同时共生菌会产生毒素引起昆虫败血症而死亡。线虫发育速度受温度影响较大,通常生活周期为 14～20 d,但施用后可在 2 d 内杀死寄主。

斯氏线虫可用于防治多种蛀干类害虫,如木蠹类有芳香木蠹蛾、小木蠹蛾、相思拟木蠹蛾、多纹豹蠹蛾幼虫,也可防治天牛类害虫,如光肩星天牛、桑天牛、桃红颈天牛、台湾柄天牛、黄带黑绒天牛、黄斑星天牛等。还可以防治蛀茎类、地下潜伏或为害的害虫,例如桃小食心虫、云杉根小蠹、梨象鼻虫、玉米螟等。

线虫商品剂型是含有 1 亿条活线虫泡沫塑料吸块袋,使用前要先配制活线虫悬浮液,方法是用清水将吸附在泡沫塑料块中的线虫洗出,配成线虫悬浮液喷雾。

防治天牛类幼虫:本品一袋用 30 kg 水把线虫洗出,配制成悬浮液,将线虫悬浮液用注射器从蛀孔洞口处注入并注满整个蛀道。国内用芜菁夜蛾线虫防治天牛的研究较多,如刘世儒等(1992)比较了注射线虫液法和塞海绵块、堵孔与不堵孔方法对桑天牛、光肩星天牛、台湾柄天牛、黄带星绒天牛的防治效果。使用剂量每虫孔8 000 和 10 000 头线虫,发现塞海绵块施线虫的防效好于注射线虫的,接虫后堵孔的死亡率高于不堵孔的。塞海绵法线虫液不易流失,对线虫的成活和扩散有利。接虫后堵孔可保持虫道内湿度,且可减少线虫液流失。吕昌仁等(1995)用该线虫防治意杨上的桑天牛,每孔注入线虫 6 000 条,死亡率达 82.1%,但李树等宜(1994)用该线虫防治人行道树上的星天牛,致死率仅为 64.7%。黄金水等(1997)发现线虫能寄生麻黄星天牛中、老龄幼虫、蛹及成虫,处理后 4~6 d 即可使幼虫死亡率达 94.4%以上,在林间对每蛀孔用海绵块塞道施用 1 万条侵染期线虫,防效达 90%以上。刘清浪等(1999)发现同剂量在木麻黄林间施用,星天牛死亡率为86.7%。在 25~30℃致死速度最快,只要虫道内有一定湿度,线虫就能上下运动,4~6 d 即可将幼虫致死,并在其体内繁殖。

防治木蠹蛾类幼虫:取制剂 1 袋用 50~70 kg 水洗涤配成线虫悬浮液。将配好悬浮液,用注射器从木蠹蛾幼虫为害树木最顶端虫孔洞口注入,直至树木最下端蛀孔有悬浮液流出为止,达到虫道中充满线虫悬浮液。国内利用该线虫防治小木蠹蛾的研究也较多。如杨怀文(1989)认为由于小木蠹幼虫期长达 23 个月,不同龄期幼虫重叠发生在一个虫道内,且该线虫对高低龄幼虫侵染力没有差异,防治时只要剂量合适,就能兼治各龄幼虫,当线虫剂量为25 条/虫时,各龄幼虫死亡率均达 92%以上。黄金水(1995)也发现防治木麻黄害虫多纹豹蠹蛾、皮暗斑、相思拟木蠹蛾时均表现极强侵染力。

防治沟眶象幼虫:将线虫水悬液装在尖嘴塑料壶内,注入臭椿树上沟眶象幼虫的蛀穴中,每蛀穴内注入线虫 1 万～2 万条,15 d 后沟眶象幼虫死亡率在 70% 左右。

防治桃小食心虫:在桃小越冬幼虫出土期施线虫,先将树冠下杂草清除,如表面上较干先行浇水,每平方米施线虫 60 万～80 万条,以机动喷雾机将压力控制在 10 kg/m^2 以下均匀喷施于树冠下。使用量可依据果园情况,在越冬虫口密度较高时,用量可大些,虫口较少,用量可稍低。

防治梨象鼻虫:梨象鼻虫幼虫老熟后在 7 月上旬至 8 月下旬脱果入土,入土后经 30 余天化蛹,适逢高温多雨季节,潮湿土壤环境有利于线虫的存活,因此可用线虫防治。在幼虫入土期进行果园地面喷施线虫悬液,每平方米使用 60 万～120 万条线虫。

防治地老虎:防治八字地老虎和小地老虎幼虫时,可于幼虫 3 龄期每 667 m^2 使用 0.4 亿～0.7 亿条侵染期线虫喷施地面。

防治亚洲玉米螟:在心叶中末期,每株施用 2 000 条线虫,可控制心叶期玉米螟为害。

防治松扁叶蜂:每 667 m^2 施线虫 1 亿条,用清水配成悬浮液,浓度为 660 万头/L。采用 3MF-4 机动弥雾机进行常规喷雾。病原线虫对松扁叶蜂有较强致死能力,剂量越大,死亡速度越快,侵染时间越长,死亡率越高,但要求施用环境相对湿度在 90% 以上。

☞205. 使用芜菁夜蛾线虫的注意事项有哪些?

(1)向蛀孔注药液前,先将蛀孔中的虫粪及排泄物清理干净,使虫道畅通易注入药液,便于操作,提高防效。

(2)线虫与某些农药混用有明显增效作用:徐洁莲等(1983)试验表明乐果、鱼藤氰、乙酰甲胺磷、代森锌、辛硫磷、敌杀死、水胺硫磷、多菌灵、稻脚青、拟除虫菊酯等对斯氏线虫较安全。因此为促使害虫快速死亡,可根据需求与低剂量乐果、辛硫磷等化学农药混用,但混合药剂要现配现用,当日用完不得隔夜。

(3)线虫对高温、干燥和紫外线敏感:昆虫病原线虫不耐高温,37℃以上就死亡,因此应现配现用,不宜在水中浸泡时间过长以防淹死线虫。

(4)防治木蠹蛾类害虫一般在春、秋季气温 15～30℃进行,30℃以上高温影响防效。

(5)没有水源地区使用:可将含有线虫海绵块撕碎成小块直接从蛀孔虫塞入。

(6)在有水源地区:按 1 mL 水中含 1 000～2 000 条线虫的剂量配成线虫水悬液,装入带尖嘴的塑料瓶中或使用去喷嘴的喷雾器,从被木蠹蛾为害的树干最上端注入线虫水悬液,注液量应该使最下端蛀孔有线虫液流出为止,一般在使用 2～3 d 后即可有感病害虫爬出死亡。

(7)贮存:线虫杀虫剂是活体生物制剂,因此暂时贮存应该放在阴凉低温的环境下(温度最好在 10℃左右)处保存,贮存期半年左右。

☞ *206.* 如何用褐夜蛾线虫防治荔枝拟木蠹蛾?

防治荔枝蛀茎害虫荔枝拟木蠹蛾,方法是在为害树干上寻找害虫钻蛀坑道洞口,用注射器向洞口内注射线虫悬浮液。每洞口注射 0.4～2 mL 悬浮液,悬浮液的线虫为每毫升含 8 000 条。

☞ *207.* 如何用小卷蛾斯氏线虫防治害虫?

小卷蛾斯氏线虫又称小卷蛾线虫、蠹蛾线虫,是从土壤中分离的一种杀虫线虫。本线虫制剂可防治蔬菜、草坪害虫,如黏虫、葡萄黑象甲、地老虎、大蜡螟、大蚊、曲胫叶甲、谷象、尖眼蕈蚊、黑光天牛以及跳蚤。本线虫对高等动物无毒性,对非靶标生物及环境安全。生产中使用的剂型是颗粒剂,颗粒内包囊 3 龄侵染期线虫。处在 3 龄侵染期的线虫不取食,并能在体外存活,因此可制成制剂。

　　田间防治上述这些害虫时用颗粒剂与水混合后均匀喷洒于地面上,每平方米喷施 50 万条侵染期线虫。

　　防治小菜蛾:在小菜蛾 3 龄幼虫侵染率最高时间,喷洒线虫感染期幼虫 3 000 条/mL 悬浮液。悬浮剂内可加入 0.3% 黄原胶以延长线虫在叶面的存活时间,增加防效。

　　国内对小卷蛾线虫应用研究也很多,如刘清浪等(1999)在福建惠安、莆田等地防治木麻黄星天牛,林间使用剂量每害虫 1 万条侵染期线虫,感染率在 90% 以上。严巍等(1998)用线虫 A24 品系防治悬铃木星天牛,将线虫水悬液配制成 400 条/mL,用注射器注入虫道,每孔 1 mL,感染率达 61.2%。卢希平等(1996)用 A24 品系防治山东泰安居民区白蜡树上的云斑天牛幼虫,将浸有线虫悬浮液海绵块塞入虫洞,每孔用 1 万～1.8 万头线虫,然后用黄泥堵孔,防效达 94%。用海绵块为载体易保存线虫液中水分,易于线虫成活和扩散,还可减少线虫流失,保证足够的量,有利于线虫在虫洞内的成活和寄生。肖育贵等(1999)在四川用 A24 品系林间喷雾防治鞭角华扁叶蜂幼虫,每 667 m² 用 1 亿条感染期线虫悬液,用机动喷雾器喷雾防治,2 d 后幼虫死亡率 68.8%。潘洪玉等(1997)发现小卷蛾线虫的 Agriotos 和北京品系对白杨透翅蛾侵染力很强,用注射器沿白杨透翅蛾排粪孔注入一定量的 1 000 条线虫/mL 线虫悬浮液,剂量是每头 1 000 条线虫。对幼树主干虫瘿内和成树干上的白杨透翅蛾防效较好,尤其在春季白杨透翅蛾化蛹前防效更好,而对幼树枝条虫瘿内的幼虫防效较差。陈汉林(1994)发现北京品系对马尾松的三种害虫天目腮扁叶蜂、黄缘阿扁叶蜂和焦艺夜蛾均有很强致病力,可在幼虫出土时,选雨后土地湿润天气,以每毫升含 2 000 条线虫的稀释液浇灌马尾松根际树冠下的土壤,然后铺草保湿,防效在 76% 以上。栾显群等(1995)用北京品系线虫 20、40、60、80 和 100 条/头五个剂量感染小菜蛾,可使 3 龄幼虫致死率分别为 63%、66.3%、88.9%、96.3% 和 100%,线虫侵入率分别为 8.9%、10.9%、10.9%、12.7% 和 12.3%。对 2 龄、3 龄、4 龄幼虫和蛹致死率分别为 84.7%、100%、73%。龄期对线虫寄生有影响,高龄期易于寄生,线虫对蛹寄生力差于幼虫。线虫对小菜蛾有较高的侵染能力。潘洪玉等(1995)用 Agriotos 品系的糊剂(0.2% 淀粉糊中加入一定量线虫)、水剂、沙土混剂和锯末混剂(线虫水剂里分别加入一定量沙土和锯末搅拌均匀即成)防治玉米螟,线虫的淀粉糊剂和水剂对玉米螟田间控制效果较好,残留幼虫减退率可达 68.5%。优于松毛虫赤眼蜂对玉米螟的防效,并且较稳定,其中线虫水剂应用更为简单、实用、易于推广。在心叶末期和抽雄初期施用,效果差异不显著,而抽雄初期控制效果稍高。线虫使用浓度增加防效增大,但浓度超过每株 2 000 条线虫防效提高幅度不大,因此建议使用线虫浓度以每株 2 000 条为宜,即以每株 2 000 条线虫剂量,在玉米心叶末期和抽雄初期施用,对玉米螟发生与危害具有较好控制效果。魏洪义等(2001)用 A24 品系防治桑皱鞘叶甲,在 9~10 月份,先清除田间杂草,然后桑园开沟,按每平方米 45 万~75 万条线虫剂量施用,沿沟喷施线虫悬浮液,对幼虫防效可达 88.3% 以上,次年成虫出土数量减少 46.2%~86.7%。对历年发生较重桑园每年在 3~4 月份和 9~10 月份各施用 1 次,连续使用 2 年。这 2 个时期,由于不是养蚕期,与家蚕饲养不会发生矛盾。潘克鑫等(1999)发现 A24 品系对 3 龄小猿叶甲幼虫颇为敏感,在害虫与线虫数量为 1∶75 时,2 d 后小猿叶甲幼虫的线虫寄生死亡率达 90% 以上。

☞ 208. 使用小卷蛾斯氏线虫杀虫剂需要注意哪些事项？

(1)在施用时要确保土壤潮湿,且温度在 10～30℃,施用线虫时土温最好 20℃以上。

(2)线虫制剂需低温贮存,忌冷冻、阳光直晒或高温(>35℃)。在 6～8℃下货架寿命为 2 周。运输后线虫仅在短期内保持侵染活性。线虫颗粒制剂室温下可存活 2 个月,5℃下可存活半年。

(3)在肥料中不能存活,因此不能和肥料混合使用。

☞ 209. 什么是寄生性昆虫？

在昆虫中有一些种类,一个时期或终身附着在其他动物(即寄主)的体内或体外,并以摄食寄主营养物质来维持生存,这种具有寄生习性的昆虫叫寄生昆虫。由于寄生昆虫能将其寄主昆虫杀死,因此也称之为"寄生性天敌昆虫"。寄生性昆虫主要分布昆虫纲中 5 目 97 科中。其中膜翅目中有 53 个科,如尾蜂总科、沟腹姬蜂总科、姬蜂总科、小蜂总科、赤眼蜂科、缨小蜂科、细蜂总科、青蜂总科、肿腿蜂科、胡蜂科、钩土蜂科、土蜂科、螺蠃科和泥蜂总科。双翅目有 21 个科,如头蝇科、摇蚊科、长足寄蝇科、瘿蚊科、果蝇科、寄蝇科、丽蝇科、麻蝇科、隐毛蝇科、蛹蝇科、食蚜蝇科和网翅虻科等。拈翅目有 6 个科,如蜂蝙科、栉蝙科、跗蝙科、蟠蝙科等的部分种类,可寄生叶蝉、飞虱、蜂、蚁等昆虫。鞘翅目中有 12 个科,如寄居甲科、大花蚤科、羽角甲科、长角象甲、郭公虫科、步甲科、隐翅虫科、瓢虫科等。鳞翅目中有 4 个科,如寄蛾科、举肢蛾科、尖蛾科(尖翅蛾科)和夜蛾科的某些种类。

☞ **210.** 寄生蜂是一类什么样的昆虫？

在寄生性昆虫中，属于膜翅目的昆虫统称为寄生蜂。寄生蜂多数个体很微小，营寄生生活。在膜翅目广腰亚目只有尾蜂科是寄生的。而在细腰亚目中，除蜜蜂总科外，其他各总科基本上是食虫昆虫，其中完全是寄生的有姬蜂总科、旗腹蜂总科、钩腹蜂总科、长腹细蜂科、分盾细蜂科、细蜂总科、肿腿蜂总科和土蜂总科。生产上常见的寄生蜂类群主要有：

(1)姬蜂总科：最常见的是姬蜂科和茧蜂科内的种类，可寄生鳞翅目、双翅目、鞘翅目、半翅目、长翅目、膜翅目、缨翅目、脉翅目、毛翅目等幼虫和蛹。少数寄生蜘蛛。

(2)小蜂总科：主要以小蜂科、赤眼蜂科、金小蜂科、寡节小蜂科、跳小蜂科、蚜小蜂科和缨小蜂科在生物防治或自然控制作用较大。寄主范围广泛，包括昆虫、蜘蛛等。

(3)细蜂总科：本科均营寄生生活，主要有细蜂科、缘腹细蜂科和广腹细蜂科，可寄生鞘翅目、双翅目幼虫及其他多种昆虫及蜘蛛卵。

(4)旗腹蜂总科：种类较少，主要包括旗腹蜂科和举腹蜂科，前者可寄生在蜚蠊卵囊内捕食其卵，后者可寄生树蜂、天牛、吉丁虫幼虫。

除此之外还有其他多个总科的寄生蜂，但生产中常用的寄生蜂天敌主要是属于小蜂总科和茧蜂科某些种类，这些寄生蜂可寄生在鳞翅目、鞘翅目、膜翅目和双翅目等昆虫的幼虫、蛹和卵内，能够消灭被寄生的昆虫，是生物防治中的主力军。

☞ **211.** 赤眼蜂的分类地位和形态特征是什么？

赤眼蜂属于膜翅目纹翅卵蜂科。其形态特征是：成虫体微小，体长 0.2～1.0 mm,体黄色或黄褐色。复眼和单眼均为红色而得名。触角膝状。前胸短宽,中胸发达,后胸与第一腹节紧密连接称并胸腹节。翅 2 对,前翅大而宽圆,膜质透明,翅缘具细长缨毛。翅脉简单,仅 1 条呈"S"形。翅面密被纤毛列。后翅狭长呈刀状,缘缨毛比前翅的稍长。腹部 10 节,第 1 节并入后胸,第 2 节挤在腹基部,背面观第 3 腹节好像是第 1 腹节,因此腹部从第 3～7 节明显可见。雄性生殖器各组成部分的形态、长短、大小比例是赤眼蜂分种依据。

☞ 212. 赤眼蜂怎样杀死害虫?

赤眼蜂杀虫原理跟普通化学防治不同。赤眼蜂为延续后代种群数量,雌成虫专门寄生害虫卵来繁殖后代。大多数雌蜂和雄蜂交配是在寄主体内完成后,雌蜂用口器咬破卵壳爬出寄主卵,然后在自然环境中靠触角感受器寻找寄主卵。找到寄主卵后先用触角点触寄主,徘徊片刻爬到其上,用腹部末端产卵器向寄主体内探钻,把卵产在其中。从这些卵孵化出的赤眼蜂幼虫就取食害虫卵内的营养物质,等害虫卵的营养物质被破坏或被耗尽时,终结害虫卵的生命,使害虫卵不再孵化或死亡,这样就会把害虫消灭在卵阶段,从而影响害虫种群数量,降低或减轻其危害达到控制害虫的目的。

☞ 213. 我国自然环境中的赤眼蜂的种类和分布情况如何?

赤眼蜂在我国目前已鉴定的大约有 24 种。分布全国的种有螟黄赤眼蜂、松毛虫赤眼蜂和玉米螟赤眼蜂。分布较广的种是稻螟赤眼蜂、广赤眼蜂和舟蛾赤眼蜂,其他种则分布地区较少。我国赤眼蜂的资源丰富,因此在实际生产中要首先考虑充分保护这些自然的天敌。

☞ *214*. 赤眼蜂的寄主有哪些？

近年来,赤眼蜂在我国已经成为应用面积最大、防治害虫最多的一类寄生性天敌。赤眼蜂可寄生鳞翅目、半翅目、直翅目、鞘翅目、同翅目、膜翅目、广翅目和革翅目等 10 个目 200 多属 400 多种昆虫卵内。以鳞翅目昆虫的寄主最多,达 28 个科,其中又以螟蛾科和夜蛾科最多,分别有 164 种和 147 种;毒蛾科和小卷叶蛾科次之分别有 46 种和 37 种。对我国 24 种赤眼蜂的调查,寄主共有 127 种昆虫,其中松毛虫赤眼蜂、稻螟赤眼蜂、螟黄赤眼蜂、舟蛾赤眼蜂和广赤眼蜂的寄主数目最多分别是 64 种、42 种、50 种、34 种和 19 种。赤眼蜂所寄生的这些昆虫种类理论上都可用赤眼蜂来进行防治。

我国应用较多的赤眼蜂有松毛虫赤眼蜂、拟澳洲赤眼蜂、舟蛾赤眼蜂和稻螟赤眼蜂等。防治的害虫主要是玉米螟、棉铃虫、大豆食心虫、稻纵卷叶螟、甘蔗黄螟、二点螟、甘蓝夜蛾、豆天蛾、粟穗螟、桃蛀螟、枣尺镬、松毛虫等。

☞ *215*. 赤眼蜂的发育历程是什么？

赤眼蜂个体发育需经卵、幼虫、预蛹、蛹和成虫 5 个发育阶段。整个生活史除成虫可在自然环境中活动外,其他虫态均在寄主卵内生活。

赤眼蜂完成从卵到成虫一个世代需要时间与种类和环境温度有关。一般在 20℃ 以下世代历期约 16 d;27℃ 下 8～9 d;31℃ 下 7～8 d。螟黄赤眼蜂和松毛虫赤眼蜂以蓖麻蚕卵为寄主,在 25℃ 下完成 1 世代需要 10～12 d,其中卵、幼虫、预蛹和蛹所经历时间分别是 1 d、2 d、3.5 d 和 3 d。分布在新疆、内蒙古、东北、北京、山西和陕西的广赤眼蜂在平均温度 28～29.5℃下世代历期 9 d。在 28.5～30.7℃下,历期是 8 d;30.7～31℃下仅 7 d。

生产上需注意成虫产卵历期。赤眼蜂在 25～28℃下,产卵历期一般为 4～5 d,羽化后第 1～2 天是产卵高峰,分别占总产卵量的 70%～80% 和 10%左右,第 3～4 天后产卵量显著较低,仅占总产卵量的 1%～2%。温度降低使赤眼蜂寿命和产卵历期延长,但大量产卵量仍集中在前两天的趋势不变。

在室内适宜环境下人工繁殖赤眼蜂每年可完成 50 代,自然条件下年发生世代数与赤眼蜂种类、寄主昆虫、环境等因素有关,一年发生 10～30 代,由南向北逐渐减少。

☞ ## 216. 哪些生态环境因子可影响赤眼蜂生长发育及种群动态?

环境条件对赤眼蜂生长发育影响甚大,生产上关系到释放的成败。影响赤眼蜂的主要环境因素有:

(1)营养:寄主卵即是赤眼蜂发育的营养条件,也是个体发育的内在环境,对赤眼蜂繁殖至关重要。不同赤眼蜂种类所喜好的寄主卵不同。

(2)温湿度:温度影响赤眼蜂发育速度,一定范围内发育速度随温度升高而加快。温度 35℃ 以上赤眼蜂生长明显受抑制或出现大量不产卵的雄蜂,并显著影响寄生率。低温下可使赤眼蜂寿命延长或滞育。相对湿度对成虫羽化、寄生和寿命、生殖力都有影响。如松毛虫赤眼蜂相对湿度在 70% 以下,寄生率下降,在 50% 时寄生率仅为 30%～50%。

(3)农药:农药对赤眼蜂种群影响极大,特别是有机磷农药,喷药后可使赤眼蜂羽化率显著下降、死亡率显著增加,因此在释放赤眼蜂时尽量不要使用广谱杀虫剂。

(4)光照:赤眼蜂在弱光下趋向光源,在强光下成虫活动加剧而寿命缩短迅速死亡。因此田间释放的赤眼蜂蜂卡要注意防晒、保湿、防雨。

(5)其他天敌:如蚂蚁或其他寄生蜂也对赤眼蜂种群有一定影响,放蜂时要注意。

☞ 217. 赤眼蜂如何贮存?

生产中有时需要将大量赤眼蜂暂时或长期保存,若贮存不当会造成大批蜂卵变质而丧失商品价值,直接影响到田间的防效。生产中可采用低温保存蜂卵来延长货架期。

方法:将工厂化大量繁殖的赤眼蜂初龄幼虫(1日龄)放在温度2~3℃,相对湿度60%的条件下贮存。但需注意低温贮存的赤眼蜂在释放前必须先经过一个缓温阶段才能释放,否则会明显降低其羽化率。具体方法是:在15℃下放置5d左右,使低温冷贮的赤眼蜂幼虫能适应正常温度,以提高日后赤眼蜂羽化率。若不经缓温锻炼,直接将低温贮存的卵卡挂在高温环境中使用,会显著降低赤眼蜂羽化率。

赤眼蜂短时间保存:如田间放蜂时遇强风暴雨,需把赤眼蜂卵卡放在冷凉通风黑暗暂时保存,待雨过天晴后再放蜂。若因大雨不能放蜂而蜂又羽化出来,可将蜂卡放在地下室或土窖等阴凉处暂时存放,同时在存放赤眼蜂的地方挂蘸20%蜜糖水的白纸喂养,并用黑布遮盖卵卡,雨后把纸条轻轻取出,挂到田间的放蜂点上。

☞ 218. 赤眼蜂防治玉米螟有何优点?

玉米螟是我国玉米生产中的重要害虫之一,常造成10%~30%的减产。由于玉米螟属钻蛀性害虫,常难于防治。多年来长期使用化学防治,导致环境污染和抗药性增加,此外化学防治还有功效低,费工费时,防治成本较高,劳动强度大等缺点,因此寻找更经济、安全和有效的防治技术是当前我国农村玉米螟防治工作要点之一。使用赤眼蜂来防治玉米螟可节省大量劳力,防治成本相对较低,是一种非常好的无公害防治技术,具显著经济效益、生态效益、社会效益,值得大力推广。具体的优点有:

(1)防虫效果明显:长时间释放赤眼蜂可使它在自然环境中建立一定种群,达到长期自然控制害虫的效果。再者释放后可使田间赤眼蜂数量显著增加,增加寄生害虫的比率,据曹锦丽等报道铁岭西丰县连续 30 年使用松毛虫赤眼蜂防治玉米螟取得显著效果,1997 年玉米螟大发生而该县百株幼虫仅 5.6 头,是全市平均虫量的 1/35。

(2)增产增收:在连年放蜂田,玉米螟基数低,受害轻,玉米产量高。同时受害轻的玉米品质好,商品价值高,经济效益显著。

(3)放蜂技术简单易行,劳动强度小,就是中学生适当培训后即可工作,因此可节省大量人工,从而降低防治成本。

(4)保护环境,放蜂防螟无残留,无污染,保护天敌。

(5)害虫不会产生抗性,长期有效,有经常性持久性地控制害虫作用。

(6)在自然条件下,一旦建立种群就可长期自然控制害虫种群,符合害虫可持续治理的要求。

(7)符合绿色环保要求,符合农业可持续发展,适合当前生产有机食品的要求,特别是符合生产经济价值较高的鲜食玉米的要求。

☞ **219.** 如何释放赤眼蜂防治玉米螟?

赤眼蜂防螟技术性强,要求高,防治田间玉米螟需要确定其释放时期、放蜂量、释放次数。在生产中可按照下列步骤实施。

(1)放蜂时间:放蜂时间必须与玉米螟产卵时间相吻合,否则防效不会很高。调查秸秆或穗轴内的越冬代玉米螟老熟幼虫化蛹和羽化进度,找到越冬代幼虫化蛹率达到20%的日期,向后推9~11 d即为玉米螟第一代卵的初期,再结合田间第一代玉米螟落卵数量调查,当百株累计卵达1~3块时,此时进行第一次放蜂(或在放蜂后8 d,若在玉米田找到螟卵块就可立即放成蜂),然后再推后5 d,若田间卵块突然增多,开始进入产卵初盛期时进行第二次放蜂,这样就能使蜂卵相遇可控制玉米田第一代全期的螟卵。在放蜂期间连续降雨可在雨后马上放蜂。如果放蜂期连续干旱,空气湿度低于40%,田间玉米螟产卵则极少,赤眼蜂死亡率较高,可推迟到降雨后马上放蜂。

(2)放蜂方法:将撕碎小块卵卡用牙签别牢在玉米中上部叶片背面,卵粒朝外。每667 m² 设置4~5个放蜂点。

(3)释放次数:防治玉米螟一般每667 m² 放1.5万~2.5万头,分2次释放。在玉米大喇叭口期第一次放0.7万~0.8万头。隔5~7 d后在玉米螟卵盛前期再放第二次,释放数量为0.7万头。一般防效为60%~70%。

防治玉米螟也可用赤眼蜂杀虫卵袋(北京益环天敌农技公司生产,登记号 LS20120357),使用剂量每667 m² 释放2万~3万头,也就是2~3袋(每袋赤眼蜂1万头),挂袋放蜂。

☞220. 如何用赤眼蜂防治果园、农田、菜园和森林中的重要鳞翅目害虫?

用赤眼蜂防治各类害虫一般都要在目标害虫田间产卵时第一次放蜂,随后5 d左右再释放一次。释放的赤眼蜂可以是成蜂,即释放羽化后的成虫,但生产中为操作方便,通常挂卵卡(卵卡上卵内的赤眼蜂即将羽化)。

(1)苹果园中防治苹果小卷叶蛾:可释放松毛虫赤眼蜂。在害虫产卵初期释放第 1 次,共需放蜂 5 次,每次间隔 5～7 d,每次每 667 m² 释放 1.5 万～4 万头。放蜂前根据果树株行距大小,可隔行、隔株设置放蜂点。放蜂点的确定应使赤眼蜂在其防治区域内均匀分布,一般每 667 m² 放 20～30 个。将大片蜂卡按设置点数剪成小块蜂卡,把小块蜂卡固定在果树内膛叶片背面即可。

(2)菜田防治甘蓝夜蛾:可释放广赤眼蜂、松毛虫赤眼蜂、拟澳洲赤眼蜂和螟黄赤眼蜂。在田间出现蛾卵初期第一次放蜂,每 667 m² 释放 0.7 万头;在田间蛾卵初盛期第二次放蜂,每 667 m² 放蜂 0.8 万头。

(3)菜园防治菜青虫:可释放广赤眼蜂。在释放赤眼蜂的同时,田间设置赤眼蜂保护增殖器,不断发挥赤眼蜂的杀卵作用。释放后,若害虫虫量过多时可用 Bt 等生物农药除治残虫。

(4)防治松毛虫:可用松毛虫赤眼蜂。在松毛虫产卵始盛期,选择晴天无风天气,林间分阶段释放,每 667 m² 放 3 万～10 万头,也可释放携带松毛虫 CPV 的赤眼蜂制剂,松质·赤眼蜂(武汉兴泰生技公司生产,登记号 PD20110518)每 667 m² 悬挂 5～8 卡。

(5)防治棉田棉铃虫:可用松毛虫赤眼蜂,从棉铃虫产卵初盛期开始到产卵盛期,每隔 3～5 d,连续释放 2～3 次。每次每 667 m² 放蜂 1.5 万～2 万头。

(6)防治大豆食心虫:可释放欧洲赤眼蜂,在大豆食心虫产卵初期,每 667 m² 设置放蜂点 10 个,挂卵卡放蜂,共放 3 次,3 次放蜂比例为 1:2:1,每 667 m² 共放蜂 3 万头,寄生率可达 46%。

(7)防治稻苞虫类:可释放拟欧洲赤眼蜂。从成虫产卵始盛期起,当每 100 丛水稻有虫卵 5～10 粒以上时,每隔 3～4 d 放蜂,每次释放 1 万～2 万头,连续 3～4 次。可兼治稻纵卷叶螟。

(8)防治稻纵卷叶螟:可用拟澳洲赤眼蜂、松毛虫赤眼蜂或稻螟赤眼蜂。于稻纵卷叶螟产卵始到盛期分期分批释放。每隔 3 d

放一次,每次每 667 m^2 释放 2 万~3 万头,连续 3 次。

☞ *221*. 如何检查赤眼蜂防治松毛虫的防效?

(1)检查时间:在松毛虫卵期结束,初期寄生的赤眼蜂已从松毛虫卵内羽化出来,又在林中寻找新松毛虫卵寄生之后,检查总寄生率。也可从放蜂之日起,一周后即可在放蜂区和对照区采样。

(2)检查方法:

田间取样:根据放蜂面积、地形、树种树龄、卵块密度和检查人力,确定抽样数量。抽样要有一定代表性,一般每 3 hm^2 左右设一采样点,随机抽取 5 棵松树,卵密度较少时可多调查几棵松树。将每棵树上不同高度、不同方位上的所有卵块、散生卵粒及孵化后残留卵壳全部采下,分别放入事先准备的纸袋内编号,记录采集日期、采集人、采集地点、松树种类、树龄、采集部位等信息。带回室内检查。此外,林地还需要调查虫口密度在放蜂前后的变化。对照不放蜂林区也同样进行采样。

室内检查:按野外采集的卵,逐袋检查袋内所有卵块、卵粒,统计总卵数、寄生卵数(卵变黑的为寄生卵)、孵化卵数、干瘪卵数,计算卵寄生率和校正寄生率,校正寄生率(%)计算公式是:(放蜂区卵块寄生率-对照区卵块寄生率)÷(1-对照区卵块寄生率)×100。如采回松毛虫卵内赤眼蜂尚未羽化的可置于容器如玻璃瓶内,过几天后再检查一次。也可把卵块带回试验室后装入指形管或其他容器内,待出虫、出蜂后检查寄生数量和出虫数量。

☞ *222*. 赤眼蜂的田间释放要注意哪些问题?

田间释放赤眼蜂是一项科学性很强的技术,释放时须根据赤眼蜂生物学特点、害虫发生情况和农田生态环境条件来确定释放时间、次数、释放量和释放地点,以获得理想防效。总的原则要在害虫预测预报的基础上,在放蜂中做到"见卵开始、盛期加量,均匀布点,卵蜂相遇"。具体注意事项有:

(1)确保蜂卡质量,所释放赤眼蜂必须优质,蜂生活力较强。蜂卡寄生率要大于 90%,单卵出蜂数为 60~80 头。

(2)运输蜂卡时最好要用冷藏车运输,温度控制在 2~4℃,避免赤眼蜂在释放前提前羽化。根据运输距离长短和时间采取不同措施,如 1~2 d 内到达,可于蜂卡内赤眼蜂发育到初蛹期时运输;如 3~4 d 到达,则要在蜂卡内赤眼蜂发育到幼虫后期时运输。装蜂卡可用薄木箱或纸板箱,箱子不密封,箱四周打通气孔。箱内蜂卡竖立排放,不要堆叠,以防蜂卡中赤眼蜂呼吸散热聚温被烧死。运输前要通知收货人收到蜂卡立即取回并开箱取出蜂卡,放于地面上或架子上,通风发育。

(3)购买、释放赤眼蜂前,要先调查田间赤眼蜂自然种群数量,若自然种群数量较高且控制效果较好,可适当延缓放蜂或少量放蜂。

(4)虫情测报准确:赤眼蜂喜欢找刚产下的新鲜卵寄生,因此防治时要搞好害虫虫情预测预报,使释放赤眼蜂时间与害虫产卵盛期相吻合,即蜂—卵要相遇,使释放后赤眼蜂和害虫卵期相遇几率达 90%以上,否则防效会较差。

(5)放蜂量根据害虫卵量的动态及时增减放蜂量。田间调查到害虫卵后就可开始放蜂,放蜂量可适当少一些,在害虫产卵盛期要适当加量释放,产卵末期可适当减量释放。再者还要根据田间不同地块害虫产卵量多少来确定放蜂量,产卵多的地块可适当加量释放。另外,在释放前还需正确估算每批赤眼蜂雌蜂数量(只有雌蜂才寄生害虫,雄蜂不寄生)预计实际释放量。

(6)释放时注意田间环境,特别注意气温、空气相对湿度、降雨量和风力等因素。放蜂时选无雨无大风的晴天,有利于赤眼蜂活动和飞翔,扩大寄生范围,提高害虫卵块和卵粒寄生率。若放蜂时遇到小雨,根据天气预报情况和蜂卡内赤眼蜂的羽化情况必要时可冒小雨放蜂。

(7)雨季要抢晴放蜂,放蜂期间遇大雨可将卵卡暂时在阴暗低温的环境中保存,雨过天晴后再放,但要保证卵卡在 1～2 d 内出蜂,与害虫产卵期相遇。

(8)放蜂地点要远离化学防治地块,以发挥赤眼蜂的控制效果。

(9)对不同害虫根据其卵历期情况确定是否使用长效蜂卡。如防治1代玉米螟可选择长效蜂卡,使1代玉米螟落卵 30 d 内保持田间都有赤眼蜂,增加对玉米螟卵的寄生率而提高防效。

(10)及时放蜂,均匀布点:放蜂常在出蜂前 1～2 d 及时进行,这样可避免雨天影响放蜂。赤眼蜂活动和扩散能力受风影响较大,因此在放蜂时既要布点均匀,又要在上风头适当增加放蜂点的放蜂量。赤眼蜂在田间释放点设置首先要考虑赤眼蜂扩散能力,其次要根据当时害虫卵数量多少来确定,一般每 667 m^2 放蜂 4～5 个点。

(11)防治害虫时,要坚持连续连片大面积连年放蜂,乡村要联合防治,做到集中连片大面积放蜂,这样可明显提高防效。联合放蜂面积越大,防治效果越好;连续放蜂年头越长,效果越好。

(12)放蜂方法要正确:放蜂前要将大片蜂卡载体纸片撕成 50～60 粒的小块,注意尽量不要弄掉卵卡上的卵粒。小块蜂卵卡用大头针、图钉或者牙签钉牢在植物背阴部位,避免阳光直射和雨淋,如枝条、树干或叶片背面处,卵粒朝外。放蜂时要注意不要将蜂卡用叶片卷放,也不要夹在叶鞘处或扔在叶心里以避免蜂卡发霉影响效果。

(13)赤眼蜂工厂化生产是用活体繁殖,生产一定数量的赤眼蜂需要一个培育过程,因此在放蜂前3个月要根据当地害虫发生情况确定放蜂面积,计算放蜂量,提前向生产厂家预定蜂卡,并说明放蜂时间,以争取工作上的主动。

(14)放蜂期间,尽量不要使用广谱性的杀虫剂,以防杀灭赤眼蜂,若害虫种群数量过高可使用一些对赤眼蜂低毒的高效专性药剂。

(15)田间挂卡时,注意植物用途而采取不同挂卡方法。例如在玉米秸秆作饲料的田块中尽量不要用铁质物品固定蜂卡,以防这些植物做饲料时铁质固定物进入家畜肠道对家畜不利。固定卵卡可以用玉米或高粱秸秆劈成细条来固定蜂卡,也可用特制的塑料盒做成放蜂器挂在植株上。

(16)放蜂前技术培训:在放第一次蜂前,每 $2\sim3.33\ hm^2$ 放蜂面积要配备 1 名放蜂员,并在放蜂前进行培训,介绍赤眼蜂杀虫原理、放蜂器制作及释放方法、放蜂注意事项、放蜂防效调查方法等内容。放蜂后 $1\sim3$ 年,可召开 $1\sim2$ 次阶段总结会,调查放蜂效果,进行放蜂区和不放蜂区对比,以便推广。

☞ 223. 如何识别蚜茧蜂?

蚜茧蜂属膜翅目蚜茧蜂科。成虫体微小,体长 $2\sim3\ mm$。体色多变,多为黄色或黄褐色。前翅端半部翅脉常退化,仅 1 条回脉(称中间脉),有径室 $1\sim3$ 个;后翅仅 1 个基室。腹部具柄,着生在并胸腹节下方、后足基节之间。第三腹节后的背板可自由活动。唇基端缘凸突,不和上颚形成圆形口腔。幼虫乳白色,蛆形,4 龄。1 龄幼虫头部大,具 1 对明显上颚,尾突明显细长,体表具刺毛;

2 龄幼虫尾突短,体毛稀短;3 龄幼虫尾突消失;4 龄幼虫肥短。

☞ 224 . 蚜茧蜂主要种类有多少?

对沈阳等地初步调查发现有 20 种蚜茧蜂。我国蚜茧蜂主要种类有棉蚜茧蜂、高粱蚜茧蜂、烟蚜茧蜂、燕麦蚜茧蜂、无网长管蚜茧蜂、印度三叉蚜茧蜂、伏蚜茧蜂、菜少脉蚜茧蜂等。其中烟蚜茧蜂、燕麦蚜茧蜂和菜少脉蚜茧蜂分布我国许多地区。

☞ 225 . 蚜茧蜂寄主范围如何?

蚜茧蜂具有较明显寄主专化性,其寄主是各种蚜虫。烟蚜茧蜂寄主主要有烟蚜(桃蚜)、萝卜蚜、麦长管蚜、棉蚜、大豆蚜。不同蚜茧蜂对不同寄主蚜虫有一定选择性。和黍缢管蚜相比,烟蚜茧蜂对麦长管蚜有较强选择性,而对黍缢管蚜则有明显负喜好性。燕麦蚜茧蜂寄主有麦长管蚜、麦无网长管蚜、麦二叉蚜、禾缢管蚜等。菜少脉蚜茧蜂寄生有甘蓝蚜、麦二叉蚜、桃蚜和萝卜蚜。

☞ 226 . 蚜茧蜂杀虫机理是什么?

蚜茧蜂是一种卵寄生蜂,在产卵期,雄雌蜂交配后雌蜂产卵。雌蜂产卵时用产卵器将蚜虫腹部背面刺破将卵产入蚜虫体内,这样蚜茧蜂的卵就寄生在寄主幼虫体内,经一段时间蚜茧蜂卵在蚜虫体内孵化成幼虫,幼虫可刺激蚜虫增加进食体重加大,身体恶性膨胀,最后变成一个谷粒状黄褐色或红褐色僵死不动的僵蚜。此外,某些蚜茧蜂幼虫在寄主蚜虫体内可分泌较高浓度的昆虫激素,这些激素可影响蚜虫正常发育,并使蚜虫变态异常,或提前死亡或保持在低龄阶段最终死亡。一只雌蚜茧蜂一生可产卵几百粒,有人戏称蚜茧蜂的每粒卵是射向寄主蚜虫的生物"导弹"或"子弹",而且几乎"百发百中,弹无虚发"。

☞ 227. 生态环境中哪些因素可影响蚜茧蜂?

蚜茧蜂是蚜虫的专性体内寄生蜂,除了蚜外茧蜂属的老熟幼虫在寄主体外结茧化蛹外,其余种类自卵至成虫羽化前均在寄主体内生活。因此蚜茧蜂的生长发育跟寄主有很大关系。

外界环境条件中,温度影响最大,可影响蚜茧蜂发育历期,烟蚜茧蜂在 15～25℃ 范围内,随温度升高烟蚜茧蜂发育历期缩短,完成一个世代需 9.3～18.5 d。低于 10℃ 或高于 32℃,一般不能完成生长发育。僵蚜在 2～3℃ 下可保存半年,孵化率仍然可达30%,因此若短期贮存蚜茧蜂可在 2～5℃ 的冰箱中存放。

烟蚜茧蜂在不同地区发生代数不同,总趋势是由南向北减少,在室内福建年发生 20 余代;保定 20 余代;北京 17～19 代、沈阳11～12 代。

农药影响蚜茧蜂:如 80% 敌敌畏乳油 1 000 倍时可使烟蚜茧蜂不能羽化,因此在释放蚜茧蜂时尽量不要使用杀虫剂。

☞ 228. 如何释放蚜茧蜂防治蚜虫?

释放蚜茧蜂防治蚜虫常采用少量多次连续释放的方法。放蜂时间应该确定在大田蚜虫处于点片发生期,温室大棚内也应在蚜虫初见时释放,这样才能收到显著防效。

切忌蚜虫已大量发生时才放蜂,此时就是大量放蜂,由于蚜虫种群密度大,不易控制,而此时为迅速降低蚜虫危害常用化学防治,而化学防治也会对此时释放的蚜茧蜂产生一定影响降低其防效。

放蜂量要根据田间蚜虫虫口密度而定。烟蚜茧蜂释放量要与田间蚜虫比例在1:(160～200)为宜。释放前4～5 d将僵蚜从低温冷藏冰箱中取出,放在室温20℃、相对湿度为70%～85%环境中使蚜茧蜂继续完成蛹期发育。

释放含有老熟蚜茧蜂蚜虫的僵蚜,应在羽化前一天移置田间放蜂容器中(可以是特制塑料盒,可回收重复利用),让其成蜂羽化飞出寻找蚜虫寄生。每批蜂在释放前7 d应检查蚜茧蜂,若想加快羽化可放在25℃下,可提早2～3 d羽化,检查时要统计羽化率、性比等,以便计算将来田间僵蚜释放量。

若释放蚜茧蜂成蜂,可将僵蚜放在羽化箱中(可用纸盒做,只要密闭透气、保温保湿即可),收集羽化出来的成蜂于玻璃管中,给予补充营养后(2%～3%白糖水或蜂蜜水),拿到田间释放。若田间蚜虫虫口密度高,隔4～5 d再放蜂一次。

田间放蜂后防效的检查:在放蜂后5 d(夏季)或7 d(春、秋季),田间发现僵蚜时,即可检查第一次蚜茧蜂寄生率及蚜虫虫口减退率。隔5～7 d再做第二次检查,并与对照区、施药区作对比,鉴定释放效果。

若在放蜂时,田间蚜虫虫口密度已经很大,应先喷一次高效低毒内吸性农药,如吡虫啉暂时降低虫口密度,隔1周后再释放蚜茧蜂,以便收到较长期控制蚜害的效果。

用烟蚜茧蜂防治桃蚜、棉蚜:防治大棚甜椒或黄瓜,初见蚜虫时开始放僵蚜,每4 d 1次,共放7次,每平方米大棚释放僵蚜12头。放蜂后甜椒有蚜率控制在3%～15%,有效控制期近2个月,黄瓜有蚜率在4%以下,有效控制期42 d。

☞*229.* 如何识别丽蚜小蜂？

丽蚜小蜂属膜翅目蚜小蜂科。体微小,扁平,中胸三角片前伸突出,明显超过翅基连线。前翅缘脉长,亚缘脉和翅痣脉短,后缘脉不发达。中足胫节端距长,但不粗壮,跗节 4～5 节。雌虫体长约 0.6 mm,宽 0.3 mm。头深褐色,胸黑色,腹黄色,并有光泽。触角 8 节,长 0.5 mm,淡褐色,末节呈桨状。翅无色透明,翅展 1.5 mm。足为棕黄色。腹末端有延伸较长产卵器。雄蜂较少见,其腹部为棕色,体色比雌虫略深,触角为膝状。

☞*230.* 影响丽蚜小蜂的因素有哪些？

(1)环境温度:对丽蚜小蜂的发育历期、寿命影响很大,温度升高发育历期缩短。在温度 17～32℃ 下,卵到成虫发育历期由 39.2 d 减少到 12.8 d,在温室中通常可存活 10～15 d。高温对蚜小蜂存活有抑制作用。

(2)成虫寿命与取食寄主蜜露有关,取食蜜露成虫可存活 28 d,不取食只能存活 1 周左右。

(3)成虫可取食粉虱若虫体液,被取食的粉虱若虫慢慢死亡,单蜂约取食 20 头若虫。成蜂可寄生 1～4 龄若虫,但喜好寄生 3 龄若虫,其次为 2 龄若虫,1 龄和 4 龄若虫不利于蚜小蜂产卵。成虫产卵前期在 1 d 之内,第 3 天达到产卵高峰,单雌产卵约 40 粒。卵在被寄生的粉虱体内孵化,幼虫也可取食粉虱体液,约 8 d 后变黑,再经过 10 d 成蜂在粉虱蛹体背咬个洞羽化而出。

(4)丽蚜小蜂和粉虱间的关系也主要取决温室内温度。在 18℃ 下,两者发育历期相等,但粉虱繁殖率比丽蚜小蜂高 9 倍;在

26℃下,两者繁殖率相等,但丽蚜小蜂发育速率比粉虱的快1倍,即发育历期是粉虱1/2。

(5)光照强度和时数影响寄生蜂产卵活动,暗环境下产卵量下降。

(6)湿度对丽蚜小蜂寿命影响不显著,但对产卵量、成蜂刺吸粉虱量、羽化率和发育历期有影响。成蜂刺吸粉虱量随湿度升高而降低。相对湿度在30%以下,产卵量下降,发育历期最长。

总之,在我国北方温室内,白天温度20~35℃,夜间不低于15℃,相对湿度为40%~85%,光照时数和强度为自然光照,均可使丽蚜小蜂寄生粉虱,有明显效果。

☞ *231.* 如何使用丽蚜小蜂来防治温室白粉虱?

丽蚜小蜂对寄主选择专一,主要寄生粉虱。利用丽蚜小蜂防治粉虱是否成功与释放技术有很大关系。通常有两种释放技术:释放黑蛹和成虫。释放黑蛹通常是在温湿度控制条件较好的温室内使用。释放成蜂则是在温湿度变化较大的温室内使用。

(1)确定释放时间:先调查释放前的虫口基数,即植株上粉虱成虫数量,调查方法可随机取样50~100株植物,当每株植物上粉虱成虫达0.5~2头时,即可开始放蜂。放蜂量根据粉虱量确定,一般当粉虱成虫不足1头/株,每667 m²放蜂0.1万~0.3万头;当粉虱成虫1~2头/株和3~5头/株时,每667 m²分别放蜂0.5万头和1万头;当在5头/株以上,可先用药剂压低粉虱种群后放蜂。

(2)黑蛹释放技术:将存放于低温条件下的黑蛹或带有黑蛹的叶片取出,随机放在植株上,每株植物平均放5头黑蛹,隔7~10 d释放一次,连续释放3~4次,平均每株释放15头黑蛹,每667 m²

释放 0.5 万～3 万头。释放黑蛹时间应比释放成蜂时间提早 2～3 d。

(3)释放成蜂:在放蜂前一天将存放在低温箱内的黑蛹取出,在 27℃恒温室内促使丽蚜小蜂快速羽化。第二天计数后,将小蜂轻轻抖到植株上。隔 7～10 d 释放一次,连续释放 2～3 次,每次每株释放 5 头。3 次放蜂平均每株放 15 头。小蜂与粉虱在低数量水平上保持数量平衡后,可停止放蜂。注意大棚保温,夜间温度最好保持在 15℃以上。

(4)商品化丽蚜小蜂产品是各种形状的蛹卡,使用时将蛹卡挂在植物上即可。预防性释放平均每 667 m² 释放 300～700 个蛹。当每株白粉虱成虫 0.5～1 头时,每 667 m² 释放 5 000 个蛹。当每株有白粉虱 1～5 头时,每 667 m² 释放 10 000 个蛹,连续释放 2 次,每次 5 000 个蛹。放蜂后注意尽量不要使用农药。

☞ 232 . 什么是寄生蝇? 生物学习性有哪些?

在寄生性昆虫中,属于双翅目的寄生性种类统称为寄生蝇,简称寄蝇。寄生蝇寄生能力强,活动能力大,寄主种类十分繁杂,分布广泛,是农林害虫寄生性天敌的一大类群。全世界已知 8 000余种,我国有 750 余种,主要分布在寄蝇科、麻蝇科、头蝇科、长脚寄蝇科等科内,其中寄蝇科种类最多、作用最大,可寄生鳞翅目、鞘翅目、膜翅目、半翅目、直翅目等多种农林害虫。寄生蝇常寄生害虫的幼虫和蛹,是天敌昆虫中影响多种害虫种群的重要生物因子之一,在很多情况下能抑制害虫大面积发生,使之不造成灾害。如在某些松毛虫、大袋蛾严重发生地区,自然寄生率有时高达 90%以上,抑制害虫猖獗为害。

寄生蝇有较强喜光习性,一般上午 10 时后开始活动,随气温升高,活动越频繁,直到气温达 35℃ 以上时,寻找荫凉场所隐藏。掌握寄生蝇每天活动时间和适宜温度,将有利于人工利用寄生蝇。成虫羽化后,常需补充营养,特别是某些大型种类,若不能补充营养卵巢发育停止,寿命缩短,甚至不寄生。成虫常取食花蜜及某些动物有机废物,寿命与环境条件、交配繁殖情况有关,一般为 1～2 个月。生殖方式有卵生、卵胎生、微卵生和蛆生类型。影响寄生蝇对寄主选择率因素较多,包括寄主的运动、表皮的物理因素、龄期、信息化合物及寄生蝇的学习能力和环境因子等。

目前,虽然寄生蝇是一类重要的寄生性天敌,但生产中实际应用较少,现在主要是对当地生态系统中自然种群进行保护和利用,为害虫无公害防治提供基础。

寄生蝇对松毛虫的防治:在我国能够寄生马尾松毛虫寄生蝇种类有 10 余种,如蚕饰腹寄蝇、伞裙追寄蝇、日本追寄蝇、家蚕追寄蝇、松毛虫狭颊寄蝇、平庸赘寄蝇、松毛虫缅麻蝇、红尾追寄蝇、白头亚麻蝇等,其中以蚕饰腹寄蝇和伞裙追寄蝇分布较广、数量多、寄生率高。利用寄生蝇防治松毛虫首先要保护和利用松毛虫发生林地现有寄生蝇自然资源,可在松毛虫大发成灾后的林地,采集被寄生的松毛虫尸体内寄生蝇,通过人工助迁方式把寄生蝇引放到松毛虫发生成灾的林地,控制松毛虫发生。松毛虫放生林地每 50 hm² 设助迁引放点 1 个,每个点引放寄生蝇成虫 100 头以上,即可有效控制虫灾。引放寄生蝇要适时,以松毛虫发生幼虫 6 龄左右时期,放蝇最适产卵寄生,提高寄生率。

☞ *233.* 什么是捕食性天敌?

捕食性天敌是指专门以其他昆虫或动物为食物的一类昆虫,这类天敌用其咀嚼式口器直接咬下或吃掉被捕获猎物的部分或全部身体;或用刺吸式口器刺入猎物体内吸食体液使其死亡。捕食性天敌可直接消灭被捕获的猎物,因此在某些程度上可当作为一种杀虫剂来使用。捕食性昆虫按其捕食对象广泛程度可分广食性、寡食性和单食性类群。多食性类群捕食范围广,捕食对象包括许多不同目的昆虫,甚至其他动物,如蜻蜓、螳螂多属于此类群。寡食性类群捕食范围较窄,常选择一些生活习性相似或近缘的类群,如食螨瓢虫主要捕食叶螨等属此类群。单食性类群捕食范围更窄,常仅捕食某属内一种或几种的昆虫,取食其他属内种时常发育不良。在天敌引进工作中,要重视单食性或寡食性类群。食性较狭种类与其捕食对象关系密切,易观察其控制效果,但常不能控制害虫早期种群的增长。食性较广类群,当捕食对象密度甚低时,可取食其他昆虫或生物,在生境内保持相当数量,可抑制害虫早期数量增长,与食性较狭的天敌类群互相补充。

捕食性昆虫取食方式多种多样,多以捕食对象体液为食,如半翅目种类、脉翅目草蛉、鞘翅目龙虱幼虫都吸食猎物体液。步甲、瓢虫口器为咀嚼式,但亦以捕食对象的体液为主要食料,其余大部分常在食后弃去。还有一些捕食性昆虫不但取食体液,还将猎物其余部分磨碎吞入消化道内,如捕食性螽斯、螳螂、蜻蜓成虫等。

☞ *234.* 捕食性昆虫主要有哪些种类?

昆虫中捕食性种类很多,有 18 目 200 多科,其中许多是重要天敌资源。蜻蜓目、脉翅目和螳螂目成虫和幼虫都捕食,其他主要捕食昆虫类群有:

(1)鞘翅目:捕食种类很多,如步甲科、虎甲科、隐翅虫科、龙虱科等;瓢虫科多数种类、阎甲科、红萤科、萤科、花萤科、郭公甲科、方头甲科、芫菁科等幼虫多为捕食性,其他如葬甲科、隐翅虫科等也有一些捕食种类。瓢虫科许多种类主要捕食蚜虫、介壳虫、粉虱和叶螨,有的还捕食鳞翅目昆虫卵和低龄幼虫。

(2)半翅目:主要有跳蝽科、蟾蝽科、花蝽科、蝽科、盲蝽科、姬猎蝽科、划蝽科、蝎蝽科、负子蝽科、鼋蝽科、尺蝽科、水蝽科等,以及蝽蝽科和盲蝽科部分种类。

(3)脉翅目:本目统称为蛉,其中草蛉科的草蛉生产中应用较多,用来防治蚜虫、粉虱、螨类、棉铃虫等多种农业害虫。

(4)膜翅目:蚁科、胡峰总科多为捕食性,其他科多属寄生类群,亦有少数种兼有捕食性。蚂蚁属蚁科,食性杂,多数种类的蚂蚁可捕食多种害虫,如黄琼蚁用于防治柑橘害虫、红蚂蚁用于防治甘蔗害虫。

(5)双翅目:主要有虻科、食虫虻科、食蚜蝇科、斑腹蝇科等,主要是捕食,其他如黄潜蝇科、瘿蚊科、果蝇科、蝇科和花蝇科也有些是捕食种类。

(6)其他捕食昆虫:如直翅目螽斯科、蝗科、蟋蟀科,渍翅目的一些科,啮虫目毛啮虫科和窃虫科,革翅目球螋科,缨翅目纹蓟马科、蓟马科和皮蓟马科,毛翅目的一些科,鳞翅目谷蛾科、螟蛾科、夜蛾科、灰蝶科和蓑蛾科等也有一些捕食种类,可捕食其他昆虫,在生产中对害虫也会起一定抑制作用。

(7)捕食螨:捕食螨属蛛形纲中的种类,多数个体微小,捕食食物范围广,捕食量大,也是目前在生产上利用较多的捕食性天敌种类。

(8)农田蜘蛛:蜘蛛属节肢动物门蛛形纲蜘蛛目,我国蜘蛛有3 000余种,现已知1 500余种,其中80%可见于农田、森林、果园、茶园和草原之中,成为这些生态系统中重要组成部分和害虫重要天敌。对其保护利用也是害虫综合防治中一项重要内容。

(9)其他捕食性动物:除昆虫纲和蛛形纲外,主要有食虫鸟类、两栖类动物,也可捕食昆虫。

☞ 235 . 如何区分寄生性昆虫与捕食性昆虫？

寄生性昆虫与捕食性昆虫一般是易于区别的,但对体外寄生的有时会与捕食的混淆。主要区别有以下几点：

(1)破坏寄主或猎物的数目:这是区分两者最基本的检验标准。寄生昆虫在发育过程中仅杀死 1 个寄主,完成发育后可在 1 头寄主上发育出 1 头或多头寄生昆虫;而捕食性昆虫则需吃掉多个猎物个体才能成熟。

(2)使寄主或猎物死亡时间:寄生性昆虫一般较慢,而捕食性昆虫破坏猎物速度很迅速。

(3)寄生活捕食范围:寄生性昆虫寄主范围较窄,对寄主依赖性强,要适应寄主的生活史和习性;而捕食性昆虫多为多食类,对某种猎物的依赖程度低。

(4)搜索猎物的目的:寄生性昆虫成虫搜索寄主,主要为了产卵,一般不杀死寄主;而捕食性昆虫成虫、幼虫搜索猎物目的就是为了取食。

(5)与寄主或猎物的关系:寄生性昆虫与寄主关系较密切,至少幼虫生长发育阶段在寄主体内或体外,不能离开寄主独立生活。捕食性昆虫与猎物关系不很密切,往往吃过就离开,都在猎物体外活动。

(6)形态区别:寄生性昆虫个体一般较寄主小,幼虫期因无需寻找食物,足和眼都退化。成虫和幼虫食性多不同;捕食性昆虫个体一般较猎物大,除捕捉及取食特殊需要,形态上其他变化较少。成虫和幼虫常同为捕食性,甚至捕食同一猎物。

☞ 236. 使用捕食性天敌昆虫杀虫有哪些优点？

捕食性天敌昆虫在生物防治中存在很多优势,主要有下列优点:

(1)安全性:捕食性天敌一般对人、畜无害,对作物及其他多数天敌较安全,不污染环境,也不会使害虫产生抗性。

(2)捕食量大:捕食性天敌昆虫捕食量很大,如据研究统计七星瓢虫对烟蚜平均日取食量约为:1 龄 11 头,2 龄 334 头,3 龄 61 头,4 龄 125 头,成虫 131 头,一头七星瓢虫一生可取食上万头蚜虫,可有效控制害虫种群,因此在防治某些害虫时要观察天敌:害虫比例,比例越大,药剂防治可适当减少或延后。

(3)繁殖能力强:可在短时间内建立种群,一旦在田间建立种群,就可能逐步向周围扩散,对害虫进行控制。

(4)防效持久:许多本地种捕食性天敌繁殖快、抗逆性强,从而在农田建立起强大且持续稳定的种群,对许多害虫的种群起着长期抑制作用。

(5)速效性:捕食性天敌可快速杀灭害虫,可与化学药剂的速效性相媲美,因此捕食性天敌可以当作杀虫剂来使用,但由于捕食性天敌捕食量限制,不可能对高密度害虫快速降低种群密度,除非释放大量捕食性天敌。

(6)减少农药残留:释放天敌后,可减少化学农药的使用,从而降低农药和人工成本。尤其是减少农产品农药残留量,提高产量和品质,增强市场竞争能力,为生产有机食品提供保障,并可取得较好的经济效益。

☞ 237 · 捕食性天敌昆虫在生物防治中有哪些不足之处?

虽然使用捕食性天敌有很多优点,但是也有部分缺点,主要有以下几个。

(1)防效滞后:捕食性天敌与其猎物种群密度存在明显跟随效应,所谓天敌跟随现象就是说天敌的消长,总是跟随在寄主害虫之后。有两个意义,第一,从发生时间来看,天敌侵入农田,是在害虫建立种群后。第二,从发生数量上,天敌与害虫发生联系初期,天敌种群数量很少。随害虫种群数量逐渐增加,天敌增长速度加快,害虫种群数量大幅度下降,随之天敌种群数量也下降。天敌种群数量减少后,害虫种群数量又有机会上升。害虫种群数量不至于无限制地增长,也不会无限制地减少以至灭亡。由于天敌与害虫间的跟随关系,有的天敌对害虫的控制作用,就没有农药那样见效迅速,一旦害虫暴发,还需适当地采用化学防治。

(2)食性单一:捕食性天敌捕食对象一般较单一,仅捕食为数不多的害虫种类,无法普遍控制各类害虫,常造成次要性害虫为害加剧。

(3)对化学农药敏感:释放天敌后,不能马上喷洒药剂,特别是剧毒广谱的触杀剂和熏蒸剂,否则会造成天敌死亡,影响防效。

(4)天敌生产技术落后:我国天敌人工饲料饲养等方面研究和技术相对落后,制约着捕食性天敌生产与使用。

(5)成本偏高:传统人工繁殖方法费用较高,远远超过药剂防治,因此给大面积推广使用带来困难。

☞ 238 · 提高捕食性天敌控制作用的措施有哪些?

为充分保护当地捕食性天敌的种群数量,充分发挥其控制效果,就必须采取一些保护天敌的措施。

(1)改善生态环境条件:自然生态环境是天敌赖以生存和栖息的场所,生态环境恶劣就会抑制天敌种群的发展,降低其自然控制害虫的效果。通常物种多样丰富的生态环境,天敌昆虫可寻找到丰富猎物,有利于其繁衍和生存,增进其对害虫生态控制。生产上为增加农田生态系统多样性,常要在农田内规划某些区域或在四周田埂上栽种蜜源蔬菜、豆类或绿肥,为天敌提供食源及越冬场所。

(2)合理农业措施:在农业生态系统中,加强田间管理,使环境条件有利于作物及天敌,充分发挥天敌自然控制。如在农田或果园内,植草、覆草、间作绿肥、油菜等,有利于天敌的发生。麦田套种蜜源植物如油菜、绿肥等招引天敌,控制麦蚜为害。麦田与其他作物间作,可使麦收后麦上的天敌转移到间作植物上。

(3)协调生防与化防:为充分发挥天敌的控制作用,需要在释放天敌后,对药剂防治进行适当调整,如改变施药方式,如喷雾改为毒饵或树干涂药;改变施药时间,如在天敌活动高峰期不用药。改变施药类型,如选择低毒高效的药剂,改变施药浓度,如使用较低的有效剂量。在害虫防治工作中应树立综合防治观念,根据实际益害比来制定防治方案,如对果园释放天敌时,先提前 20 d 对病虫害进行最后一次施药防治,释放天敌后一段时间尽量不打药,以减轻药剂对天敌的杀灭作用,除非其他病虫害突然暴发。

(4)利用害虫趋性诱杀:例如利用趋光性,用紫外灯诱杀。利用趋化性设置糖醋液或性诱芯来诱杀害虫。也可挂黄卡诱杀蚜虫。

(5)注意天敌释放技术:释放天敌应针对防治主要害虫种类,在适宜环境条件下,适当时间分批次释放。

(6)释放具抗药天敌:释放具抗药性天敌可较好地解决生物防治和化学防治之间的矛盾。

☞ 239. 常用的可大面积防治害虫的瓢虫种类有哪些?

瓢虫是捕食性天敌,以成虫和幼虫捕食蚜虫、叶螨、白粉虱、玉米螟、棉铃虫等幼虫和卵。农田中可见食蚜瓢虫种类较多,主要有5种:七星瓢虫、多异瓢虫、异色瓢虫、龟纹瓢虫和二星瓢虫等。我国利用面积最大的种类是欧洲瓢虫、孟氏隐唇瓢虫、七星瓢虫、龟纹瓢虫、异色瓢虫、多异瓢虫、黑襟瓢虫、大红瓢虫、深点食螨瓢虫和腹管食螨瓢虫等种类,其中欧洲瓢虫和孟氏隐唇瓢虫是国外引进主要用来防治吹棉蚧和柑橘粉蚧。

☞ 240. 如何识别常见瓢虫?

(1)七星瓢虫:体长和宽约 6 mm 和 4.6 mm。卵圆形、半球形拱起。背面光滑无毛。头黑色,额和复眼相连的边沿各有 1 圆形淡黄斑。复眼椭圆形,黑色。前胸背板黑色。前翅红色或橙黄色,上有 7 个小黑斑(由此得名),其中位于小盾片下方的黑斑被鞘翅缝分开左右各半。腹黑色,足全黑色。

(2)龟纹瓢虫:体长圆形,弧形拱起。表面光滑无毛。头多黑色,复眼较大,黑色。触角 11 节,黄褐色,末端圆形。前胸背板黄色,中央有黑色大斑,基部与后缘相连,有时黑斑几乎占全部背板。鞘翅黄色,带有黑斑纹。鞘缝黑色,中央黑纵纹具有方形、梭形和齿形外伸部分。鞘翅肩部有斜长斑。鞘翅斑纹变化大,有的鞘缝纵条纹外突部分消失,只留中央黑色纵纹。

(3)异色瓢虫:体长约 6.5 mm,宽 4.2 mm。体卵圆形,半球形拱起,背面光滑无毛。背面色泽斑纹变异很大,已知有 100 多种。鞘翅 7/8 处和端末前均有 1 个横向突起,称为横脊。按鞘翅底色把异色瓢虫色斑型分 2 大类:鞘翅底色为黑色的即为黑色型和鞘翅底色为黄色的黄色型,即深色型和浅色型。前胸背板基部扩大成黑色近梯形大斑,两肩角部分为浅色大斑。小盾片与鞘翅均为黑色,鞘翅具浅色大斑。浅色型基色为橙黄色至橘黄色,前胸背板在中线两侧有2对黑斑。

(4)二星瓢虫:体长约5 mm,宽3.6 mm。体长卵形,呈半圆形拱起,脊面光滑无毛。头黑色,紧靠复眼内侧各有个近半圆形黄白斑,复眼近椭圆形,黑色。触角粗壮11节,黄褐色。前胸背板黄白色,小盾片较小,正三角形,黑色。鞘翅略呈长形,中部较宽,橘黄色至黄褐色,中央有2横长黑斑,分别位于鞘翅中央。鞘翅上斑色变化多端(约100种)。腹板几乎全为黑色,仅外缘为黑褐色。足黑色。

(5)多异瓢虫:雌虫体长4~4.7 mm,宽2.5~3 mm。头前部黄白色,后部黑色,或颜面有2~4个黑斑,毗连或融合,有时与黑色后方部分连接。复眼黑色,触角、口器黄褐色。前胸背板黄白色,基部通常有黑色横带向前4叉分开,或构成2个"口"字形斑。小盾片黑色,两侧各有14个黄白色分界不明显的斑。鞘翅黄褐色到红褐色。两鞘翅上共有13个黑斑,除鞘缝上、小盾片下有14个黑斑外,其余每鞘翅有黑斑6个。黑斑变异很大。足基部黑色,端部褐色。幼虫共4龄,各龄期主要特征是:1龄体长1.5 mm。体灰白色,头和足黑色。2龄体长3 mm。体灰白色,头和足黑色。前胸背板中央有1条白色纵带。腹部背侧面每节各有6个刺疣,第一节侧刺疣和侧下刺疣白色,其余刺疣黑色。3龄体长5 mm。体灰白色。前胸后缘中央橙黄色。腹部第一节背中刺疣橙黄色,侧刺疣和侧下刺疣白色。腹部第四节背中刺疣与侧刺疣之间白色。4龄体长7 mm。体灰白色。前胸背板周缘白色,中、后胸之间背中线处有"十"字形白纹。腹带紫色,第一腹节左右侧刺疣和侧下刺疣橙红色。第四腹节背中刺疣和侧刺疣之间白色。蛹体长4 mm,宽3 mm。灰黑色。腹部背中线为白色纵纹。前、中胸背纵

203

纹两侧各有 1 个黑斑,黑斑两侧各有 1 个白斑。翅芽黑色。腹部第 2～5 节背中线两侧有 4 个黑斑。随着蛹的发育,体色加深。腹末有 4 龄幼虫蜕皮。

☞ 241. 田间常见瓢虫的生活史和习性如何?

(1)七星瓢虫:在黄河流域年发生 4～5 代。以成虫在土块下、植物根际土缝中越冬。越冬成虫常于翌年早春活动,并在土缝隙中和枯枝落叶上产卵。随气温上升卵多产在小麦叶背面和麦穗上。越冬代成虫繁殖数量受麦田麦蚜量的制约。5 月份是第 1 代幼虫盛期。5 月下旬至 6 月初新羽化的成虫常离开麦田向有蚜虫的榆树、桃树等植物迁移。6 月下旬数量明显减少,主要是由于滞育个体增加、迁飞、上山和被寄生量增加,因此在华中、华北等地的农田中 7～8 月份不易找到七星瓢虫。9 月份在菜地开始出现,10～11 月份华北菜田又出现大量成虫。11 月中下旬随气温降低陆续入土越冬。成虫具假死性,羽化后 2～7 d 开始交配,交配后 2～5 d 产卵。产卵期平均为 18 d。每头雌虫均产 500 多粒卵,产卵期可达 3 个月。成虫寿命长短变化很大,平均 77 d。在气温降到 5℃时就蛰伏不动;一旦气温回升到 10℃以上便开始活动。七星瓢虫取食量与气温和猎物密度有关。七星瓢虫无群集越冬现象。越冬成虫在农田土块下滞育越冬,较耐寒,即使在 -10℃下死亡也较少。越冬代成虫存活率较高,数量大,次年早春发生早,因此七星瓢虫可作为前期天敌优势种群,并可人工大量繁殖,这是七星瓢虫可利用的优点之一。

(2)异色瓢虫:河南、陕西年发生 5 代,东北 2～3 代。最后一代成虫在 10 月下旬至 11 月上旬气温下降为 8～10℃时便飞进山区岩洞、石缝内甚至建筑物屋檐缝中群集越冬。越冬具有明显群集习性,一窝内少则数十头,多则数万头。越冬成虫常在 3～4 月份陆续出洞飞离。早春当气温回升到 8～10℃时野外察看背风向阳处有无瓢虫活动便可找到其越冬场所并收集这些瓢虫。越冬代成虫出洞后,在蚕豆、油菜等有蚜虫植物上活动产卵。第一代成虫羽化后陆续向棉田、菜地迁移。5～6 月份繁殖量大,对瓜蚜有一定控制作用。6 月份后种群随气温升高而显著下降。成虫羽化后 5 d 左右开始交配,一生需要交配多次才能提高孵化率。每雌产卵 10～20 块 300～500 粒。成虫寿命因温度而异,气温愈高寿命愈短,常为 30～38 d。成虫和幼虫食量都很大,一头 4 龄幼虫每日食蚜虫 100～200 头。

(3)龟纹瓢虫:北方年发生 4～5 代。以成虫群集在农田避风向阳的山坡、草丛中、树皮裂缝和土坑、石块缝穴内越冬。越冬代成虫 4 月份产卵,春季凡有蚜虫的蔬菜、杂草、作物、树木上都是其活动和产卵的场所。5 月上旬迁入菜田继续繁殖。5～6 月份,卵期常为 3～4 d,幼虫和蛹期都是 6～7 d;完成 1 代需 15～17 d。在7～8 月份,卵期常为 2～3 d,幼虫蛹期都是 5～6 d,完成 1 代需12～14 d。11 月份随气温下降从菜地迁移到避风向阳场所,并在杂草上捕食蚜虫。11 月下旬当气温在 8～10℃时开始越冬。龟纹瓢虫对环境适应性较强,有耐高温能力,繁殖率高。一年常发生 3个高峰,即 5～6 月份和 7 月中下旬,其中以 7 月中下旬发生数量最大,这正好补充此时七星瓢虫田间发生数量的不足。

(4)二星瓢虫:关中地区春季至 6 月底可发生 3 代。以成虫在向阳的墙缝、屋角、房檐等处越冬。3～4 月份开始活动,迁入麦田捕食麦蚜并繁殖。6 月份迁入棉田,在棉田发生期短,6 月底几乎绝迹。关中地区各虫态历期为:卵期 7 d,幼虫期 10 d,蛹期 5 d。5 月份 1～4 龄幼虫每天取食棉蚜量分别为 4 头、11 头、25 头、38 头,成虫日食蚜量平均为 82.3 头。

(5)多异瓢虫:在甘肃年发生 3 代。10 月下旬以成虫分散或

3～5 头群集于田埂草根下 10～15 cm 土中越冬,尤其以玉米和蔬菜田埂较多。次年 4 月上中旬平均气温上升到 10～11℃时出蛰活动,到 5 月上旬,当气温上升到 13.5℃时才爬出杂草到其他作物上活动,取食和繁殖。

☞ **242.如何贮存瓢虫越冬?**

把释放的瓢虫在越冬前收集后可以保存供来年释放。越冬存放一般在 11 月份开始。存放工具可就地取材,如木箱、纸盒、土窖、瓦罐等。存放的关键是掌握好温度和湿度。存放方法有以下两种。

(1)室外存放:选择地势高不易集水的地方挖深底宽为 0.5 m、口径为 16 cm 的土窖。将窖底层 7～10 cm 的土层刨虚并整平,在虚土上放置核桃大到拳头大小的土块,每窖可放瓢虫 500～1 000 头。2～3 d 后瓢虫可自行入土越冬。前后要注意窖温度变化,当日均温低于 0℃时在土块上盖上 7～10 cm 厚的干草,窖口加盖即可使瓢虫安全越冬。

(2)室内越冬:用木笼或纸盒内放干草和瓢虫,存放于室内。注意室内不能升火加温,也不能有暖气,让瓢虫自然越冬。无论室外还是室内,在越冬期每 1～2 个月检查 1 次,观察瓢虫生活状态和死亡率,对其贮存条件做必要改善。来年 2 月气温回升当日平均温度达到 5℃时应取出干草。气温回升一旦瓢虫开始活动时即要根据天气情况释放。

瓢虫非越冬期可存放于小型瓦罐式地窖(形同越冬窖,地面不需刨虚)。注意窖内保湿降温,窖上加盖使窖内黑暗以减少瓢虫活动和能量消耗。每窖放千头可贮藏半个月。

☞ 243. 田间如何释放瓢虫防治害虫？

七星瓢虫在大田和保护地均可使用。释放瓢虫防治害虫需要注意释放时间、释放量、释放虫态、释放时间和释放技术的确定。

(1)释放时间：在农田释放瓢虫最好在日落后或日出前释放。如果放虫时间太早阳光照射会导致成虫大量迁移，再者气温高也会使幼虫死亡率升高。

(2)释放量与释放时期：释放瓢虫量可因蔬菜品种不同而异。大白菜可比黄瓜释放少些，菜上蚜虫量大时要多放一些。瓢虫释放时期最好掌握在蚜虫发生初期量少的点片阶段。以瓢治蚜关键抓早，当蚜虫在植物上刚发生时就应及时释放一定量的瓢虫让其捕食蚜虫。释放时瓢蚜比控制在 1：(50～100)。在蚜发生初期每 667 m² 放 0.1 万～0.2 万头。释放瓢虫时，若释放的瓢虫虫态单一应加大释放量。

(3)释放虫态：商品化的七星瓢虫剂型有成虫、蛹筒、幼虫筒和卵液。较方便释放的虫态通常是成虫和蛹。适宜气候条件下也可释放幼虫，在温室和大棚等保护地也可释放卵液，但释放成虫因其迁移性大效果不稳定，而释放 4 龄幼虫将近化蛹期，虽然食量大但持续控制时间短，防效也不会很高，因此生产上应以瓢虫 2～3 龄幼虫作主要的释放虫态，同时成虫也应该占一定比例，这样控制持续时间长防效好。

(4)释放方法：

释放瓢虫成虫：顺垄撒于菜株上，每隔 2～3 行放虫一行，尽量释放均匀，每 667 m² 释放量为 200～250 头。

释放蛹：一般在蚜虫高峰期前 3～5 d 释放，将七星瓢虫化蛹纸筒或刨花挂在田间植物中上部即可。

释放幼虫：当气温在 20～27℃夜温 10℃以上时可释放幼虫，

方法同释放蛹。也可在田间适量喷洒 1%～5% 蔗糖水或将蘸有蔗糖水的棉球同幼虫一起放于田间,供给营养以提高其成活和捕食力。

释放卵:在环境较稳定的田块或保护地,气温在 20℃ 以上可释放卵。释放时将卵块用温开水浸泡使卵散于水中,然后补充适量不低于 20℃ 的温水,再用喷壶或摘下喷头的喷雾器将卵液喷到植株中上部叶片上。

☞ 244 · 田间释放瓢虫应注意什么?

(1)由于实际工作中释放瓢虫量很难精确,因此需在释放后 2 d 检查防效,若瓢蚜比在可控制范围内,蚜虫量没有继续上升,表明瓢虫已发挥控制作用,暂时不必补放。若瓢蚜比过低时,应酌情补放。

(2)早期释放瓢虫,应偏大量释放,按照实有株数计算释放量,以便及时控制瓜蚜数量上升。

(3)早中耕即可提高地温又可促苗,还可破坏田间的蚂蚁窝减少瓢虫损失。

(4)瓢虫释放后,其天敌较多,特别是麻雀会使效果很差。为提高以瓢治蚜效果释放后最好专人管理。

(5)购入各虫态七星瓢虫后应及时释放到田间。

(6)近村地块,瓢虫释放后易受麻雀和鸡等动物捕食,可适当增加释放量。

(7)释放成虫一般应选在日落后进行,利用当时气温低和光线暗的条件,使释放成虫不易迁飞。

(8)为提高防效,释放成虫、幼虫前先饥饿 1～2 d,或冷水短时间浸渍处理成虫降低其迁飞能力,提高捕食率。

(9)释放成虫 2 d 内,释放幼虫蛹和喷卵液后 10 d 内,不宜灌水、耕作活动,以防成虫迁飞、保证幼虫生长捕食和卵孵化,以提高防效。

(10)释放瓢虫期间,尽量不要使用化学药剂以免杀伤瓢虫。

☞ 245. 如何充分利用瓢虫防治害虫?

用瓢虫防治害虫要把充分利用当地自然瓢虫与释放瓢虫结合起来,充分利用环境中的自然瓢虫,如可进行冬前捕捉,人工保护越冬,来年春季在田间繁殖和释放,夏季人工助迁和释放等。

(1)冬前捕捉和贮存:要掌握好冬前捕捉的最佳时机,一般冬前捕捉瓢虫体质较好,若捕捉过晚体质较好的瓢虫已经入土越冬。采集的瓢虫可在室内外保存供来年释放。

(2)人工助迁:春季释放于麦田的瓢虫可在小麦收获前进行人工助迁到菜田和棉田,以加大这些农田中瓢虫的种群数量。

具体步骤是:在4月中下旬第一代瓢虫羽化盛期开始捕捉瓢虫,这时瓢虫集中量多便于采集。为防止释放到农田的瓢虫迁飞,可剪除部分后翅(鞘翅下覆盖的软膜质翅,剪1/3即可),注意剪时不能剪去前翅(鞘翅)。或用针顶开鞘翅并划破后翅。

释放前先进行虫情调查,掌握每块菜地瓢虫和蚜虫发生情况和比例,依据害虫量确定释放瓢虫量。在菜田释放时可每隔2～4行顺垄撒于菜株上,每1～1.6 m为1点。也可以单个投放,把瓢虫较为均匀地撒在菜上。

在麦田瓢虫盛期,可不需剪翅随捕随放入菜田。收集的瓢虫装入麻袋(内放置树枝、草秆等)或将装有瓢虫的麻袋冷水短时间猛浸,乘瓢虫翅膀湿而不能飞时放入菜田,或将瓢虫存放在地窖饥饿1～2 d后于日落或日出前放入菜田。

☞ *246*. 草蛉的寄主及其常见的种类主要有哪些？

草蛉属脉翅目草蛉科，成虫和幼虫都可捕食，主要捕食蜷类、蚜虫类、螨类、介壳虫、粉虱等微小昆虫，如盲蜷、粉虱、红蜘蛛、麦蚜、棉蚜、菜蚜、烟蚜、豆蚜、桃蚜、苹果蚜类、红花蚜等害虫，另外还喜食多种鳞翅目害虫的卵和幼虫，如棉铃虫、地老虎、甘蓝夜蛾、银纹夜蛾、麦蛾和小造桥虫等。

在我国农林常见种类有：大草蛉、丽草蛉、叶色草蛉、多斑草蛉、牯蛉草蛉、黄褐草蛉、晋草蛉、白线草蛉、中华草蛉（中华通草蛉）、普通草蛉、亚非草蛉、八斑绢草蛉和红肩尾草蛉。草蛉种类黄河流域明显多于长江流域和南方各省。

草蛉在不同地区蛉种组成中所占比重不同，北方分布较多的有大草蛉、丽草蛉、叶色草蛉和中华草蛉。如在东北以叶色草蛉和中华通草蛉为优势种；在黄河流域各省以叶色草蛉、丽草蛉和中华通草蛉为优势种；长江流域以中华通草蛉和大草蛉为优势种；在湖北和湖南晋草蛉为常见种；南方分布较广的有大草蛉、亚非草蛉、八斑草蛉和红肩尾草蛉。

☞ *247*. 如何识别常见的草蛉？

草蛉体多绿色，咀嚼式口器，头下口式，很爱活动。触角长而显著，丝状、念珠状、栉齿状或棒状。翅膜质，2对，前后翅大小和形状相似。翅脉常密而多，网状，有的在翅边缘脉多分叉。幼虫一般为纺锤形，两端尖细，体黄褐色、灰褐色和红褐色等。口器发达，捕吸式口器，体扁平，有3对发达胸足，胸部和腹部1~8节的两侧常有1毛瘤，其上着生一丛刚毛。幼虫行动敏捷。多数种类体裸露，部分蛉种背有负物，如亚非草蛉幼虫在取食后常把吃剩下的蚜虫尸体背在背上。常见种类的形态特征如下：

(1)大草蛉：体较大，体长 13～15 mm,前后翅分别长 17～18 mm 和 15～16 mm。体黄绿色，头部有黑斑 2～7 个,常 4 或 5 个斑,多的有 7 个黑斑。触角下面的一对斑大而显著,呈矩形或近圆形;触角中间的一个则较小,4 斑者缺此中斑,7 斑者则两颊还各有 1 黑斑。触角比前翅短,黄褐色,基部 2 节黄绿色。胸背面有黄色中带,但腹面全绿。翅前缘横脉列多黑色,两组阶形排列的阶脉只是每段脉中央黑色,而两端仍为绿色;后翅仅前缘横脉和径横脉大半段为黑色,阶脉则同前翅,翅脉上多黑毛,翅缘的毛多为黄色。

(2)黄褐草蛉：体和翅均黄褐色,不带绿色。触角第一节背面有大褐斑。颊、唇基和唇基上部均有褐色斑纹。翅脉污黄色,翅脉上有成段的褐色部分,形成深浅间杂的花纹,阶脉和前绿横脉列全为褐色。

(3)多斑草蛉：体黄绿色,头绿色,在触角间有"X"形大黑斑,颊和唇基各有 1 对大黑斑,在后头上还有一排 4 个黑点,胸部也有许多成对的黑点,胸部腹板有黑斑。翅宽大翅脉多黑色。

(4)牯岭草蛉：体黄绿色,头黄色,触角上方有"Y"形黑纹,下面和额唇基及两颊的黑斑相连。触角第一节内外两侧都有黑条,胸部和腹部深绿色。翅狭长,翅脉全绿色。

(5)丽草蛉：体长 9～11 mm,前后翅分别长 13～15 mm 和 11～13 mm。体绿色。头部有 9 个黑褐斑点,头顶 1 对,触角间 1 个,触角下 1 对,颊和唇基两侧各 1 对。触角较前翅短,为黄褐色,第 1 节绿色,第 2 节黑褐色。前翅前缘横脉列多黑色。足绿色,胫节及跗节黄褐色。翅端较圆,翅痣黄绿色。

(6)叶色草蛉：体长 8～10 mm,翅展 26～28 mm,前后翅分别长 14～15 mm 和 11～12.5 mm。其他特征和丽草蛉相似,不同的是前翅前缘横脉列只有靠近亚前缘脉的一端为黑色,其余都是绿色。

(7)中华草蛉:体长 9～10 mm,前后翅分别长 13～14 mm 和 11～12 mm。体黄绿色,胸、腹背面两侧淡绿色,中央有黄纵带。头淡黄色。触角比前翅短,灰黄色,基部 2 节与头同色。足黄绿色,跗节黄褐色。翅透明,较窄,端部尖,翅脉黄绿色,基部翅脉多黑色。越冬代虫体常变为黄色或黄灰色,并出现许多红色斑纹,枯枝落叶下多见,翌春气温转暖后恢复成绿色。

(8)亚非草蛉:体长 9～13 mm,前后翅长 12～14 mm 和 11～12.5 mm。体黄绿色。头部的黑色颊斑与唇基斑上下相连。触角淡黄褐色,比前翅长。翅端较尖,翅痣黄色,翅脉全绿,脉上有黑色短毛。

(9)晋草蛉:体长 9～9.5 mm,前后翅长 11～13 mm 和 10～11 mm。体淡绿色,触角比前翅长。头部淡黄色,无黑色斑,额常带浅红色。胸和腹部背中央有一条黄纵带,腹面呈灰白色。足为淡黄绿色,足跗节为黄褐色。翅端尖,翅脉全绿,翅痣黄绿色。后翅狭长,有一个三角形翅室。

☞ 248.草蛉生活史和习性如何?

草蛉每年发生多代,同地区不同种类世代数不同,同种类在不同地区的世代数也不同,常随纬度增加而减少。草蛉中广布型和偏北方型常需越冬,而南方型某些种类一年四季均可发生。不同种类越冬场所不同,多数以老熟幼虫在枯枝落叶、粗皮裂缝和枯皱卷叶内结茧越冬,如大草蛉、丽草蛉、叶色草蛉和晋草蛉等;而叶色草蛉常在植物根际入土结茧越冬;中华草蛉和普通草蛉以成虫躲藏在背风向阳的草丛、枯枝落叶堆、树皮缝或树洞内越冬。不同地区和相同地区不同蛉种越冬历期不同,高纬度地区越冬较早,早春复苏较迟,越冬历期长。中华草蛉在 11 月下旬开始越冬,翌年 2～3 月份开始活动,4～5 月份在小麦、苜蓿、蚕豆、油菜、豌豆、果树、林木、花卉上捕食蚜虫、叶螨及鳞翅目害虫卵与初孵幼虫,但此期以大草蛉、叶色草蛉等种群数量发展较快,中华草蛉、丽草蛉稍慢一些。

草蛉属全变态发育,一生经历卵、幼虫、蛹和成虫 4 个虫态。草蛉在卵和蛹期不能捕食,主要在幼虫和成虫期捕食。成虫取食主要是为性成熟补充营养,食性随种类变化分两类:①植食性:如中华草蛉、亚非草蛉,成虫取食花粉和蜜露,不再捕食害虫;②肉食性:如大草蛉、丽草蛉,成虫可捕食害虫。

成虫多在傍晚羽化,翅展开后稍停即可飞翔和取食,主要在夜间活动,白天多栖息植株叶丛中。刚羽化的成虫需取食补充营养7～8 d 才能达到性成熟。羽化 2～5 d 后开始交尾,交尾 4～5 d 后产卵。产卵期很长,多为 15～20 d。喜欢在植株上部产卵,卵具弹性卵柄,防止幼虫相互残杀。卵孵化期较短,约 3 d。成虫产卵量随不同种类和补充营养有关,产卵量常很高,如大草蛉和中华草蛉平均每雌产卵 850 粒和 500 多粒。产卵多在傍晚或前半夜。草蛉成虫还有取食卵粒习性,人工饲养时需注意。

成虫具强趋光性。光照可影响成虫滞育,已产卵成虫在短光照下停止产卵,并滞育长达 2 个多月,但光照时间加长可立刻恢复产卵,长光照条件下成虫不滞育。体色可随季节发生变化,夏季体多嫩绿色,冬季越冬的成虫变黄色,当天气渐暖后体色又变成绿色。

幼虫活动能力强,捕食量较大是消灭害虫的主要虫态,但不同种类捕食不同害虫的量不同,捕食量随虫龄增加而上升,缺乏食料时可自相残杀,蚕食其他天敌卵和幼虫。老熟幼虫在刚结茧内静止不动为预蛹期,若茧内一端有黑色物即进入蛹期。

☞ 249. 如何贮存草蛉?

(1)贮存成虫:中华草蛉在 3～5℃或 9～11℃下冷藏 20～30 d,存活率都达 90%,对其产卵量(均在 300～500 粒)和卵孵化率(都大于 90%)无太大影响。

(2)贮存卵:贮存温度应在 12～15℃。在小于 10℃贮存时孵化率较低。

(3)贮存茧:低温对中华草蛉蛹影响较大,以 11～12℃温度下贮存 20 d 为宜。

☞ 250. 如何使用草蛉防治害虫?

田间释放的商品草蛉剂型有成虫、幼虫和卵箔。释放方法如下:

(1)释放成虫:在大田释放后成虫会逃离大田,也会被鸟类等其他天敌取食,因此为减少损失常在保护地内使用。温室大棚内一般按益害比 1:(15～20)释放或每植株上放 3～5 头,每隔 1 周释放 1 次,根据虫情连续释放 2～4 次。

(2)释放幼虫:单头释放是将刚孵化幼虫用毛笔挑起放到有害虫的植株上;多头释放是把将要孵化的灰色卵用刀片从卵箔手刮下与锯末和草蛉食物混合,混合比例是每 50～100 g 锯末混合 500～1 000 粒卵,同时按草蛉卵和食物 1:(5～10)的比例加入草蛉食物,如蚜虫或米蛾卵。然后把混合物放入玻璃瓶或塑料箱内,用纱布扎口,在 25℃下孵化。当 80%草蛉卵孵化后,即可将混合物撒到植株中上部。多头释放还可用塑料袋内装 2/3 容量的细纸条,按比例加草蛉卵和食物,待草蛉孵化后取出纸条挂在植株上,注意塑料袋要透气,袋口不要扎死。

(3)释放卵:方法有 2 种:撒卵粒或投放卵箔。撒投卵粒时是将卵粒从卵箔上刮下,与无味、干净的锯末混合均匀后在田间隔一定距离投放一定数量卵粒。投放粘有卵粒的卵箔时,要将卵箔剪成小条状,每卵箔条有 10～20 粒卵,田间间隔一定距离用订书机、大头针或胶带固定在叶片背面害虫多的地方。每 667 m² 保护地投放 8 万卵粒。

☞ 251. 释放草蛉防治害虫的注意事项有哪些?

(1)生产中除释放草蛉外还要注意充分保护利用自然草蛉种群。利用自然种群常需人工助迁,可用紫外线灯诱集或捕虫网田间采集野生成虫,然后助迁于其他田块。草蛉释放主要在保护地温室和大棚内进行。有条件的果园也可应用,但释放量应适当增加。

(2)释放不同的虫态具不同优点。释放成虫主要优点是释放到菜田后可立即捕食害虫见效快,但释放速度较慢。成虫释放后易逃逸,因此需剪翅处理,但剪翅草蛉成虫活动能力常常降低,且易被鸟类取食。因此靠近村庄的田块不宜释放成虫。

(3)投放草蛉卵箔时最好就固定在害虫多的叶面上,便于草蛉幼虫从卵中一孵出来即可接触到害虫。放卵的优点是简便,速度快,效率较高。缺点是损失率较高,也易被蚂蚁等天敌取食。因此,要尽量减少草蛉卵在田间停留时间,生产中主要投放即将孵化的灰卵。灰卵投放半天后即可孵化,可减少天敌的取食,提高防效。

(4)单头投放草蛉幼虫投放慢、效率低,以多投放为主。

(5)释放时注意蛉种的选择:不同种草蛉幼虫捕食习性不同,生产上要根据防治对象选择不同草蛉种类。如中华草蛉取食范围广可用来防治多种害虫。晋草蛉喜食多种叶螨且仅取食叶螨对其发育无不良影响,因此可选用作治螨的蛉种。防治蚜虫则要选用大草蛉和丽草蛉,因为这两种草蛉的成虫和幼虫均能捕食蚜虫。

(6)优先考虑选用本地优势种:不同地区因环境因子不同优势种类不同,释放这些土生土长的优势种能最好地适应当地环境条件,发挥最大防效。如新疆以普通草蛉为主,而其他地区则很少见;黄河流域以丽草蛉为多;在东北和西北以叶色草蛉为多。

(7)购入不同剂型的草蛉应及时释放,并尽量不要贮藏。

(8)释放时要注意均匀分布。

(9)释放草蛉的田块尽量不要使用杀虫剂,以防杀死释放的草蛉。若在害虫种群密度较高时可选择对草蛉杀伤力小的农药,如抗蚜威、灭幼脲 1 号、灭幼脲 3 号、抑太保和 Bt 乳剂等。

☞ 252. 如何识别食蚜瘿蚊?

食蚜瘿蚊属双翅目瘿蚊科。成虫似蚊,体长约 2.3 mm,雌虫触角念珠状,雄虫环毛状。复眼发达或小,常左右愈合成 1 个,无单眼,喙短或长于前胸。翅宽,被微刺毛,翅脉 3~5 条,横脉不明显,只有 1 个翅室。足基节短,胫节无距,有中垫和爪垫。腹部 8 节,假产卵管收缩或外露。幼虫蛆状,纺锤形,共 13 节。全身橘红色或橘黄色,长 2.5 mm,宽 0.6 mm。

☞ 253. 食蚜瘿蚊生活史及主要习性有哪些?

食蚜瘿蚊在晋、冀、鲁、豫、新、陕、宁、鄂、闽、黑等省、自治区可自然分布,以结茧幼虫在蚜虫寄主植物周围表土下越冬,温室内周年可繁殖 12~14 代。室外于翌年 3~4 月份化蛹,羽化交配后,在有蚜虫杂草和木槿等早春寄主上产卵繁殖。4 月上中旬为第一代成虫产卵盛期。5 月上中旬为第二代成虫产卵盛期。5 月中下旬在棉田可见到第二代食虫瘿蚊幼虫捕食棉蚜,但这时在田外有蚜植物上发生数量较多。

成虫多在晚间集中羽化,当夜就可交配,次日傍晚开始产卵,多在有蚜叶背面或嫩茎上产卵,每处产卵一般数粒,多至 10 余粒,交配后第 3～4 天为产卵高峰,雌蚊平均产卵 46 粒,寿命 4～9 d。成蚊行动敏捷,飞翔迅速,具一定飞翔能力,因此搜索蚜虫能力较强。成虫体纤弱,对农药特敏感,抗高温、干燥及风雨能力弱。

幼虫孵化后即捕食初生若蚜,长大后捕食成蚜,以口勾住蚜虫腹部或足等处吸取体液。老熟后入土结茧化蛹,一般在 6 月后种群数量减少。幼虫平均可取食 49 头蚜虫,耐饥力强,取食 7 头蚜虫就可完成 1 个世代,食物缺乏时也可取食粉虱蛹和叶螨卵。温度和光照对幼虫影响较大,可影响发育历期,从卵发育到成虫在 15℃下历期是 44.9 d;在 25～26℃16.7 d,22℃时 21.2 d。

☞ 254. 食蚜瘿蚊可防治哪些蚜虫?

食蚜瘿蚊以幼虫捕食蚜虫,只捕食蚜虫或在食物缺乏时捕食粉虱蛹和螨卵,对温室蚜虫控制作用很大,生产上可用来防治设施内蔬菜、花卉和果树上的桃蚜、甘蓝蚜、豆蚜、瓜蚜、萝卜蚜等 60 多种蚜虫。

大田植物蚜虫和粉虱种群密度较高,生防这些害虫需释放大量天敌才能达到一定防效,由于食蚜瘿蚊生产成本较高,释放大量食蚜瘿蚊无疑会使严重增加防治成本,因此食蚜瘿蚊更适合在保护地使用,防治高价值植物上的蚜虫。

☞ 255. 如何使用食蚜瘿蚊防治温室内的蚜虫?

食蚜瘿蚊商品剂型是盒装老熟幼虫,每盒装 1 000 头左右。

防治温室植物各类蚜虫时,释放时期应在蚜虫初发期。释放量要预先调查单株蚜量,再估算温室或大棚内当时总蚜量,按瘿蚊∶蚜虫＝1∶(20～30)的比例确定释放瘿蚊总数量。

具体方法是在温室、大棚等保护地内,在蚜虫发生初期,按照益害比例,将装有食蚜瘿蚊老熟幼虫的盒表面扎许多直径为1～2 cm 的粗眼孔,然后均匀摆在植株间,隔7～10 d 释放一次,连续释放2～3次。幼虫化蛹后羽化为成虫,从盒孔飞出,搜寻有蚜虫叶片,并在叶上产卵,卵经2～4 d 孵出幼虫,孵出的幼虫即可取食蚜虫。

☞ *256.* 使用食蚜瘿蚊应该注意哪些事项?

(1)释放时间最好确定在蚜虫发生初期。目的是释放后,食蚜瘿蚊卵孵化后就有寄主食物可吃。

(2)要调查温室内蚜虫种群数量,掌握好瘿蚊与蚜虫比例,按比例释放瘿蚊幼虫,释放瘿蚊数量太少影响防效,释放太多会增加防治成本。

(3)购买后的瘿蚊虫盒若不能及时使用,可存放在冷藏冰箱中。在5℃下可保存8个月。

(4)在释放瘿蚊的地方尽量不要使用化学农药,以防止杀伤食蚜瘿蚊。老熟蚜虫越冬之处不要使用土壤处理药剂。

(5)温室或大棚内放入瘿蚊后若发现蚜虫繁殖很快,虫口密度上升时,可补充释放食蚜瘿蚊。

(6)注意观察防治效果,一般在释蚊3～4 d 后即可在有蚜虫叶片上见到食蚜瘿蚊大量卵块;释放1周左右即有大量食蚜瘿蚊幼虫出现;释放10 d 后蚜虫数量锐减,残留大量蚜虫尸体,可建立相对稳定种群明显控制蚜虫。

☞ *257.* 如何识别智利小植绥螨？

智利小植绥螨属蛛形纲蜱螨目植绥螨科的捕食性天敌，又称智利螨、智利植绥螨。雌螨橙色，球形，背板小，常不足躯体的2/3，足与躯体相比较长，爬行较快，体色常因食物、温度等不同而深浅变化。雄螨与雌螨相似，略小，但因与雌螨若螨大小相似，肉眼不易鉴别。

☞ *258.* 智利小植绥螨常见的寄主种类有哪些？

智利小植绥螨是专食叶螨的植绥螨，一生以叶螨为食料。被捕食叶螨种类有：二斑叶螨、朱砂叶螨、截形叶螨及棉叶螨等，尤其喜好二斑叶螨。可取食叶螨各虫态如卵、幼螨、若螨、成螨。智利小植绥螨进入成螨至产卵盛期捕食量较大，日捕食最高 15 头，二斑叶螨成螨，其后食量渐减，最后拒食而死。

☞ *259.* 智利小植绥螨主要生物学习性有哪些？

该螨一生要经过卵、幼螨、若螨（又分前若螨和后若螨）和成螨4 个时期。雌螨的产卵期、产卵量、寿命、捕食量、发育历期跟温湿度和食物种类有关。在恒温恒湿条件下，相对湿度<50%或温度>35℃严重影响智利小植绥螨的发育。卵和幼螨对低湿、高温尤为敏感。在日均温 25～28℃、相对湿度为 80%～85%、以棉叶螨为食物的条件下，产卵前期、卵期、幼螨期和若螨期的历期分别是1.3 d、2.5 d、0.5 d 和 2.4 d，世代历期 5.4 d。雌螨交配后 2 d 就可产卵，日均产 1.5 粒卵，可持续 20 多天，每雌螨一生产 40 粒卵。卵散产于叶被主脉两侧。不同的农药对智利小植绥螨影响不同。

☞ 260. 如何贮存智利小植绥螨?

商品化捕食螨应用前经常会经历长短不一的货架期,或在储运使用中常会遭受许多不利外界因素如高温、干旱、降雨等,或由于捕食螨繁殖计划和生产上应用计划出现不一致,或因饲料短缺,为节省饲料等原因需要对大量繁殖出来的捕食螨进行短期贮藏。影响捕食螨贮藏效果的因素主要是贮藏材料、冷藏时间和冷藏温度,对智利小植绥螨贮藏后的存活率有显著影响。就目前研究结果来看,超过 30 d 较长时间贮藏一般是在 4~7℃ 下冷藏,成螨是最佳贮存虫态。

☞ 261. 如何使用智利小植绥螨?

智利小植绥螨是专性捕食螨,捕食量大、爬行快、抗逆性强,防治蔬菜、花卉、果树上的叶螨效果较好。螨释放量要根据害螨密度、植物种类、叶片数量、植株大小等因素综合确定。目前,根据田间虫口情况,有两种田间释放策略:淹没释放和接种释放。田间虫口密度较高时,用淹没释放策略可在短时间内控制害虫发生,但需释放大量捕食螨。接种式释放是在田间害虫刚发生或尚未发生时,少量局部释放,起到预防和控制作用,接种释放每次释放捕食螨量少,需多次释放。淹没释放时,可采取多种方法,商业化生产智利小植绥螨常与麦麸混在一起(麦麸为猎物螨食物,猎物螨为捕食螨食物),田间可直接人工撒施到作物上,也可用专用撒施机进行施放,甚至飞机播撒。接种释放通常只能手工进行。

生产上商品剂型为成虫,其使用方法如下:

(1)保护地使用:防治一串红、爬蔓绣球、马蹄莲、藿香蓟等花卉上的二斑叶螨,按益害比为 1:(10~20)释放成虫 2 次,或在小苗上每株放 1 头,大苗上放 5 头,花盆每盆放 50 头。释放后若经几个月后害螨数量上升可再释放 1 次。防治菜豆、番木瓜皮氏叶螨和防治茶叶、茄子、菜豆、月季、仙人球、大丽菊,凤仙花上的害螨可参照上述方法。

(2)露地使用:防治露地草莓、茄子上的园神泽氏叶螨,在害螨发生初期,按 1:(10～20)释放成虫。

☞ 262. 用智利小植绥螨防治害螨的注意事项有哪些?

(1)释放时间应该在气候适宜且叶螨为害的始盛期为宜,此时有利于智利小植绥螨定居和繁衍,可有效控制叶螨种群数量。

(2)释放量要根据温室内或田间害螨种群密度,决定合适益害比例。释放后每隔 7～10 d 检查 1 次虫情,根据害螨种群情况必要时补放益螨 1 次。

(3)释放益螨的田块不宜施用化学杀虫剂、某些生物农药及杀菌剂农药,如三氯杀螨醇、氧化乐果、速灭杀丁、氯氰菊酯、溴氰菊酯、灭扫、Bt、甲基托布津和多菌灵等以防杀伤天敌。

(4)释放 3～4 周后叶螨数显著下降,以后可维持在 1 头/叶以下。

(5)尽量在害螨的发生早期释放益螨,可减少释放量。

☞ 263. 如何用胡瓜钝绥螨防治害虫?

胡瓜钝绥螨可在柑橘、棉花、香梨、啤酒花、桃、板栗、苹果、玉米、枣、茶叶、毛竹、玫瑰等植物上释放用于防治柑橘全爪螨、柑橘锈壁虱、柑橘始叶螨、二斑叶螨、截形叶螨、土耳其斯坦叶螨、山楂叶螨、苹果全爪螨、侧多食跗线螨、茶橙瘿螨、咖啡小爪螨、南京裂爪螨、竹裂螨、竹缺爪螨等害螨。胡瓜钝绥螨商品剂型是含有各螨态袋装或瓶装,每袋含 300～500 头。

防治柑橘害螨:6 月中旬后期即最后 1 次施药后 20 d 开始释放胡瓜钝绥螨,害螨虫口密度较小的果树,每株 1 袋(约 300 头),对树体高大、分枝多、叶幕厚、害螨基数较高的树,或长期使用铜制剂农药的树,每株释放应增至 2～3 袋即 600～1 000 头。释放时,在晴天或阴天傍晚树体凉干后,将包装盒夹靠在柑橘树主干中上部分权处,防太阳直射,用细铁丝或塑料带绑扎加固,并用剪刀于线下 1/3 处由下往上剪开 2～3 cm 缺口,侧面出口向外向下倾斜,避免包装盒因风吹振动掉落和遭到雨水侵蚀。释放后 2～3 d 应巡回检查袋子是否掉地上,释放胡瓜钝绥螨后禁止喷施化学农药、微肥。

防治大棚甜椒烟粉虱:释放前需对大棚做好清园工作,即用药剂对大棚侧面墙、薄膜、土壤进行全面处理,杀死大棚内害虫、害螨,全面降低棚内害虫、害螨虫口基数。移苗前需对将要进棚蔬菜苗进行全面农药处理以降低菜苗中害虫、害螨基数。在甜椒整个生长季节(270 d)中释放胡瓜钝绥螨 2～3 次,苗期每株释放 5～10头(每棚释放 1.1 万～2.2 万头),结果期每株释放 20～30 头(每棚平均释放 4.4 万～6.6 万头)。

☞ 264. 如何使用丽蚜小蜂防治白粉虱?

丽蚜小蜂属昆虫纲膜翅目蚜小蜂科恩蚜小蜂属,专寄生于温室白粉虱和烟粉虱,主要寄生温室白粉虱的 3～4 龄若虫,是防治温室白粉虱的高效天敌,也是广泛商业化用于控制温室粉虱的寄生蜂。丽蚜小蜂雌成虫体型微小,长约 0.6 mm,头、胸黑色,腹黄色。雄成虫一般看不到,体黑色。除成虫外,其他虫态均在寄主体内发育。生产上使用的丽蚜小蜂产品是被寄生的粉虱蛹,粘在卡纸上,即蛹卡,有的商品包装是每盒装 50 卡,每卡有 50 蛹,可羽化出 2 500 头以上成蜂。使用时在温室作物定植 1 周后或粉虱发生初期虫量达到 0.5～1 头/株时,开始释放丽蚜小蜂。放蜂时撕开悬挂钩后将蛹卡挂在作物下部(距顶部 75 cm),分 5～7 次释放,隔 7～10 d 释放 1 次,每次释放 2 000～3 000 头/667 m^2,保持丽蚜小蜂与粉虱比为 3:1,当丽蚜小蜂和粉虱达到相对稳定平衡后即可停止放蜂。丽蚜小蜂羽化后钻出被寄生粉虱蛹后可自动寻找新粉虱若虫产卵。

☞ 265. 使用丽蚜小蜂防治白粉虱要注意哪些事项?

使用时要注意:

(1)蛹卡要避免阳光直射,不要接触挤压蛹,以免造成损害。

(2)丽蚜小蜂比较小,飞行能力有限,释放时应注意将蜂卡均匀挂在田间。

(3)释放时温室温度白天应控制在 20～35℃,夜间在 15℃以上,还要防止高湿或水滴润湿蜂卡,使丽蚜小蜂窒息或霉变,不能羽化。温度低于 18℃时羽化速度会变慢,种群建立受到影响。

(4)使用蛹卡约 2 周后,可在作物上找到第一批被寄生粉虱蛹,被寄生蛹呈黄色或黑色。成虫羽化时,通过粉虱蛹上一个圆形洞口爬出。

(5)贮存条件:收到蛹卡要短时间贮存,可存放在 10～15℃温度下,避光保存。黑蛹贮藏尽量不要超过 20 d,否则成虫产卵量和寿命将大幅度较低。

(6)粉虱若虫为害严重时可与捕食性天敌配合使用。

(7)不得与化学农药混用,与生物农药的配合需按相关指导进行。

☞ 266. 如何识别蚜茧蜂？

蚜茧蜂属膜翅目姬蜂总科蚜茧蜂科的通称。雌成虫体长常为1～2.4 mm，少数种类可达 3～3.5 mm，体呈黄褐色至深褐色。雄性体略小，触角节数比雌性多，腹部呈椭圆形。卵产于蚜虫体内，微小，呈柠檬形或纺锤形，乳白色。幼虫乳白色，蛆形，有 4 个龄期。蛹是离蛹，呈黄褐色或褐色；在蚜虫体内结圆形薄丝茧化蛹，但外蚜茧蜂属却在被寄生蚜虫体外下方结茧化蛹。

☞ 267. 如何用蚜茧蜂防治蚜虫？

蚜茧蜂种类都是蚜虫的体内寄生蜂，是一类重要天敌昆虫，应用于防治某些重要蚜虫。我国蚜茧蜂资源非常丰富，主要种类有燕麦蚜茧蜂、烟蚜茧蜂、麦蚜茧蜂、高粱蚜茧蜂、甘蔗棉蚜茧蜂、桃瘤蚜茧蜂、少脉蚜茧蜂、燕蚜茧蜂、菜蚜茧蜂等。蚜茧蜂剂型通常是成虫或僵蚜。

放蜂时参考说明书，一般在作物生长早期或蚜虫发生初期释放，释放密度为 2～3 头/m²，2 周释放 1 次。

☞ 268. 释放蚜茧蜂有哪些注意事项？

(1)放蜂前后不要喷施药剂。

(2)贮藏时要在阴凉处，避免阳光直射。

(3)蚜虫密度大时可与某些瓢虫同时释放。

(4)释放时，田间或大棚内不能挂黄色诱板。

(5)注意蚂蚁种群数量及其对蚜虫的保护，蚂蚁多时可影响寄生率。

(6)购买天敌后要尽快释放,若购买僵蚜剂型,可在 5～10℃ 下贮藏 5 d,若成虫剂型,应立即释放。

☞ 269. 白蛾周氏啮小蜂是一种什么样的寄生蜂?

白蛾周氏啮小蜂属膜翅目小蜂总科姬小蜂科,是一种蛹寄生蜂。该寄生蜂寄生率高、繁殖力强。寄生鳞翅目害虫蛹内,并在蛹内发育成长,吸尽寄生蛹中营养使蛹不能羽化,从而达到防治害虫目的。

白蛾周氏啮小蜂寄生范围广,可自然寄生多种鳞翅目食叶害虫,如榆毒蛾、柳毒蛾、杨扇舟蛾、杨小舟蛾、大袋蛾、国槐尺蠖,目前,在我国主要是利用周氏啮小蜂防治美国白蛾。

白蛾周氏啮小蜂 1 年发生 7 代,以老熟幼虫群集寄生于寄主蛹内越冬,除成虫期外,其他生长发育阶段,如卵、幼虫、蛹及产卵前期均在寄主蛹内度过。成蜂在寄主蛹中羽化,交配后咬一羽化孔爬出,其余成蜂均从该孔羽化而出。刚羽化成蜂当天即可产卵寄生害虫。寄生时,雌蜂爬到寄主体上,伸出产卵器,试探着刺入寄主蛹中,然后产卵,一次可产卵 200～300 粒。3～4 d 后,卵孵化成蛆状幼虫,取食害虫蛹内组织和器官,最后杀死害虫,老熟幼虫在害虫蛹内化蛹,20 d 后成虫咬破蛹壳,爬出后飞向四面八方,寻找其他寄主蛹产卵寄生。

☞ 270. 如何使用白蛾周氏啮小蜂防治美国白蛾?

释放原则:最佳放蜂期为美国白蛾老熟幼虫期和化蛹初期。防治区内总放蜂量根据害虫数量和放蜂方式决定。接种释放时蜂虫比 1∶1 为宜,淹没释放时蜂虫比 3∶1 为宜。重点防治区应进行淹没式放蜂防治,再连续进行接种式放蜂防治。预防区应采取连续接种式放蜂防治。

释放方法:把即将羽化出蜂的柞蚕茧用皮筋套挂或直接挂在树枝上,或用大头针钉在树干上,让白蛾周氏啮小蜂自然羽化飞出。为防止其他动物侵害,可用树叶覆盖。用试管、指形管或其他器皿繁殖的,在即将出蜂时,可直接将其放在树干基部,揭开堵塞物,让白蛾周氏啮小蜂飞出。放完后收回器具。

放蜂量:预防性放蜂,通常每 667 m² 放蜂 2 万头,即 4 个蜂茧。防治性放蜂,按树上网幕来确定释放量,1 个美国白蛾网幕放蜂 0.5 万头,即 1 个蜂茧。1 棵树上有 2 个网幕可悬挂 1 个蜂茧;有 2 个以上网幕可悬挂 2 个蜂茧。零星发生时每 667 m² 可平均悬挂蜂茧 12 个。

☞ *271.* 释放周氏啮小蜂的注意事项有哪些?

(1)掌握最佳放蜂时期:最好在美国白蛾老熟幼虫期到化蛹初期放蜂。由于美国白蛾世代极不整齐,化蛹持续时间长,因此美国白蛾 1 个世代最好放蜂 2 次以上,每次放蜂间隔 7~10 d,或释放发育期不同蜂蛹。

(2)选定合理区域放蜂:放蜂区要求树木集中连片(城镇驻地除外),区域内要连续 2~3 年放蜂,中间不得随意变换,不得喷洒任何化学药剂。

(3)准确把握放蜂时机:需安排专人做好放蜂区内美国白蛾虫情调查,查清其虫口密度、有虫株率、网目数量等,以此确定放蜂数量。并定期观察美国白蛾幼虫发育进度,待有老熟幼虫(6 龄以后)开始下树化蛹时,迅速组织人员进行放蜂。各有关单位应严格按照次数和比例进行放蜂,确保达到要求的放蜂数量。

(4)放蜂规范安全:在准确把握放蜂时机和数量的同时,力求蜂茧悬挂规范、安全。方法一是将即将出蜂柞蚕茧放入用牛皮纸折成的漏斗中,用图钉钉于树干 1.5 m 处。纸条应稍长一些,尽量将蜂茧包严。方法二是有条件的可将蜂茧放入打上小孔的塑料瓶内(如矿泉水瓶),然后将塑料瓶水平固定在带有网幕的树干 1.5 m 处,可有效地防止鸟类啄食。

(5)注意小蜂羽化率要高:蜂茧悬挂时,小蜂羽化率要达到 70% 以上,最好悬挂后 1~3 d 内出蜂完毕。野外悬挂时间越长,受天气影响和蚂蚁、鸟类等破坏造成损失越重。

(6)注意气候条件:释放小蜂受温度、风力、降雨等气象因素影响,因此放蜂时,应选择早晚凉爽、风小无雨天气,尽量缩短林间出蜂时间。放蜂应在晴天 10~16 时,此时光线充足,湿度小,利于雌蜂飞行寻找寄主。禁止雨天放蜂。放蜂时将蜂茧上部盖好,同时在挂茧树干 1 m 处涂抹一圈黏虫胶,尽量选择瓶内放蜂,以防蚂蚁、鸟类等上树咬食蜂茧。

(7)放蜂区域内严禁喷洒化学药剂:若因放蜂数量不够,害虫虫口密度仍然较高时,可适当加大放蜂量,还可采取一些物理措施降低虫口密度,如树干捆草把诱杀蛹或成虫、剪除网幕等措施。

(8)短期贮藏:若遇特殊情况不能及时放蜂时,应将小蜂在 23℃ 室内存放,待条件允许后尽快释放。

(9)禁止将蜂茧直接放于地面,以防蚂蚁等天敌取食。

三、生物源杀菌剂

☞ *272.* **什么是微生物杀菌剂？主要有哪些种类？**

利用微生物活体其代谢产物制成的杀菌剂,即活体微生物杀菌剂和农用抗生素。主要微生物种类有细菌、真菌、病毒、线虫等。活体微生物杀菌剂是利用有害生物的病原微生物活体作为杀菌剂,以工业方法大量繁殖其活体并加工成制剂来应用,如真菌杀菌剂、细菌杀菌剂和噬菌体等。农用抗生素是由抗生菌发酵产生的具有杀菌功能的次生代谢产物,它们都是有明确分子结构的化学物质,现在已经发展成为生物源农药的重要大类。如井冈霉素、春雷霉素、灭瘟素、农用链霉素、浏阳霉素等。

☞ *273.* **什么叫做抗生素类杀菌剂？它属于生物杀菌剂吗？**

在微生物中,特别是在放线菌中能够产生一类抑制或杀死其他有害生物的物质,被称之为抗生素,对农业有害生物具有生物活性的称为农用抗生素。在这类药剂中,凡是能对植物病原微生物具有预防或治疗作用的农用抗生素称为抗生素类杀菌剂。因为这类药剂其有效成分来自于微生物体内的代谢产物,故而也属于生物性杀菌剂,此类杀菌剂具有低毒、无残留、无公害等特点,适用于各级绿色食品的无公害生产。

☞ **274. 灭菌宁属于哪种类别的生物杀菌剂？有什么特点？**

灭菌宁，又叫绿色木霉菌，是从烟草根际和叶际微生物中筛选出的高效绿色木霉菌株，是采用先进发酵、浓缩工艺制成的杀菌剂。灭菌宁属于真菌性杀菌剂，其有效成分就是绿色木霉菌，适宜生长条件一般为 pH 4～8.5，温度 20～45℃，相对湿度 60%～100%。市场中常见的剂型有两种，有效活菌数>10^9 个/g 浓缩孢子粉和有效活菌数>10^7 个/g 颗粒剂。

灭菌宁能够通过颉颃、竞争等防病机理抑制或杀死植物致病菌。同时，灭菌宁还具有促进植物生长的作用，能够提高植株的抗病、抗旱、抗寒能力，还可以提高植株对肥料的利用率，有利于植株对营养物质的吸收和利用，改良土壤环境，对长期大量使用化肥而破坏的土壤结构有明显的改善作用。

灭菌宁本身安全、无毒、无残留，不会污染环境，对人、畜及环境高度安全，属于无公害农药，可用于绿色食品生产。

☞ **275. 灭菌宁能防治哪些植物病害？具体使用方法有哪些？**

灭菌宁防病谱极广，可用于防治疫霉菌、腐霉菌、镰刀菌、丝核菌、链格孢菌、毛盘孢菌等引起的多种真菌病害，如防治烟草猝倒病、立枯病、黑胫病、赤星病、炭疽病等病害。使用颗粒剂时，可以在作物假植期按每 667 m^2 1.5 kg 与营养土混匀装袋，或于移栽期按每 667 m^2 1.5～3.0 kg 与肥料混施，也可以在烟草团棵期到旺长期按每 667 m^2 1.5～3.0 kg 撒施于烟墩和下部叶片。使用浓缩孢子粉时，可以在烟草旺长期每 667 m^2 用 5 g，将孢子粉加水10 000 倍均匀喷雾以防治烟草赤星病等病害。

(1)处理土壤。将灭菌宁和育苗基质以 1：500 的比例充分混合后直接播种或扦插,若直接处理苗床,可以按照 1∶10 的比例与育苗基质充分混匀后,撒入苗床,每千克处理苗床 10～15 m²。

(2)拌种或浸种。将灭菌宁稀释 100 倍,浸种 2 h 后播种,或者播种前每千克种子用 10 g 菌粉拌种后直播。

(3)根部处理。烟草移栽前,用灭菌宁 500 倍药液浸根 30 min,然后定植;等到移栽后,用 500 倍液灌根处理。

(4)喷雾。用灭菌宁 600～800 倍液进行喷雾,发病前或初期使用效果最佳。

(5)制作生物肥。将 1 kg 灭菌宁加入 1 000 kg 有机肥中,做成生物肥料使用效果较好,每 667 m² 可施用 1 kg。

使用灭菌宁时不能与其他化学杀菌剂混用,如甲基托布津、多菌灵、代森锰锌等,生产中避免高温施药,不用时需置于阴凉干燥处保存。

☞ *276.* **特力克的主要成分是什么? 常见剂型有哪些?**

特力克,中文通用名称木霉菌,又称灭菌灵。外观为黄褐色粉末,属于纯生物活体制剂。它是通过人工培养方法将半知菌亚门丛梗孢目丛梗孢科木霉菌属真菌的孢子粉浓集制成。市场中常见的剂型一般为 2 亿活孢子/g 可湿性粉剂。

☞ *277.* **特力克是如何防治病害的? 它能防治哪些病害?**

特力克的作用机制几乎具备抗生菌所有机制,如杀菌作用、重寄生作用、溶菌作用、毒性蛋白及竞争作用等。由于复杂的杀菌机制,有害病菌一般难以形成抗性。因此,特力克对多数常见病原菌均具有颉颃作用,可防治黄瓜、番茄、辣椒等作物的霜霉病、灰霉病、叶霉病、根腐病、猝倒病、立枯病、白绢病、疫病等,也可以防治葡萄灰霉病、油菜菌核病、小麦纹枯病和根腐病等。

由于特力克对大鼠急性经口 LD_{50}（致死中剂量）$>5\,000$ mg/kg，因此属于低毒杀菌剂，对人、畜、天敌昆虫非常安全，无残留，不污染环境，因而特别适合应用于绿色食品生产。

☞ *278*. 特力克在实际生产中应该如何使用？

特力克的常规剂型为可湿性粉剂，生产中可采用以下方法施药：

（1）拌种：可用于防治立枯病、猝倒病、白绢病、根腐病、疫病等。通过拌种，将药剂带入土壤，在种子周围形成保护屏障，预防病害发生。常用药量一般是种子重量的 5%～10%。为了增加药剂在种子上的附着，可先将种子喷少量水再搅拌均匀，使每粒种子均湿润，然后倒入药粉，再均匀搅拌，使种子外都着上药粉，然后播种。如是催芽的种子，因本身湿度大，附着药粉性能更好。

（2）灌根：防治根腐病、白绢病等根部病害时，可采用灌根法控制病害发展。一般是用特力克可湿性粉剂稀释 1 500～2 000 倍液，每棵病株一般灌注药液 250 mL。施药时为增加药剂作用效果，使药液充分接触病株根部，同时减少土壤胶体颗粒对药剂的吸附，可先在病株根际旁挖坑，然后灌药，当药液渗下后及时覆土，可防止阳光直射，以免降低菌体的活力。

（3）喷雾：防治发生在作物叶片、茎以及花果上的病害，如霜霉病、灰霉病、叶霉病、纹枯病等，可采用特力克可湿性粉剂 600～800 倍液，于发病初期喷雾。根据病情及药效，每隔 7～10 d 喷 1 次，连喷 2～3 次可有效控制病害发展。

☞ 279. 使用特力克时应该注意哪些问题才能避免药效下降有效控制病害?

特力克属于真菌性杀菌剂,可适应较宽广的自然环境,一般在pH 4～9.5,温度 10～45℃,相对湿度 60%～100%条件下,均可生长,高湿条件下防效更佳。使用时还应注意下列问题:

(1)本药剂不能与酸性、碱性农药混用,也不能与杀菌农药混用,否则会降低菌体活力,影响药效正常发挥。

(2)应在发病初期施药,同时喷药时应均匀、周到。

(3)喷药后 8 h 内如遇降雨冲刷,应在雨后晴天补喷,遇少量降水不会影响药剂药效发挥,反而会促进药效发挥。

(4)药剂应在保质期内使用,保存时应放置在阴凉、干燥处,避免受潮和光线照射。超过保质期或药剂变性后不可再用。

☞ 280. 灭菌宁的有效成分是什么? 可防治哪些烟草病害?

灭菌宁是由云南烟草科学研究院农业研究所研制开发的一种微生物杀菌剂,是从烟草根际和叶际微生物中筛选出的高效绿色木霉菌株,采用先进发酵、浓缩工艺制成的纯生物杀菌剂。该药剂具有颉颃、竞争、促进生长等防病机理,对疫霉菌、腐霉菌、镰刀菌及丝核菌等土壤真菌以及链格孢菌、毛盘孢菌等一些地上部病原菌具有极其显著的效果,能抑制病原孢子的萌发及其菌丝的生长。本品属于无公害农药,安全、无毒、无残留,不污染环境,对人、畜及环境高度安全。灭菌宁经大面积推广应用表明,本药剂对烟草赤星病、黑胫病、猝倒病等病害有较好的防治效果。灭菌宁有两种剂型的产品,有效活菌数 $>10^9$ 个/g 的高孢粉及有效活菌数 $>10^7$ 个/g 颗粒剂。

灭菌宁抑菌谱广,可用于疫霉菌、腐霉菌、镰刀菌及丝核菌、链格孢菌、毛盘孢菌等引起的多种真菌病害,同时促进植物的生长,提高植株的抗病、抗旱、抗寒能力,还可提高肥料的利用率,有利于植株对营养物质的吸收与利用,改良土壤环境,对长期大量施用化肥而被破坏的土壤结构有明显的改善作用。田间可利用该药剂防治烟草猝倒病、立枯病、黑胫病、赤星病、炭疽病等病害。颗粒剂于假植期按每 $667 m^2$ 1.5 kg 与营养土混匀装袋,或于移栽期按每 $667 m^2$ 1.5～3.0 kg 与肥料混施田间,也可于烟株团棵期至旺长期按每 $667 m^2$ 1.5～3.0 kg 撒施烟墩和下部叶片。高孢粉则在烟株旺长期按 5 g/$667 m^2$ 用量,将高孢粉加水 10 000 倍均匀喷雾防治赤星病等烟草病害。本产品有效期 12 个月,存放时注意防潮。使用勿与其他化学杀真菌剂如甲基托布津、多菌灵、甲霜灵锰锌等混用,避免高温施用。

☞ *281.* 重茬敌属于哪种类别的杀菌剂? 应该怎样使用?

该药剂由沈阳市绿源生物技术研究所研究开发,属于生物活性真菌。商品外观为黑色粉剂,pH 6～6.5 下稳定,pH 9 以上不稳定,易分解。小鼠急性经口 LD_{50} 为 4 130 mg/kg,属低毒农药,对土壤无有害物质残留,对人、畜安全,不污染环境。在富含有机质的土壤中持效期较长。对施药对象有良好的附着性。

重茬敌对土传有害菌具有颉颃作用,特别是在温室大棚条件下效果显著。可防治多种真菌性病害,如茄子黄萎病、西瓜和甜瓜枯萎病、番茄早疫病、晚疫病、蔬菜苗期立枯病及其他蔬菜的炭疽病、锈病、白粉病、褐斑病、黄瓜霜霉病等,在重茬作物栽培中病害防治率可达 80% 以上。除可控制病原菌外,本剂还兼有活化土壤、改良土壤、培肥土壤、防止土壤盐渍化作用以及补充微量元素、提高肥料利用率的作用,菌体产生的次生代谢产物能刺激作物各部分生长,使植株健壮、叶片浓绿肥厚,一般可增产 15%～20%。

生产中使用该药剂时,每公顷用量为 8～10 kg,按 1∶10 的比例与细土混匀后,在做畦时撒在土深 15 cm 处,即可定植或播种。此外,也可采用穴施、条施、冲施等施药方法。如果是重茬年份超过 3 年以上,应在各个农事栽培管理环节上施用,效果更稳定。使用时,不宜与化学杀菌剂混用。注意在保质期内使用,剩余药剂应贮存在阴凉避风、避光处。

☞ 282. 草病灵主要用于什么范围?有哪些系列产品?应该如何使用?

草坪是城市园林绿化的重要组成部分,在城市中起到调节生态、发挥景观效应的作用。草坪作为一个特殊的植物群体并不完全适用农业上应用的杀菌剂,使用后可能会产生环境污染等负面效应。针对我国园林植物专用杀菌剂尚属空白的现况,由中国农业大学草坪植保教研室等单位合作共同研发出新型生物草坪专用杀菌剂——草病灵,对目前国内草坪上发生的较为严重、对草坪生长和景观影响较大的几种病害,如褐斑病、夏季斑病、腐霉枯萎病、镰刀枯萎病和叶枯(根腐)病等,均有明显的防治效果。

草病灵作为草坪专用生物杀菌剂,目前主要有 4 种系列产品。

(1)草病灵 1 号:本品是一种新型生物型杀菌剂,具有很强的内吸作用,广泛适用于各种草坪草,主要防治由丝核菌引起的褐斑病。对人、畜安全,不污染环境。商品剂型为 20%可湿性粉剂。田间施药一般采用喷雾法,在病害发生初期用 20%可湿性粉剂稀释 1 000～1 500 倍药液后喷雾防治。在发病盛期可用 500～800 倍药液喷雾防治。对于病斑较重的局部地块也可使用灌根或泼浇法。

(2)草病灵 2 号:本品是一种内吸生物杀菌剂,具有接触杀菌、内吸传导及优良的保护、治疗、铲除等多种活性,施药后药效维持时间长,能防治草坪草的褐斑病、夏季斑病、腐霉枯萎病、镰刀枯萎病和多种叶枯(根腐)病等。本品对人、畜和环境低毒,遇碱易分解,生成中不宜与碱性农药混用。现有剂型为64％可湿性粉剂。田间可在发病初期采用拌种、喷雾等方法施药防治,针对病斑较重的局部地块也可采用灌根或泼浇等方法。

(3)草病灵3号:本剂是一种新型高效土壤和种子处理生物杀菌剂,对土壤真菌,尤其是丝核菌、腐霉菌、镰刀菌等都具有很强的抑制作用。同时还具有促进植物根系生长、提高植物生理活性等功能。本品可用于各种草坪草,对主要草坪草病害:褐斑病、夏季斑病、腐霉枯萎病、镰刀枯萎病及其他病害如炭疽病、叶枯病等有很好的防治效果。本品对人、畜和环境低毒,对土壤无污染。现有商品剂型98％粉剂。生产中可利用拌种、灌根、喷雾或撒毒土等方法于病害发生初期进行施药防治。

(4)草病灵4号:本剂是一种新型广谱生物杀菌剂,能有效抑制多种病原真菌,如丝核菌、腐霉菌、镰刀菌等。适用于各种冷季型和暖季型草坪草,对草坪主要病害丝核菌、腐霉枯萎病、镰刀枯萎病和夏季斑病等具有良好的防治效果,同时也可兼治叶斑病。商品剂型为50％可湿性粉剂。生产中可利用拌种、喷雾和灌根等方法施药防治各种草坪病害。具体喷雾施药时,可于发病初期用50％可湿性粉剂1 000～1 500倍喷雾防治,在发病盛期可将施药浓度增加到500～800倍再喷雾防治。

☞ *283*. 绿泰宝的防治范围有哪些？应该怎样使用？

本药剂由河北绿泰生物工程有限责任公司开发,其外观为浅棕色液体,属于真菌微生物发酵而成的制剂,活性强,水溶性好,对人、畜和天敌动物安全,使用无残留、无公害,不污染环境。生产剂型为 0.05％水剂。绿泰宝对防治真菌引起的各种作物病害有良好效果,如黄瓜霜霉病、炭疽病、白粉病,番茄早、晚疫病、灰霉病、叶霉病,茄子褐纹病、绵疫病,辣椒炭疽病、疫病,豆角炭疽病、锈病、轮纹病,芹菜叶斑病、斑枯病、菌核病,白菜霜霉病、炭疽病,大葱紫斑病、锈病、霜霉病等,尤其对柑橘疮痂病、溃疡病有特效。除防病、抗病外,本药剂兼具抗逆、营养等多重功效,是一种药肥合一的新型生物制剂,可广泛使用于水果、蔬菜和各种粮食作物,能显著提高品质和耐储性,增产 15％以上。

使用时用 0.05％水剂稀释 600～800 倍喷施,每隔 7～10 d 喷施 1 次,视病情发展可连喷 2～3 次。可与其他酸性农药混合使用,有增效作用。施药时,最佳喷施时间为上午 10 时以前,下午 16 时以后。喷施 8 h 以内遇雨应补喷。配药之前,若瓶底有微量沉淀,应摇匀后使用。

☞ *284*·亚宝的主要成分是什么? 防治范围有哪些?

亚宝,又叫百抗、麦丰宁、纹曲宁等,主要成分是枯草芽孢杆菌,属于芽孢杆菌属的一种。单个细胞(0.7～0.8) μm×(2～3) μm,无荚膜,周生鞭毛,能运动,是革兰阳性菌,芽孢椭圆形或柱形,位于菌体中央或稍偏位置。菌落表面粗糙不透明,污白色或微黄色,在液体培养基中生长时,常形成皱褶,是需氧菌。商品制剂外观为紫红色、蓝色、金黄色等不同颜色,相对密度为 1.15～1.18,pH 为 5～8,悬浮率 75％左右。

亚宝属于低毒生物药剂,急性经口 LD_{50} ＞10 000 mg/kg,急性经皮 LD_{50} ＞4 640 mg/kg,对人、畜无毒,不污染环境,具有广谱抗菌活性和较强的抗逆能力。生产中,主要用于防治棉花黄萎病、辣椒枯萎病、烟草黑胫病、三七根腐病、水稻纹枯病、黄瓜白粉病、草莓灰霉病、水稻稻瘟病、水稻细菌性条斑病、水稻白叶枯病、水稻恶苗病等。

☞ *285*. 亚宝生产中要如何使用？应该注意哪些问题？

（1）防治棉花黄萎病：用 10 亿活芽孢/g 的可湿性粉剂按 1∶15 比例拌种或 125～1 500 g/hm² 喷雾。

（2）防治辣椒枯萎病：用 10 亿活芽孢/g 的可湿性粉剂 3 000～4 500 g 灌根。

（3）防治烟草黑胫病：用 10 亿活芽孢/g 的可湿性粉剂 1 500～2 000 g 喷雾。

（4）防治三七根腐病：用 10 亿活芽孢/g 的可湿性粉剂 2 000～3 000 g 喷雾。

（5）防治水稻纹枯病：用 10 亿活芽孢/g 的可湿性粉剂 1 000～1 500 g 喷雾。

（6）防治黄瓜白粉病：用 10 亿活芽孢/g 的可湿性粉剂 800～1 200 g 喷雾。

（7）防治草莓灰霉病：用 10 亿活芽孢/g 的可湿性粉剂 600～900 g 喷雾。

（8）防治水稻稻瘟病：用 10 亿活芽孢/g 的可湿性粉剂 90～180 g 喷雾。

具体使用时，注意不能与含铜物质、抗菌剂 402 或农用链霉素等杀菌剂混用，分装或使用前要充分摇匀。储存时，应该密封避光，在 15℃ 左右条件下最佳。

☞ *286*. 立信菌王有什么特点？生产中都有哪些使用方法？

立信菌王是专门应用在食用菌或药用菌生产中兼具药肥功用的微生物制剂，是一种无公害、无污染、无残留的复合微生物制剂，具有灭杂菌、抗病、增产等功能,其中含有 90 多种有益微生物和食用菌或药用菌所需的多种促长因子、活性酶、氨基酸等成分。该药剂的作用机理是通过制剂中的微生物抑制菌类生产中有害菌的生长,起到以菌治菌的目的。

本品为水状液剂,每包装瓶 250 mL。生产中本药剂具有如下特点。

(1)抗病强:本剂对食用菌或药用菌发菌过程中的绿霉、曲霉、毛霉等杂菌污染和菇体萎缩、水肿、发黄、硬开伞、畸形等子实体真菌病害均有很好的防治作用,对剧烈环境条件变化,如冻害、药害等有明显的缓冲作用。

(2)具有明显增产作用:本品使用后,可使菇形端正、色泽光滑、肉质厚实,菌柄、菌盖明显增大,产量可提高 20%～65%,能增强菌类耐贮耐运性,商品性好,货架期长。

(3)出菇率高:使用该药剂后,可加快菌种萌发,吃料速度快,能促进菌丝健壮生长,降低污染率,出菇率高达 95% 以上。

(4)促进提前出菇:药剂使用后,可提前 3～15 d 出菇。

本产品在使用时可以采用拌料、喷施、注射、浸泡、灌渗等多种施药方法,适用于平菇、香菇、双孢菇、鸡腿菇、草菇、金针菇、木耳、灵芝、猴头菇、滑菇、姬菇、真姬菇、茶薪菇、杏鲍菇、金福菇等各种食用菌或药用菌生产,其抗病、增产效果更明显。

☞ 287. 稻瘟散的有效成分是什么? 防治稻瘟病的作用机制是什么?

稻瘟散,又叫灭瘟素,主要是从灰色产色链霉菌的代谢产物中分离出来的抗生素,主要成品为苄基氨基苯磺酸盐,也可从生产杀稻瘟菌素的放线菌发酵液中提取。原药为白色针状晶体,易溶于水,不溶于一般有机溶剂。稻瘟散对人、哺乳动物和鱼类都有毒性,小鼠静脉注射 LD$_{50}$ 2.82 μg/mL。

稻瘟散主要用于防治水稻稻瘟病和极毛杆菌属菌引起的病害,能抑制酵母菌和霉菌的生长、能抑制稻瘟病菌孢子萌发、菌丝发育和孢子形成,其中对菌丝生长的抑制作用更为明显。高浓度能影响蛋白质的合成,对病菌表现为杀菌作用。此外还具有抗病毒活性。

稻瘟散剂型有 2% 乳油、粉剂以及可湿性粉剂等剂型,用 2% 乳油 500~1 000 倍可喷雾防治水稻叶瘟、穗颈瘟等。需注意当使用浓度超过 40 mg/L 时容易产生药害。喷雾使用时能够与敌百虫、苯硫磷等有机磷农药混用,但不宜与波尔多液等强碱性农药混用。

☞ 288. 健根宝的主要成分是什么？它对病原菌有怎样的作用效果？

健根宝是由沈阳农业大学植物保护学院与美国农业部生物防治研究所联合研制成的一种新型高效的无公害生物农药。它是由绿色木霉菌 TR-8 和细菌 BA-21 复合发酵后,经特殊剂型加工工艺而成,其有效成分为颉颃真菌和颉颃细菌本身。原药外观为棕色液体,略有沉淀,沸点 100℃。商品制剂外观为淡黄色或棕褐色粉末,有特殊腥味,pH 6.5~8.2,45℃以下贮存稳定。常见剂型为 10^8 菌落形成单位/g 可湿性粉剂。健根宝对大鼠急性经口 LD$_{50}$ > 1 000 mg/kg。属于低毒杀菌剂。

从作用机制看,健根宝是由具有生命活力的颉颃菌的本身构成的,而不是颉颃微生物的次级代谢产物,不属于抗生素类生物农药。施药后健根宝可在作物根表面及根际周围迅速大量增殖,且颉颃菌的分布可随根系的生长分布变化而变化,不断调节根际周围的微生态平衡,形成一道严密的保护屏障,并通过菌体增殖逐年累积。颉颃菌可以通过重寄生、营养或空间竞争、分泌抗生素、诱导作物抗病性等多重机制，抵御土传、种传病原菌对作物的侵染，控病效果显著。此外，健根宝中的颉颃菌还能够分泌促进作物生长的活性物质，具有增根、壮秧、提高品质的作用。

☞ *289*. 健根宝可防治哪些病害？怎样使用？

健根宝具有防菌谱广、药效持久、低毒、无污染、对作物安全等特点，是防治土传、种传病害，解决重茬问题和生产绿色蔬菜、瓜果的必备生物农药。可有效控制番茄、黄瓜、茄子、青椒、西瓜、香瓜、甜瓜等作物发生的真菌性病害，尤其对猝倒病、立枯病和枯萎病有特效。

(1)育苗时，每平方米用药 10 g 与 15～20 kg 细土混匀，1/3 撒于种子底部，2/3 覆于种子上面。

(2)分苗时，每 100 g 药剂对营养土 100～150 kg，混拌均匀分苗即可。

(3)定植时，每 100 g 药剂对细土 150～200 kg，混匀后每穴撒 100 g 药土。

(4)进入坐果期或现瓜期后，每 100 g 药剂对水 45 kg 灌根，每病株可灌注药液 250～300 mL，以后视病情发展可连续灌 2～3 次。

健根宝属于微生物活体药剂，对环境湿度要求较为严格，施药后，土壤应保持湿润，土壤干旱不利其药效发挥。此外，本药剂不可同其他化学杀菌剂混合使用，否则会导致菌体活力丧失。未用完的药剂应密封，于低温干燥处保存。

☞ *290*.阿密西达是怎样的杀菌剂？其杀菌机制是什么？

阿密西达是瑞士先正达公司在 20 世纪 70 年代，从生长在热带雨林的可食黏液蜜环菌中发现的一类天然抗菌物质，后经仿生合成制得。该药剂具备很高的杀菌活性，又具有对作物高度的安全性，同时保留了其天然母体对哺乳动物低毒和对环境安全无污染的优良特性。1996 年首先在德国登记，到 1999 年已在 48 个国家 50 余种作物的多种病害防治中注册使用。1999 年在我国登记注册，后在全国范围内推广使用。

阿密西达的商品名称为 Amistar，纯品外观为白色固体，熔点为 116℃。商品制剂为不透明黏稠状液体，密度为 1.096 g/mL，pH 为 7.64。本剂属于低毒杀菌剂，实验表明，大鼠急性经口致死中量 $LD_{50} > 5\,000$ mg/kg，大鼠急性经皮致死中量 $LD_{50} > 2\,000$ mg/kg，对兔眼有轻微刺激作用。在土壤中半衰期为 1～4 周，对人、畜和天敌安全，不污染环境。商品剂型为 25％悬浮剂（25％SC）。

本剂能防治卵菌、子囊菌、担子菌和半知菌 4 大类真菌引起的多种真菌病害，杀菌谱广，防效好。其杀菌机理是抑制病原菌细胞内粒线体的呼吸作用，通过破坏病原菌的能量合成而导致其死亡。阿密西达还具有传导性好，持效期长的特点，使用时施药次数少，可节省农药成本。此外，促进作物生长，提高产量，改善品质的作用也很显著。

☞ *291*.阿密西达防治粮谷类作物病害时应怎样使用？

（1）防治水稻病害，如稻瘟病、胡麻斑病、纹枯病、褐色菌核病等，可采用叶面喷雾，每公顷用有效成分 100～300 g（根据 25％悬浮剂折算，即需药剂 400～1 200 g）；或进行植株地上部喷雾，每公顷用有效成分 600 g(即需 25％悬浮剂 2 400 g);或对苗床喷雾,每公顷用有效成分 3 g(即需 25％悬浮剂 12 g),对水 600～900 L 稀释使用。

(2)防治小麦常见病害时,如小麦白粉病、叶枯病、条锈病、叶锈病、颖枯病、链孢霉叶枯病等,每公顷用有效成分 250 g(即需 25％悬浮剂 1 000 g),对水 600～900 L 稀释后喷雾。

(3)防治大麦常见病害时,如白粉病、叶锈病、云纹病、网斑病等,其用药量及施药方法同小麦。

☞ 292. 如何使用阿密西达防治常见蔬菜病害?

防治黄瓜白粉病、霜霉病、炭疽病、蔓枯病、叶枯病等病害时,可用 25％阿密西达悬浮剂配制成浓度为 100～200 mg/L 的药液地上部分喷雾。防治番茄斑枯病、白粉病、早疫病、炭疽病等病害时,用 25％阿密西达悬浮剂配制浓度 25～100 mg/L 的药液地上部分喷雾。对于其他蔬菜类病害可参照上述浓度配药喷洒。

☞ 293. 如何使用阿密西达防治常见果树病害?

(1)苹果:防治黑星病、斑点落叶病、白粉病、轮纹病、黑点病、煤污病时,用浓度为 100～200 mg/L 药液喷雾。个别品种可能会对该药剂敏感,应慎用。使用前应做小范围试验,对本剂敏感的苹果品种,不宜施用该药剂。

(2)葡萄:防治霜霉病、白粉病和白腐病时,用浓度为 125～250 mg/L 药液喷雾。

(3)香蕉:可防治叶斑病,每公顷用有效成分 100～150 g,折合 25％悬浮剂 400～600 g。

(4)核桃:可防治叶部病,每公顷用有效成分 100～200 g,折合 25%悬浮剂 400～800 g。

(5)桃:防治褐腐病、疮痂病,每公顷用有效成分 75～200 g。

(6)柑橘:防治疮痂病等,每公顷用浓度 100～200 mg/L 药液喷雾。

(7)梨:防治黑星病、黑斑病、轮纹病,每公顷用浓度为 100～200 mg/L 药液喷雾。

☞ *294.* 阿密西达对哪些草坪病害具有防除效果?应如何使用?

对于草坪中常见病害,如丝核菌综合征、炭疽病、腐霉病、粉红雪霉病、早熟禾褐斑病、狗牙根死斑病、红丝病、叶斑病、全蚀病等,均可用阿密西达予以防治。常规施药方法为喷雾,每公顷用有效成分 250～600 g,折合 25%悬浮剂 1 000～2 400 g,适量对水喷雾。

☞ *295.* 使用阿密西达应该注意哪些问题?

使用阿密西达时,应选择在病害发生初期施药,有利提高防效。喷药时,必须加足水量,使作物表面充分接触药剂,尤其是在作物生长后期,更要注意。此外,应选择优良的施药器械,使药液充分雾化、喷雾均匀、周到。如药剂出现少量沉淀,应摇匀后使用,一般不会影响到药效。阿密西达能与大多数杀虫剂、杀菌剂混用,可根据田间发生病虫害种类适当选择混用药剂。剩余的药剂应贮存在阴凉、干燥、通风处。

☞ *296.* 农抗 101 主要用于防治哪些病害？应该如何使用？

农抗 101，又叫放线菌酮、环己酰亚胺，是在灰色链霉菌的培养滤液中分离得到的代谢物质。纯品外观为白色片状结晶，能溶于水和甲醇、乙醇、丙酮、乙醚等有机溶剂，难溶或不溶于石油醚、四氯化碳等溶剂，对热、酸、紫外线稳定。

农抗 101 对酵母菌、霉菌和原虫等均有抑制作用，但对细菌没有显著的抑制作用。农业上主要用于防治樱桃叶斑病、樱花穿孔病、桃树菌核病、橡树立枯病、松树疱锈病、甘薯黑疤病、菊花黑星病、玫瑰霉病等病害。

防治樱桃叶斑病时，可用浓度为 0.5~2 mg/L 的菌液喷雾。对于柑橘、橙、柚等果树果实趋于正常成熟时，可喷洒 2~25 mg/L 的药液，经过 3~7 d 后，果柄的离层充分发育形成，能够使果实易于脱落，减轻果实采摘的劳动量。

☞ *297.* 公主岭霉素的主要成分是什么？防治范围有哪些？具体要如何使用？

公主岭霉素，又叫农抗 109、公主霉素，是由脱水放线酮、异放线酮、奈良美素-B、制霉菌素、苯甲酸、荧霉素 6 种成分混合而成的多组分抗生素，属于农用抗生素类药剂，可以用固体发酵法和工业液体发酵法生产。纯品为白色无定形粉末，呈碱性，在酸性条件下对光、热稳定，在碱性条件下煮沸 10 min 活性会被破坏。

公主岭霉素是一种表面杀菌剂，处理作物种子时可以渗入种皮、种仁和种胚，能够有效抑制禾谷类黑穗病菌的厚垣孢子萌发，也能抑制已经萌发的厚垣孢子前菌丝的生长，浓度高时也能直接杀死厚垣孢子。公主岭霉素主要用于防治种子表面附带的小麦光腥黑穗病、网腥黑穗病,高粱散黑穗病、谷子粒黑穗病、糜子黑穗病、莜麦黑穗病等病菌,防治效果较好。对土壤中传播的高粱丝黑穗病、玉米丝黑穗病、谷子白发病、水稻恶苗病、水稻粒黑粉病、水稻稻曲病、蔬菜幼苗立枯病等病害也有较好的防治效果,防治成本相对比传统的化学杀菌剂还要低。

公主岭霉素生产中主要有 0.215% 可湿性粉剂,一般在作物播种前通过拌种、闷种、浸种等方法施用,使用时注意把握温度、湿度,避免强光和暴雨冲刷。

(1)拌种法:用公主岭霉素干粉以 1∶3 的比例与水混匀,浸泡24 h 后过滤,在滤液中加入干粉量 2~4 倍的滑石粉,混匀后直接拌种。

(2)闷种法:用公主岭霉素工业原粉以 1∶50 的比例与水混匀,浸泡 24 h 后过滤,取其滤液,再按照滤液与种子 1∶12 的比例拌种,保证每粒种子表面都湿润,然后将拌合好的种子装在麻袋中闷种 4 h 后,直接播种或待种子晾干后播种。

(3)浸种法:用公主岭霉素工业原粉用水稀释 200 倍,按照种子与药液 1∶3 的比例浸泡种子。

☞ *298.* 武夷菌素能防治哪些病害? 有什么样的杀菌机制?

武夷霉素属于广谱性抗生素类杀菌剂,其有效杀菌成分为不吸水链霉菌武夷变种的发酵代谢产物,该菌在 1979 年从福建省武夷山地区土壤中分离得到,经培养分离得到有效杀菌活性成分。武夷霉素对大鼠急性经口 $LD_{50} > 20\ 000$ mg/kg,属于低毒药剂,对人、畜、蜜蜂、天敌昆虫、鱼类、鸟类、植物等均安全,不污染环境。制剂外观为棕色液体,pH 5.0~7.0,生产中常用剂型为 1% 水剂。

武夷霉素杀菌谱广,对多种植物病原真菌和一些细菌有很强的抑菌和杀菌作用,如对叶霉属、灰霉属、霜霉属、疫霉属、镰刀属、炭疽属、白粉属、黑星属、单丝壳属、尾孢属等多种病原真菌引发的植物病害均有明显防治效果,尤其对白粉病、叶霉病等有显著效果,并可抑制部分细菌病害。研究表明该药剂的作用机制是抑制真菌菌丝体生长、孢子形成和萌发以及破坏细胞膜功能等,同时具有保护作用和治疗作用,但无传导作用。

本剂适用于防治各种蔬菜、果树、中药材、经济和粮食作物上的多种真菌和细菌病害,也可用于柑橘等水果保鲜,是适用于 A 级和 AA 级绿色食品生产的抗生素类杀菌剂。

☞ 299. 武夷霉素能防治哪些果蔬病害? 应该怎样使用?

(1)防治黄瓜白粉病、霜霉病、黑星病、细菌性角斑病等,可在发病初期,用1%水剂稀释150~200倍喷雾,根据病情每隔7 d 喷1次,连喷2~3次。该药剂对黄瓜白粉病药效显著,其防效可与化学杀菌剂粉锈宁相媲美,基本上可以解决生产 AA 级黄瓜生产中白粉病的防治问题。此外,用本剂防治黄瓜黑星病的防治效果也较为突出,曾有过"黑星灵"的美誉。

(2)防治番茄叶霉病、灰霉病、早疫病、晚疫病等,在发病初期用1%水剂稀释150~200倍喷雾,每隔4~5 d 喷1次,连喷2~3次直至控制病情发展。实验表明,1%武夷菌素对番茄叶霉病的防治效果明显高于代森锰锌、百菌清等化学杀菌剂的防治效果,可放心在番茄的 AA 级无公害生产中用于叶霉病等病害的防治。

(3)防治韭菜灰霉病时,要在发病初期,用1%水剂稀释100~150倍喷雾,间隔4~5 d 喷1次,连喷2~3次,可有效控制灰霉病。

(4)防治山楂白粉病、葡萄白粉病和霜霉病等,用1%水剂稀释100~150倍喷雾防治,病情较重时可每间隔4~5 d 喷1次,连喷 2～3 次,可有效控制病情发展。

(5)防治西瓜、甜瓜炭疽病、白粉病、霜霉病、细菌性角斑病、果腐病等病害时,用 1‰水剂稀释 100～150 倍喷雾,间隔 5～7 d 喷 1 次,根据病情可连续喷洒 2～3 次。

(6)防治柑橘流胶病,应在每年 4～7 月份病害发生时刮除患病部位,后涂抹 1‰水剂原药或稀释 5 倍液后涂抹,药力效果可几乎达到 100％。此外,还可利用 1‰水剂按 200～400 mg/L 浓度配制药液浸果 1～2 min,不但可以保鲜,而且对柑橘青霉病、绿霉病的控制效果也比较显著。

☞ *300.* 利用武夷霉素防治粮食经济作物病害和花卉病害应该怎样使用?

采用 1‰水剂稀释 100～150 倍液喷雾,可有效控制甜菜褐斑病、芦笋茎枯病,凤仙花、翠菊、丁香、月季白粉病,水稻立枯病、纹枯病、白叶枯病,小麦白粉病、赤霉病,大豆灰斑病、细菌性斑点病等病害。

☞ *301.* 生产中土霉素应该怎样使用? 要注意哪些问题?

土霉素,又叫盐酸地霉素、氧四环素,是一种细菌蛋白质合成抑制剂。商品制剂的外观为黄色粉末,pH 1.5～3.5,易溶于水,呈弱酸性,在碱性溶液中易分解失效,在中性和酸性溶液中稳定。土霉素生产中有 0.1％～8.5％粉剂、15％～20％可湿性粉剂等剂型,主要用于防治梨火疫病,对其他真菌微生物引起的病害也同样具有防治效果,防治黄瓜细菌性角斑病效果较好。

土霉素使用时能与抗生素农药、有机磷农药混用,但不能与碱性物质混用,可以用喷雾和注射法施药,使用浓度为 100～10 000 U。

土霉素对哺乳动物无毒,对非靶标生物和环境影响小,储存时注意遮光、防晒和密封干燥。

☞302. 中生菌素能防治哪些病害?应如何使用?

中生菌素,又叫克菌康,该制剂的有效成分由淡紫灰链霉菌海南变种产生的抗生素构成,属于农用抗生素类药剂。药剂纯品为白色粉末,易溶于水,微溶于乙醇。在酸性介质及低温条件下也稳定,使用安全,属于低毒药剂。中生菌素抗菌谱较广,对大田作物、果树、蔬菜等农作物常见细菌性病害及部分真菌性病害均具有很高的活性,是生产中优良的杀细菌剂,同时具有一定的增产作用。生产中常见剂型为3%可湿性粉剂。

(1)防治蔬菜细菌性病害:对白菜软腐病、茄科青枯病于发病初期用3%可湿性粉剂稀释1 000~1 200倍药液喷淋,每隔7 d施药1次,根据病情施药3~4次;对姜瘟病可用3%可湿性粉剂稀释300~500倍药液浸种2 h后播种,生长期间发病的于发病初期用800~1 000倍药液对病株灌根,每株灌注药液0.25 kg,每隔7 d灌根1次,灌3~4次即可控制病情;对黄瓜细菌性角斑病、菜豆细菌性疫病、西瓜细菌性果腐病等于发病初期用3%可湿性粉剂1 000~1 200倍药液地上喷雾,间隔7~10 d喷1次,根据病情可连续施药3~4次效果较好。

(2)防治水稻白叶枯病、恶苗病:用3%可湿性粉剂稀释600倍药液浸种5~7 d后播种,生长期间发病可于发病初期用1 000~1 200倍药液喷雾1~2次。

(3)防治果树病害:对苹果轮纹病、炭疽病、斑点落叶病、霉心病,葡萄炭疽病、黑痘病,西瓜枯萎病、炭疽病等病害可于发病初期用3%可湿性粉剂稀释1 000~1 200倍药液喷雾防治,根据病情每隔7 d施药1次,连续施药3~4次后可有效控制病情。由于药剂对苹果安全,也可在苹果花期时施药。

使用本药剂时,需注意不可与碱性农药混用,如施药后遇降雨应及时补喷。平时应将药剂贮存在阴凉、避光处。

☞ *303*. 丰灵主要用于什么范围?效果如何?要怎样使用?

丰灵,又叫增效菜丰宁,本品属于高效生物杀菌剂,专门用于防治十字花科各种蔬菜的软腐病、黑腐病和角斑病等细菌性病害。大白菜施用丰灵后,对软腐病防治效果在 79% 以上,黑腐病、角斑病防治效果在 60% 以上,尤其在生长初期喷雾、灌根效果更为明显,并对大白菜后期包心有很强的作用,增产增收 18% 以上。其他十字花科作物施用后,防病、增产效果基本同大白菜。商品剂型为可湿性粉剂。生产中可采用的施药方法有拌种、喷雾和灌根等,每 667 m^2 用量 1~3 袋(即用可湿性粉剂 50~150 g)。

☞ *304*. 农抗 120 可以防治哪些病害?它具有什么样的杀菌作用机制?

农抗 120,又叫做抗霉菌素 120、TF120 等,国内可生产的厂家众多,其有效成分为刺孢吸水链霉菌北京变种的发酵代谢产物——碱性核苷类化合物,属于广谱性农用抗菌素杀菌剂。农抗 120 的纯品为白色粉末,易溶于水,难溶于有机溶剂。商品制剂外观为褐色液体,无臭味,pH 3.0~4.0,在碱性介质中不稳定,易水解失效。常温下可贮存 2 年。本剂为低毒性抗生素杀菌剂,施药后在作物上无残留,不污染环境,对人、畜安全,适用于各级绿色食品生产中病害防治。生产中常用剂型有 2%、3% 和 4% 3 种水剂。

农抗 120 对多种病原真菌具有强烈地抑制作用和治疗作用,其作用机理是直接阻碍病原菌的蛋白质合成,从而导致病原菌死亡。农抗120杀菌谱较广,适用于粮油、经济作物、果树、蔬菜等农作物,对瓜类白粉病、小麦白粉病、花卉白粉病和小麦锈病有明显的防治效果;对瓜、果、蔬菜炭疽病,西瓜、蔬菜枯萎病,水稻和玉米纹枯病等多种真菌病害也有良好防效。此外,该药剂对柑橘疮痂病及果品贮藏保鲜有一定效果。实验表明,药剂使用后对作物还有明显的刺激生长作用。

☞ 305. 使用农抗120要注意哪些问题?应该如何使用?

农抗120在酸性和中性条件下性质比较稳定,因而可与多种中性和酸性农药混用,但在碱性介质中易分解失效,因此使用时切记不能与碱性农药混用。利用喷雾防治时,喷雾时间应选择在发病初期,每隔7~10 d喷1次,若病情严重应连喷2~3次。灌根时,也应选择在发病初期进行,在病株根旁挖穴灌药,每隔5 d灌1次,重病株可连灌2~3次。

☞ 306. 好普是种什么性质的杀菌剂?都有什么作用特点?具体是如何发挥防治病害作用的?

好普,又叫施特灵、氨基寡糖素、净土灵,是以蟹壳、虾壳为原料,采用现代生物工程技术加工而成的纯天然、绿色、低毒、高效的抗病毒杀菌剂。其主要成分是壳寡糖。原药外观为黄色或淡黄色粉末,pH 3.0~4.0。好普具有高效、低成本、无公害的特点,不仅对真菌、细菌、病毒具有极强的防治和铲除作用,还具有营养、调节、解毒、抗菌等功效,可以广泛应用于防治果树、蔬菜、地下根茎、烟草、中草药以及粮棉作物的真菌、细菌、病毒引起的炭疽病、霜霉病、疫病、蔓枯病、黄矮病、稻瘟病、青枯病、软腐病、斑点病、小叶病、花叶病等病害。除对病原微生物的生长产生抑制作用外,好普能影响真菌孢子萌发,诱发菌丝形态发生变异、孢子内生化环境发生改变等。好普通过激发植物体内相关基因,诱导植物产生具有抗病作用的几丁质酶、葡聚糖酶、植保素以及 PR 蛋白等物质,同时对植物细胞产生活化作用,促进受害植株的自我修复,健壮根苗,增强植物对不良环境条件的抵抗能力,从而促进植物生长发育。

☞ *307.* 好普在生产中要如何使用？需要注意哪些问题？

好普剂型主要有 0.5% 和 2% 水剂,适用于果树、蔬菜、烟草、中草药、粮棉以及地下根茎类作物。使用时应注意不能与强碱性农药混用,避免在强光下曝晒。

(1)使用好普防治烟草黑胫病、花叶病等病害时,从植株幼苗期起每间隔 10 d 喷施 1 000 倍液 1 次,和其他有关防病药剂混用效果更佳,连续喷施 2～3 次,可有效防治病害发生。

(2)使用好普防治枣树、苹果、梨等果树的枣疯病、花叶病、锈果病、炭疽病、锈病等病害时,在发病初期使用 1 000 倍液喷雾,每间隔 10～15 d 喷施 1 次,连续喷施 2～3 次,防治效果较好。

(3)使用好普防治瓜类、茄果类病毒病、灰霉病、炭疽病等病害时,从植株幼苗期起每间隔 10 d 左右喷施 1 000 倍液 1 次,连续喷施 2～3 次,可有效防治上述病害发生。

☞ *308.* 益植灵能防治哪些病害？使用方法有哪些？

本剂外观为棕色液体,其有效成分为农抗 120 抗菌素与多种微量元素、生长素等的复配物。在物理化学性质及作用机制等方面与农抗 120 都极为相似,也属于低毒性抗生素类杀菌剂,生产中常用剂型为水剂。益植灵具有较广的杀菌谱,且施药后耐雨水冲刷,并且还能防腐保鲜,可明显延长瓜果蔬菜等采摘后的贮藏时间,能促进作物生长,提高产量和品质,具有良好应用效果,是农抗120的换代产品。

该药剂可以防治粮食、经济、蔬菜、果树等多种作物病害,常规施药可采用喷雾法、浸种法和灌根法等。使用喷雾法时,应在田间开始出现发病中心时对地上部分进行施药,药剂浓度可设定在1 200～1 500倍,每隔7～10 d喷1次,视病情轻重最多可连续施药2～3次;采用浸种和灌根法施药时,可选用600倍液,浸种时间为1～2 h,灌根时要在病株旁挖穴灌注药液300～1 000 mL。益植灵具体可防治病害种类如下:稻瘟病、纹枯病、小麦锈病、白粉病、赤霉病等;烟草赤星病、白粉病、黑斑病等;棉花角斑病、黄萎病、烂铃、枯萎病等;花生、大豆锈病、叶斑病、根腐病等;瓜类作物白粉病、炭疽病、枯萎病等;十字花科蔬菜白斑病、黑斑病、霜霉病、炭疽病等;苹果、葡萄炭疽病、轮纹病、斑点落叶病、白粉病等。

☞ *309.* **农用链霉素属于生物杀菌剂吗?它有几种常用剂型?**

农用链霉素又称为农缘,国内多家农药厂家均可生产。农用链霉素在生产中常见两种常用剂型:72%可溶性粉剂和泡腾片剂。可溶性粉剂外观为白色粉末,无臭,味微苦,易溶于水,不溶于乙醇、氯仿和乙醚等有机溶剂,在环境中易吸湿,应在干燥处密闭贮存。对空气及阳光稳定,室温中可以保持2～3周不变质;泡腾片剂是直径为25 mm色泽均匀的圆形片剂,易吸潮,在水中迅速崩解,完全崩解需3～5 min,应贮存在低温、阴暗、干燥处。

农用链霉素为低毒性抗生素类杀菌剂,对大鼠急性经口 LD_{50} ≥4 640 mg/kg,大白鼠急性经皮 LD_{50} ≥2 150 mg/kg,对家兔眼睛、皮肤无刺激性,对人、畜低毒,对环境安全、无污染。

☞ *310*. 72%农用链霉素能防治哪些病害？其使用方法怎样？

72%农用链霉素可溶性粉剂对各种作物细菌性病害有特效，田间使用时可采用喷雾法，于作物定植后开始用药，每隔7～10 d喷1次，施药量和施药次数视病情轻重相应增减。施药浓度可根据防治病害种类确定。防治大白菜软腐病、叶枯病用5 000～7 000倍液进行叶面喷雾；防治水稻白叶枯病、细菌性角斑病可用5 000～7 000倍液叶面喷雾；防治柑橘溃疡病宜用6 000～9 000倍液叶面喷雾；防治马铃薯环腐病时用6 000～7 000倍液浸泡种薯2～5 min后播种。该药剂可与其他抗生素类农药混用，但要避免和碱性农药混合，否则易失效。

☞ *311*. 使用农用链霉素泡腾片剂能防治哪些病害？具体怎样使用？

泡腾片剂，是近年来新兴的省力化剂型，在水中融解扩散性能优良，能保证药剂药效的稳定发挥。农用链霉素泡腾片剂适用于防治各类作物细菌性病害，防治时主要以预防为主，在农作物定株后就应开始用药，发病初期要每间隔7～10 d喷1次，连续用药2～3次效果较好。用药量和施药次数要视病情轻重相应增减。防治时施药浓度要根据发生病害种类而定。防治黄瓜细菌性角斑病可叶面喷施3 000～4 500倍液；防治烟草野火病、角斑病可叶面喷施3 000～4 000倍液；防治大白菜软腐病可叶面喷施3 500～4 500倍液；防治水稻白叶枯病可叶面喷施3 500～4 000倍液；防治柑橘溃疡病可叶面喷施3 500～4 500倍液。配药时，要注意待药片全部崩解后方可喷雾，以免影响药效。该药剂可与其他抗生素类农药混用，但要避免和碱性农药或污水混合，否则易造成失效。

☞ *312*. 农用链霉素在烟草生产中能防治哪些病害？应该怎样使用？

烟草生产中,可利用农用链霉素针对烟草根、茎、叶的多种细菌性病害进行防治,尤其是对烟草野火病、角斑病和细菌性叶斑病效果显著。烟草青枯病是一种常见的烟草根茎病害,在苗期和大田期均可造成为害,防治时应在发病初期用 200 IU/mL 农用链霉素灌根,7 d 后再灌根 1 次。烟草野火病和角斑病在苗期和大田期均可发生危害,两者主要为害烟株叶片,防治时在发病初期用 200 IU/mL 的农用链霉素,每 667 m^2 用 100 kg 药液进行喷雾,每隔 6 d 施药 1 次,连续喷施 3～5 次。烟草空胫病为烟草茎髓病害,为害后造成烟茎中空、叶片凋萎,最后死亡,防治时在发病后喷施 5 万 IU/mL 200 倍液,每 667 m^2 喷施 70～100 kg 药液。

☞ *313*. 根复特是种什么性质的药剂？它的防治病害机理是什么？

根复特,又叫根腐 110,其主要成分是壳聚糖类物质,属于低毒生物杀菌剂,大白鼠致死中量 LD_{50} 为 75 mg/kg,对皮肤无刺激作用,对鱼类等水生生物毒性较低。根复特主要运用壳聚糖对病原微生物细胞的活化功能、免疫诱导功能、缓释螯合功能和吸附功能,通过抢占位点、竞争营养、分泌抗性物质等方式杀死病原微生物,对由镰刀菌、立枯丝核菌、疫霉菌等病原菌引起的植物根腐病、枯萎病、黄萎病、立枯病、猝倒病、黑胫病、疫病等防治效果显著,同时还有改善土壤微生态环境,促进植物生长发育的作用。

☞ **314．根复特都有什么作用特点，生产中要如何使用？**

根复特主要在番茄、棉花等植物的生产中使用，果树种植中用来防治根腐病，对各类作物根系能起到一定促进作用。具有如下特点：

（1）增产作用：经过多年试用，发现根复特对大田作物、果蔬、药材、花卉、食用菌等都有一定增产作用，粮油棉等大田作物可增产 10％以上，果蔬一般在 20％以上。

（2）能缓解一定的肥害和药害，使植物迅速恢复正常生长。

（3）促进植物根系发达：特别是在低温时对根系生长促进作用明显，同时能抑制线虫及土传病害，对老化根、烂根以及损伤根都有一定修复作用。

（4）促进植物生长：提高植物免疫力，保障植物营养分配平均，保花保果，预防死棵。

（5）具有节肥功效：可以固氮、解磷、解钾，从而提高对肥料利用率，最大限度地发挥肥效、节约生产成本。

生产中，根复特主要为水剂剂型，一般可以通过喷洒、拌种、灌根、蘸根等方式加以使用，一般在植物移栽期用 800 倍液，植株生长期用 500～600 倍液，喷施药剂 4 h 内如遇降雨，须另行补喷，否则会降低药剂效果。实际使用时，需要注意不能与碱性物质混用，会降低使用效果，可以与酸性农药混合使用，效果更佳。

☞ **315．春雷霉素的有效成分是什么？ 作用机制是什么？**

春雷霉素，又被称作春日霉素、加收米，其有效成分是小金色放线菌的代谢产物。药剂纯品为白色结晶，易溶于水，微溶于甲醇，不溶于乙醇、丙酮等有机溶剂。商品制剂外观为棕色粉末，具有良好的内吸性能,易被植物吸收,因而耐雨水冲刷。该药剂为低毒抗生素类杀菌剂,其原粉对小白鼠急性经口 LD$_{50}$≥8 000 mg/kg,大鼠急性经皮 LD$_{50}$>4 000 mg/kg,对鱼、虾和其他水生动物以及蜜蜂、家蚕低毒。本剂常用于防治稻瘟病,兼有预防和治疗作用。药剂本身对水稻非常安全,适用于 A 级和 AA 级水稻生产,可用本剂代替现行防治稻瘟病的其他化学农药。其杀菌机理是通过干扰菌体内氨基酸代谢的酯酶系统,从而影响菌体内蛋白质的合成,抑制菌丝伸长和造成细胞颗粒化,最终导致病原体死亡或受到抑制。持效期可达 15 d 左右。生产中常用剂型为 0.4％粉剂、2％水剂。

☞ 316. 利用春雷霉素防治稻瘟病时具体要怎样使用?

利用春雷霉素防治稻瘟病时,施药时期应选择在叶瘟发生初期,每 667 m^2 用 2％水剂 75～100 mL,对水 50～60 L 喷雾,施药 7～10 d 后再喷第 2 次药,在水稻长至孕穗末期和齐穗期时各喷药 1 次。防治穗颈瘟,在发病初期每 667 m^2 用 2％水剂 75～100 mL,对水 50～60 L 喷雾,病情较重时每 7～10 d 施药 1 次。田间施药时,可在配药时向药液稀释液中加入 0.1％～0.2％的中性肥皂液,能增加药液在植物体上的展着性,提高药效。如果病害发生严重,可缩短施药间隔时间或加大施药剂量,尽量在短期内控制病害扩展,减轻损失。

除了利用 2％春雷霉素水剂外,也可采用春雷霉素 0.4％粉剂防除稻瘟病。防治时期选择在发病初期,在早晨或傍晚稻株上有露水时施药,可增加药剂在植株体上的附着性。每 667 m^2 喷粉 1.5～2.0 kg,可根据病情发生情况适当选择施药剂量。相对而言,喷粉法比喷雾法省工省时,防效也比较突出,但施药期间应注意风力影响,避免因药粉漂移散失而导致的药效下降以及造成环境污染。

春雷霉素除了对稻瘟病有特效外,也可用于防治高粱炭疽病以及谷瘟病。防治时期和施药方法等,可参照上述防治稻瘟病所选用的施药量和施药方法进行防治。

使用春雷霉素期间,应注意该药剂不宜与碱性农药混用,施药5 h 内遇降雨,应于雨后补喷 1 次,其安全间隔期为 21 d,即应在收获前 21 d 停止用药。需注意长期单一使用春雷霉素防治稻瘟病,易使病原菌产生耐药性,造成危害加重,因而使用春雷霉素时应注意尽量与其他有效药剂交替使用或混用,确保防效。

☞ *317*. 井冈霉素是防治水稻纹枯病的特效药吗？它还能防治哪些病害?

井冈霉素,又被称作有效霉素,国内生产厂家众多,其有效成分是由自井冈山地区采到的吸水链霉菌井冈变种培养产生的水溶性抗生素(即葡萄糖苷类化合物)构成。该菌种培养后所产生的水溶性抗生素共有 6 个组分,药剂中主要添加的有效成分为其中的井冈霉素 A 和 B。药剂纯品为无色、无味、无吸湿性的粉末,易溶于水,不溶于丙酮、氯仿等有机溶剂。商品制剂外观为棕色透明液体或棕黄色粉末,保质期均为 2 年,固体药剂具有较强的吸湿性,保存时应注意保持干燥。井冈霉素为低毒性杀菌剂,对人、畜低毒,对环境安全,是生产绿色食品的优良杀菌剂。由于该药剂全国生产厂家众多,因而剂型较多,生产中常见有 2％可湿性粉剂、5％水剂等。

本剂为内吸作用很强的抗生素,能干扰和抑制菌体细胞的正常生长发育,并导致死亡。对水稻纹枯病菌有特效,浓度为50 mg/L 时防效可达 90％以上,且持效期可长达 20 d,对水稻安全,在水稻任何生育期使用,都不会产生药害。此外,该药剂还能防治稻曲病、小麦纹枯病,蔬菜、豆类、人参立枯病等真菌病害,效果也较好。

☞ *318.* 使用井冈霉素防治水稻纹枯病及其他病害时具体应如何使用?

(1)防治水稻纹枯病:防治时期应选择在水稻孕穗到始穗期,用5%水剂1 000倍液(即药液含有效成分50 mg/L),进行喷雾,根据病情每隔10~15 d施药1次,可连续施药2~3次。喷药时应着重喷施水稻植株的中、下部位。一般喷药4 h后遇降雨,对药效影响不大,可不必补喷。施药时应保持稻田水深3~4 cm。若使用2%粉剂防治纹枯病,最好选在晴天的早上露水未干时进行施药,药剂附着较好。

(2)防治稻曲病:防治时期一般多在孕穗末期再过10 d即可抽穗时喷药,每667 m² 用5%水剂100~150 mL,对水50~75 L后喷雾。视病程度,每间隔10 d施药1次,可连续施药2~3次效果较好。

(3)防治麦类纹枯病:生产中可采用拌种法,每100 kg麦种,用5%水剂600~800 mL,对少量水,用喷雾器均匀喷在麦种上,边喷边搅拌,混拌均匀后堆闷几小时后即可播种。此外,当田间出现发病植株,且病株率达到30%左右时,每667 m² 用5%水剂100~150 mL,对水60~75 L对植株茎部进行喷雾,病情严重地块可间隔15~20 d后再喷1次。

(4)防治棉花和瓜类立枯病:防治棉花立枯病时可在棉花播种后进行,用5%水剂500~1 000倍灌根,每平方米苗床用药液3 L。防治瓜类立枯病时,一般在瓜类播种后用5%水剂1 000~2 000倍浇灌苗床,每平方米苗床灌药液3~4 L。

☞ *319*．水合霉素的防治范围有哪些？应怎样使用？

　　水合霉素外观为黄色粉状物，其有效成分是由放线菌经发酵培养产生的抗生素类物质，属于农用抗生素类杀菌剂，在常温下性质稳定。水合霉素属于低毒杀菌剂，对人、畜安全，无残毒，且不污染环境。生产剂型常用88％可溶性粉剂。

　　该药剂对蔬菜、果类的各种真菌性、细菌性病害均有良好的防效。主要可用于防治番茄溃疡病、番茄青枯病、茄子褐纹病、豇豆枯萎病、大葱软腐病、大蒜紫斑病、白菜软腐病、白菜细菌性叶斑病、甘蓝类细菌性黑腐病等。防治时期宜选择在发病前或发病初期，用88％可溶性粉剂稀释1 000倍，对植株地上部分均匀喷雾，每间隔7～10 d喷1次。根据病情适当增减喷药次数，病情严重时最多可连续喷雾2～3次。使用时应注意该药剂不能与碱性农药或碱性水混合使用，可与其他中性或弱酸性抗生素农药及有机磷农药混用。贮存时须置于干燥、阴凉、通风处，避免高温日晒。本品易吸湿结块，贮存时要严防受潮。

☞ *320*．新植霉素能防治哪些细菌性病害？具体如何使用？

　　新植霉素是链霉素和土霉素的混剂，仍属于农用抗生素类药剂。商品制剂外观为黄色粉末，易溶于水，不溶于氯仿和乙醚等有机溶剂，在日光下颜色变暗、稳定，在碱性溶液中易分解失效。本药剂为低毒杀菌剂，对人、畜低毒，对环境安全。新植霉素对各种作物的多种细菌性病害均有特效，兼具治疗和保护双重作用。生产常用剂型为90％可溶性粉剂。

　　防治各种作物细菌性病害时，一般发病初期开始施药，每隔7～10 d施药1次，幼苗期应适当减少用药量。

(1)防治黄瓜细菌性角斑病:每 667 m^2 用 90%可溶性粉剂 12~14 g,对水 50 L,在发病初期喷雾,施药浓度及施药次数可根据病情程度适当增减。喷药时应将叶片正反两面均匀喷布药液。本剂不宜与碱性农药混用,但可与酸性农药混用。

(2)防治白菜软腐病、叶枯病:每 667 m^2 用 90%可溶性粉剂 12 g,对水 50 L,在包心结球期喷雾。

(3)防治辣椒疮痂病:每 667 m^2 用 90%可溶性粉剂药粉 12 g,对水 50 L,在发病初期喷雾防治。

(4)防治西瓜果腐病:用 90%可溶性粉剂配制成浓度为 200 mg/L 药液,在发病初期喷雾防治。

(5)防治水稻白叶枯病、细菌性褐斑病:每 667 m^2 用 90%可溶性粉剂药粉 12 g,对水 50 L,在发病初期喷雾防治。

(6)防治烟草野火病:用 90%可溶性粉剂稀释 2 000~4 000 倍药液,在发病初期喷雾防治。

☞ *321*. 宝丽安是生物杀菌剂吗？其作用机制是什么？

宝丽安,其化学名称为多氧嘧啶核苷类抗菌素,又被称为多氧清、多克菌、多氧霉素、多效霉素、保利霉素、科生霉素、兴农 660 等,是一种广谱性核苷类农用抗生素,由放线菌产生的代谢物质加工开发而成,其有效成分源于自然界微生物,属于低毒抗生素类生物杀菌剂。该药剂对人及高等动物非常安全,是环保型绿色农药。与多氧清有效成分相似的多抗霉素类生物农药在国内外农业生产中应用多年,效果稳定显著,从未产生过毒性及环境污染问题,是比较安全高效的农药之一,适合在 A 级、AA 级绿色食品生产中大量使用。

多氧清商品制剂外观为深棕色均相液体,具有发酵的清香气味,无霉变,个别商品制剂会出现少量沉淀物。药剂纯品为无色结晶,熔点 180℃,易溶于水,不溶于有机溶剂,对紫外线稳定,在碱性溶液中易分解,使用时不宜和碱性药剂混用。药剂原药大鼠急性经口 $LD_{50} > 20\,000$ mg/kg,急性经皮 $LD_{50} > 12\,000$ mg/kg,对高等动物皮肤及黏膜无刺激性反应,无致癌、致畸、致突变作用,且对鱼及蜜蜂等天敌低毒安全。生产中可用剂型为 1% 水剂、3% 水剂。

多氧清具有较好的内吸传导作用,其作用机制主要是干扰病原真菌细胞壁几丁质的生物合成,能使真菌的芽管及菌丝体局部膨大、破裂,细胞内含物泄出,导致菌体死亡。此外,本剂还能抑制病原菌孢子的产生和病斑的扩大。

☞ *322*. 宝丽安有什么特点?

(1)毒性低:多氧霉素类农用抗生素自 1964 年发现以来,已在日本等国作为理想的生物农药应用于农业生产达 30 多年之久,不存在对环境的任何污染问题,是各国生产各种绿色食品的专家推荐首选用药。作为多氧霉素类抗生素的商品制剂多氧清是一种对生态环境友好的无公害型生物农药,是生产 A 级及 AA 级绿色食品的首选杀菌剂。

(2)不易产生抗药性:多氧霉素虽然已经应用数十年,但迄今未发现病原菌产生大规模的抗性。这个优点也正是多氧霉素优于化学农药而长盛不衰的重要原因。

(3)对作物非常安全,不易产生药害:与传统的化学农药相比,多氧霉素对作物非常安全,即使过量用药也不易产生药害。例如防治草莓灰霉病、白粉病时,化学农药往往会大量产生畸形果,极大地降低草莓的品质与商品率,而多氧清就没有这样的问题;防治苹果斑点落叶病时,传统的保护性杀菌剂波尔多液虽然有一定效果,但常常在苹果的表面形成药斑,而多氧清作为苹果斑点落叶病的首选药剂使用多年也不会产生药害。

(4)高效性:多氧清具有高效性,田间有效作用剂量低,使用浓度仅为 50～200 μL/L。其作用机理独特,具有高度的抗真菌专一性、对环境友好,对人、畜安全。

(5)具广谱性:多氧清对鞭毛菌类、子囊菌类、半知菌类 25 种真菌均有较强的抑制作用。

(6)成本低廉:国内多个生产厂家均可生产多氧清,工艺成熟,生产成本低廉,因而其市场价格也比较低廉。

(7)能刺激作物生长,具有药肥双效功能:由于产品本身是微生物发酵的直接产物,含有多种氨基酸及微量元素,所以具有培根壮苗,刺激作物生长的独特功效,能有效提高产品品质,还能提高作物产量,增产幅度达 10％～20％以上,是一种药肥双效的优良产品。

☞ **323.宝丽安可防治什么病害?应该怎样使用?**

宝丽安杀菌谱广,适合防治果蔬、大田作物、经济作物、草坪、花卉等上的由几丁质为基质构成细胞壁的子囊菌亚门、担子菌亚门、半知菌亚门的多数真菌性病害,尤其是对链格孢属真菌、纹枯病菌、旋孢腔菌防效显著。具体施药方法如下:

(1)果树病害:防治苹果斑点落叶病、霉心病、轮斑病:在苹果春梢或秋梢前期或前中期用 3％多氧清水剂稀释 900～1 200 倍喷雾,病情严重时可每隔 7 d 施药 1 次,2～3 次效果较好。国内外生产实践证明,该类药剂为苹果斑点落叶类病害防治时的首选药剂。

防治梨黑斑病、轮斑病:在病害发病初期用 3％多氧清水剂对水稀释900～1 200倍喷雾施用。

防治葡萄黑痘病、灰霉病、白粉病、穗轴褐枯病:在病害发病初期用3‰多氧清水剂稀释600～900倍喷雾,病情严重时可每隔7 d再喷洒1～2次,直至病情得以控制,对穗轴褐枯病效果尤其显著。多氧清使用后不会影响到葡萄品质,具有保持葡萄酒风味的独特作用,特别适用于高品质酿酒用葡萄病害的防治。

防治西瓜枯萎病:当田间出现零星病株时用3‰多氧清水剂对水稀释600～900倍药液,对病株灌根使用,每隔7 d再灌根1～2次,直至病情得以完全控制,控病效果显著。

防治草莓灰霉病、白粉病:发病初期用3‰多氧清水剂稀释600～900倍喷雾,每隔7 d施药1次,2～3次后效果显著。本剂控病能力强,能提高草莓的品质和产量,对草莓非常安全,正常使用剂量不会产生畸形果及药害。

(2)大田、经济作物病害:防治烟草赤星病。当烟草底叶开始发病时用3‰多氧清水剂稀释600倍喷雾,每隔7 d用药1次,直至病情完全控制,效果显著可提高烟叶品质。

防治棉花苗期立枯病、黑斑病(轮纹叶斑病)。于发病初期用3‰多氧清水剂稀释600倍喷雾或对病株灌根,如病情较重可每隔7 d再施药1次。对棉花苗期多种病害均有卓著防效。

防治水稻纹枯病、小麦纹枯病、小麦白粉病。田间开始出现发病中心后用3‰多氧清水剂稀释900～1 200倍喷雾,若病情严重,可每隔7 d喷1次,2～3次后效果显著。对多种常见常发真菌性病害都有一定效果,尤其对抗井冈霉素的纹枯病有特效,是生产绿色无公害粮油作物的首选杀菌剂。

(3)蔬菜病害:防治番茄叶霉病、白粉病、早疫病、灰霉病。在发病初期用3‰多氧清水剂稀释600～900倍喷雾,如病情较重,每隔7 d施药1次,直至病情得以控制。对如叶霉病、灰霉病等难以用一般药剂防治的病害防效显著。

防治黄瓜灰霉病、白粉病,白菜黑斑病。在发病初期用3％多氧清水剂稀释600～1 200倍喷雾,如病情较重,可每隔7 d喷药1次。

防治洋葱、大葱、大蒜紫斑病。于发病初期用3％多氧清水剂稀释900～1 200倍液喷雾,每隔7～10 d施药1次,连用3～4次可有效控制病害发展。

☞ *324* . 使用宝丽安时要注意哪些问题?

宝丽安在碱性条件下不稳定,因此不得与碱性农药混合使用,以免降低药效。使用期间,如商品制剂出现少量沉淀为正常现象,摇匀后使用不影响防治效果。田间防治各种病害时,为防止产生抗药性,降低药剂使用寿命,应与各种类型杀菌剂(尤其是保护型杀菌剂)交替轮换或混合使用,对于同一季作物施药次数应控制在4次以下。

☞ *325* . 梧宁霉素是防治苹果腐烂病的特效药剂吗? 有哪些防治方法? 具体应如何使用?

梧宁霉素,又叫四霉素、11371抗生素等,其有效成分为不吸水链霉菌梧州亚种的发酵代谢产物,从化学结构看应属大环内酯类四烯类农用抗生素。商品制剂外观为棕色液体,性质比较稳定。药剂毒性低,无致癌、致畸、致突变作用,对人、畜和环境安全,属于低毒性抗生素杀菌剂。梧宁霉素对苹果腐烂病菌有较强杀灭作用,是防治该病的特效生物药剂,药剂对病疤也有明显促进愈伤作用,是苹果无公害生产中防治腐烂病的首选药剂。商品剂型为

0.15％水剂。具体防治方法有以下两种：

(1)涂抹病部：在发病部位用锋利的刀刃刮除腐烂部位，刮除时注意应直切，伤口应呈菱形，刮除的深度要达到健康组织部位约0.5 cm处，随后配制0.15％四霉素水剂5倍液(1份药对4份水，浓度为300 mg/L)，用刷子蘸取药液涂抹伤口及其周围约2 cm宽的树皮。每平方厘米伤口应涂抹药液1.0～1.5 mL，涂抹时要注意不要覆盖形成层，以利于愈合组织的形成。根据病情，对涂药病部要注意观察，未治愈的可连续涂药1～2次，直至病情得以控制。

(2)喷雾：在苹果树剪枝后，或在冬、春季苹果树长势较弱时，用0.15％四霉素水剂20～40倍液对树体进行喷雾，喷至苹果树枝干全部湿润，可以充分杀死枝干表面病菌。该措施可以减少苹果腐烂病的田间初侵染源，降低翌年苹果腐烂病的发生频率和蔓延速度。

使用该药剂要注意不宜与酸性农药混用，生产中应现用现配，配好的药液不宜贮存过久。此外，本剂对眼睛有轻度刺激作用，施药时要戴好防护眼镜，注意对眼睛的保护。

☞ *326.* **绿帝属于哪一类别的生物杀菌剂？生产中具体应该怎样使用？**

绿帝商品制剂外观为淡黄色液体，其有效成分模仿天然植物银杏提取液中杀菌活性物质的化学结构加工而成，属于植物性生物杀菌剂。本品对人、畜、天敌昆虫和环境安全，无致癌、致畸、致突变作用，为低毒性杀菌剂，因而适于生产各级绿色食品使用。绿帝具有很强的杀菌和抑菌作用，但无内吸作用。对番茄、草莓的灰霉病、白粉病等真菌病害，具有触杀、熏蒸作用；对蔬菜、果树、小麦等作物的主要病害也有较好的防效。在温室、大棚等保护地使用，防效更佳。生产中可用剂型有 10％乳油、20％可湿性粉剂等。

(1)防治番茄灰霉病:在发病初期,用 20％可湿性粉剂 600～1 000 倍对地上部分喷雾。该方法对番茄叶霉病、早疫病等其他病害也有一定作用。可有效解决番茄无公害生产中灰霉病的防治问题。

(2)防治草莓灰霉病、白粉病等:在发病初期,用 20％可湿性粉剂稀释 600～1 000 倍对地上部分喷雾防治。

(3)防治其他果蔬作物的灰霉病、叶霉病、早疫病、白粉病等病害:在发病初期,用 20％可湿性粉剂 600～1 000 倍喷雾,根据病情,可每隔 5～7 d 施药 1 次,最多可连喷 2～3 次。

(4)防治苹果树腐烂病:在发病部位用锋利的刀刃刮除腐烂部位,刮除时注意应直切,伤口应呈菱形,刮除的深度要达到健康组织部位约 0.5 cm 处,随即用 20％绿帝可湿性粉剂 40～60 倍涂抹伤口及其周围约 2 cm 宽的树皮。涂抹时要注意不要覆盖形成层,以利于愈合组织的形成。

使用本品时,注意本剂对黄瓜、花生、大豆有药害,严禁使用。

☞ 327. 黑星灵是防治黑星病的特效药剂吗? 如何使用防治效果最好?

黑星灵,又叫黑星 21,是一种海洋生物杀菌剂。商品制剂外观为无色透明液体,在常温下性质稳定。该药剂对人、畜、天敌安全,无残留,不污染环境,对大白鼠致死中量 LD_{50} >10 000 mg/kg,特别适合 AA 级绿色食品生产使用。该药剂主要用于梨树和苹果等果树生产中梨黑星病菌的防治,具有诱导植物产生抗性、抑制黑星病菌侵染、增加植株生物量和改善果实品质等作用特点,对黑星病菌分生孢子萌发抑制率可达到 90％左右,其防治效果甚至好于一般常用化学杀菌剂。

生产中,黑星灵主要剂型有 2％水剂,可以在果树黑星病发病前使用,预防病害发生的同时还能提高果树产量和品质,也可以在黑星病发病后与其他防治黑星病的酸性农药混合使用,防治效果更好。一般常用 400～600 倍喷雾施用,在植株发病前或发病初期,每天午后施药,每间隔 7 d 喷施 1 次,连续喷施 2～3 次,尤其对梨树黑星病的预防与治疗效果显著,还能有效提高梨树的产量和果实品质。需要注意的是,该药剂不能与碱性物质混用,容易分解失效,施药 4～6 h 内如遇降雨,应及时补喷,以免影响效果。

☞ 328．灰核宁是种什么样的杀菌剂？

灰核宁是一种新型高效、低毒、广谱的植物杀菌剂。对多种作物如油菜菌核病,人参、三七等的黑斑病、褐斑病、根腐病、白绢病,蔬菜瓜果的灰霉病,尤其是对烟草病害有特效,可主要用于防治烟草赤星病、白粉病等真菌病害。主要产品剂型为 40％的可湿性粉剂。该产品对人、畜低毒,不污染环境,无残留,适于多种作物在各级绿色食品生产中使用。本剂在生产中不能与铜制剂及强碱制剂混用,应贮存在阴凉、通风、干燥处。

☞ 329．银果作为植物源杀菌剂有哪些特点？ 能防治哪些植物病害？

银果是我国自行研制开发的植物源生物杀菌剂,该药剂是在证实银杏各器官均含有丰富的杀菌物质的基础上,又从银杏外皮中分离提纯的一种生物活性物质,其生物活性比银杏粗提物高 40 倍。商品制剂剂型有 10％银果乳油及 20％银果可湿性粉剂两种。

本品对人、畜低毒,不污染环境,无致癌、致畸和致突变的作用,适用于各级绿色食品生产。

银果对果树、蔬菜、烟草、中草药和大田作物等多种作物的主要病害防治效果突出。田间试验表明,本品对各种蔬菜、果树、草莓、小麦、玉米、水稻、棉花等作物的灰霉病、叶霉病、白粉病、腐烂病、轮纹病、干腐病、黑星病、纹枯病有特效,是绿色食品生产中的首选药剂。

四、生物源杀病毒剂

☞ *330.* **宁南霉素有哪些特点？能防治哪些植物病害？**

宁南霉素，又叫菌克毒克。药剂纯品为白色无定形粉末，多溶于水，难溶于醇、酮、乙酸乙酯、氯仿等有机溶剂。酸性条件下稳定，遇碱易分解。商品制剂外观为褐色或深棕色液体，具酯香味，常温下稳定。本剂主要成分由诺尔斯放线菌西昌变种菌株，经深层发酵所产生的代谢物构成。因为该生防菌株是从四川省宁南县的土壤中分离而得，故被命名为宁南霉素。

该药剂属于典型的广谱抗生素生物农药，是我国首例能防治病毒的抗生素，并兼有防治多种真菌和细菌病害的作用。试验证明，该药可有效防治烟草、番茄、辣椒、瓜类、粮食(如玉米、水稻、高粱)、豆类等多种作物的病毒病，也可防治小麦等大田作物和果菜的白粉病、大豆根腐病、水稻白叶枯病、细菌性条斑病、白菜软腐病、香蕉束顶病、花叶心腐病、胡椒花叶病、辣椒炭疽病和人参立枯病等。

药剂本身对人、畜低毒，无致癌、致畸、致突变作用，对环境无污染，对产品无残留，是发展 A 级和 AA 级绿色无公害食品的优秀生物农药。生产中常见剂型为 2% 和 8% 水剂。

☞ *331.* **宁南霉素田间常规使用方法有哪些？**

宁南霉素对田间多种作物发生的病毒性、真菌性和细菌性病害均有一定控制效果,针对发生的不同病害种类可选择喷雾、拌种等不同的施药方法。

(1)防治病毒病:宁南霉素能防治包括烟草、番茄、辣椒、瓜类、豆类、玉米、水稻、高粱等作物在内的病毒病。防治时可用2%水剂稀释200~300倍药液进行喷雾,喷药时要均匀、周到。如果田间病情发生严重,可每间隔7~10 d施药1次,最多可连续喷药3~4次。

(2)防治真菌性病害:对瓜类白粉病、豇豆白粉病、小麦白粉病等效果显著。生产中可用2%水剂配制成200~400倍液进行喷雾,间隔7~10 d喷1次,病情较重时可连续施药2~3次。用于防治瓜类蔓枯病、辣椒炭疽病等,于田间发病初期用2%水剂稀释200~300倍,每隔7~10 d喷药1次,发生严重时最多可连喷2~3次即可有效控制病情。用于大豆根腐病,在田间发病初期,可用2%水剂进行拌种,用药量一般为大豆种子重量的1%,拌匀后阴干播种。其防效甚至优于用甲霜灵拌种,可成为生产有机大豆时代替化学杀菌剂进行拌种的生物农药。

(3)防治细菌性病害:可用于水稻白叶枯病防治,在水稻孕穗至扬花始期施药,用2%水剂80~100倍液对地上部分进行喷雾,隔7 d喷1次,严重时可连喷2~3次,还可同时兼治水稻细菌性条斑病。防治白菜软腐病。在田间发病初期时,用2%水剂稀释200~300倍药液大剂量喷雾,尽量使植株全株着药,可提高防治效果。本品对白菜安全,防病同时还有促进生长的作用。

使用宁南霉素时,注意不可与碱性农药混用,可与植物生长调节剂以及叶面肥等混用,以提高工作效率。另外,在防治烟草病害时注意施药浓度不要高于200倍液(2%水剂),否则易使烟草产生轻微药害。

☞ *332.* 如何使用宁南霉素防治烟草病毒病？

宁南霉素对烟草花叶病等病毒病有较好的防治效果,在病毒病未发生或发生的初期进行喷药防治,每 667 m² 用量 200～300 mL(有效成分 4～6 g)加水在烟叶正反面均匀喷雾,成株期每 667 m² 喷液量 50～75 L,烟苗期可适当减少,每 7～10 d 施药 1 次,共施药 3～4 次。

☞ *333.* 抗毒剂 1 号能防治哪些植物病毒病？具体在生产中应怎样使用？

抗毒剂 1 号,其中文通用名称为菇类蛋白多糖,又被叫做真菌多糖等。药剂纯品为浅黄色粉末,易溶于水,不溶于乙醇等有机溶剂。商品制剂外观为深棕色液体,稍有沉淀,无异味,常温下稳定。本剂为低毒生物杀菌剂,对人、畜安全,对环境无污染,生产中常用剂型为 0.5% 水剂。

抗毒剂 1 号适用于防治番茄、黄瓜、辣椒、油菜、西葫芦、茄子、芸豆、芹菜、白菜、西瓜、甜瓜、烟草等作物发生的病毒病,生产中常规使用方法多为喷雾、浸种、灌根等。

(1)防治番茄、黄瓜、辣椒、芸豆、西葫芦、芹菜、白菜等蔬菜作物的病毒病:生产中可选用喷雾、浸种、浸根、灌根等多种方法防治。以喷雾法为例,施药时间宜选择在苗期、发病前及发病初期,均可采用 0.5% 水剂稀释 600 倍药液进行喷雾,每间隔 5～7 d 施药 1 次,可连续喷 2～3 次。发病严重的地块,应加大使用剂量,缩短使用间隔期,并可配合使用 600 倍药液进行灌根。防治效果可达 80% 以上。

(2)防治玉米粗缩病、矮花叶病:在发病前或发病初期,用

0.5％水剂稀释 600 倍药液,每隔 5～7 d 喷雾 1 次,连喷 3 次效果较好。发病较重的地块,可加大使用剂量或增加施药次数,缩短喷药的间隔期。

(3)防治烟草病毒病:在苗床,可用 0.5％水剂 500 倍药液,每隔 5 d 施药 1 次,可连续施药 2 次。烟草定苗后,用 0.5％水剂稀释 400 倍药液,每隔 5～7 d 喷雾 1 次,视病害发生程度最多可连续喷 3 次。

(4)防治马铃薯病毒病:用 0.5％水剂配制 600 倍药液浸泡薯种 1 h 左右,晾干后种植。在幼苗期,用 0.5％水剂 600 倍液,每隔 7 d 喷 1 次,连喷 3～4 次。

(5)防治西瓜、甜瓜、花生、生姜、草莓、水稻、小麦等作物的病毒病:用 0.5％水剂稀释 600 倍药液进行地上部分喷雾,每隔 5～7 d 施药 1 次,视病情发展,可连续喷药 2～8 次。

☞ 334. 什么是植物病毒疫苗? 它在生产中应该如何使用?

植物病毒疫苗是种纯生物的农药制剂,其纯品为浅黄色粉末,不溶于乙醇等有机溶剂,但易溶于水。商品制剂外观为深棕色液体。药剂本身为低毒型生物杀菌剂,使用后对人、畜安全,不污染环境,在植物体上无残留。本品能够有效地破坏植物病毒基因及其组织,抑制病毒分子的合成。在病毒发病前使用本药剂,可诱导植物产生抗病性,从而可使植物在生育期内不感染病毒。适于在植物幼苗期使用,能经济有效地控制病毒病的发生,田间防效可达 80％左右。目前国内的生产厂家有大连广垠生物农药有限公司等,商品剂型主要是水剂。

(1)防治番茄、黄瓜、辣椒、茄子、白菜、萝卜、西葫芦、油菜、菜豆、甘蓝、大葱、圆葱、韭菜、芥菜、茼蒿、菠菜、芹菜、生菜、冬瓜、西瓜、香瓜、哈密瓜、草莓等蔬菜作物的花叶、蕨叶、小叶、黄叶、卷叶、条纹等症状的病毒病。需在苗期育苗的作物,可在育苗时用一支 20 mL 的植物病毒疫苗水剂加水 1 000~1 200 L 配制成 500~600 倍药液进行喷雾,间隔 5 d 施药 1 次,连续喷施两次;植物幼苗定植后再配制相同浓度药液间隔 5~7 d 连续喷雾 2 次。无需苗期育苗的作物,直接在苗期配制浓度为 500~600 倍药液(配药方法同上),每间隔 5~7 d 施药 1 次,连续喷施 3 次。

(2)防治烟草、马铃薯、花生、生姜等经济作物由黄瓜花叶病毒(CMV)、普通花叶病毒(TMV)、马铃薯 X 病毒、马铃薯 Y 病毒引起的病毒病。育苗时在苗床上连续喷施 2 次浓度为 500~600 倍药液(配药方法同上),施药间隔为 5 d,可同时起到治疗和免疫的作用。

(3)防治玉米、水稻、小麦等大田作物的粗缩、矮化、丛矮等症状的病毒病。在作物幼苗长至 2~3 叶期施药 1 次,长至 5 叶期时间隔 5 d 连续喷药 2~3 次,施药浓度均为 500~600 倍液。也可同时起到免疫和治疗的作用。

(4)防治棉花病毒病。用浓度为 600 倍药液,在幼苗期喷施 1 次,到现蕾前后连续喷施 2~3 次,每次间隔 5~7 d。也能起到免疫和治疗作用。

☞ 335. 博联生物菌素能预防和治疗哪些植物病毒病?如何使用?

博联生物菌素,商品名称又叫做胞嘧啶核苷肽-嘧肽霉素,国内有辽宁省沈阳博联生物技术有限责任公司等厂家生产。商品制剂外观为棕褐色液体,对热、酸、光稳定,但对碱性介质不稳定。本剂为微毒的抗植物病毒剂,对人、畜无刺激,对环境安全无污染,使用后无"三致"作用。商品制剂的剂型为4%水剂。该药剂在植物表面有良好的润湿和渗透性,适于在蔬菜、烟草、甘薯、花生等作物田中使用。对番茄病毒病、辣椒病毒病、烟草病毒病、茄子病毒病和马铃薯病毒病等病害均有十分明显的预防和治疗作用。同时,对白菜、花生、甘薯及各类花卉病毒病也有良好的防治效果。

生产中应在病毒病的初发期(即田间出现个别发病植株时),使用博联生物菌素4%水剂250～300倍在田间进行叶面喷雾,间隔7～8 d后再施药1次,同时可结合灌根(用同一浓度药液每穴灌注100～200 mL药液),能及时有效地控制病害发展并使植株恢复正常生长。使用该药剂时要注意不能与碱性农药混用,喷雾时间应选在日落前2 h进行。

☞ *336*. 83 增抗剂有哪些特点? 生产中如何使用?

83增抗剂,又可称为耐病毒诱导剂。该药剂由瑞宝生物技术开发公司开发,药剂为耐病毒诱导剂,其主要成分为混合脂肪酸,含C_{13}～C_{15}脂肪酸。商品制剂外观为乳黄色液体,属于低毒杀病毒剂,对人、畜无毒,不污染环境。83增抗剂具有提高植株抗病能力、阻碍病毒侵染和在植物体内繁殖以及刺激植物生长、提高产量的作用。田间常用剂型为10%水剂。本品适于防治番茄、黄瓜、辣椒、大蒜、豆类、玉米、西瓜、甜瓜、烟草等作物病毒病,还可防治各类花卉的病毒病。

田间防治病毒病时,应选择在苗期发病前,用10%水剂配制100倍液喷雾,可诱发植株产生对病毒病的抵抗力。针对定植作物,要在定植前2～3 d,用10%水剂100倍液先喷施1次,然后定植,定植后10～15 d再喷药1次。施药后24 h内如遇降雨,应及时补喷。

☞ *337.* 毒消能防治哪些作物的病毒病？如何使用？

毒消，也被称为毒消乳剂，商品制剂外观为浅蓝或深蓝色黏稠液体，属于混脂酸的复配剂。本剂为低毒性杀病毒剂，对人、畜和天敌昆虫安全，不污染环境。毒消具有控制病害发展、促进植物生长、补肥增产和绿色无公害等特点，适用于防治烟草、番茄、辣椒、西瓜、甜瓜、南瓜、马铃薯、大豆等作物生产中发生的病毒病，田间常用剂型为 24% 乳剂。应选择在作物发病前和发病初期使用，对水 600～900 倍稀释后，在作物苗期、移栽后以及生长期均可喷洒施用。使用时要注意药剂在低温时溶解速度慢，对水稀释时要充分搅拌直至药桶内药剂与水混合均匀后再进行喷施。

☞ *338.* 真菌多糖是如何防治植物病毒的？生产中要如何使用？

真菌多糖，又叫菇类蛋白多糖，抗毒剂 1 号等，是通过微生物固体发酵制得的一种纯绿色生物农药，其主要成分是菌类多糖，原药外观是一种白色固体粉末，能溶于水。商品制剂主要为 0.5% 水剂，外观为深棕色液体，稍有沉淀，无异味。商品制剂的 pH 为 4.5～5.5，在常温常压下储存稳定，不宜与酸碱性药剂混合使用。

真菌多糖能够通过钝化病毒活动，从而有效地破坏植物病毒基因，抑制病毒自我复制，属于预防性抗病毒生物制剂。生产中，可用于烟草花叶病毒、巨细胞病毒等引起的病毒病害的预防与防治，适宜在病毒病发生前使用，可预防作物整个生育期内病毒病的发生。由于该制剂中含有丰富的蛋白多糖、氨基酸及微量元素等物质，因此对植物生长发育具有良好的促进作用。药剂对人、畜无毒，且不污染环境，对植物和天敌都很安全。

生产中具体可采用喷雾、浸种、灌根、蘸根等方法施药,也可以与中性农药、叶面肥和生长素使用。

(1)喷雾:用 0.5％水剂 250～300 倍在植物苗期或发病初期喷雾,可防治番茄、辣椒、茄子、芹菜、西葫芦、菜豆、白菜、韭菜、甜瓜、西瓜、大蒜、莴苣、茼蒿、菠菜、生姜等植物病毒病、茄子斑萎病毒病、黄瓜绿斑花叶病、番茄斑萎病毒病、曲顶病毒病、辣椒花叶病、大蒜褪绿条斑病毒病等,每隔 7～10 d 喷 1 次,连喷 3～5 次,发病严重的地块要缩短使用间隔期;还可用 0.5％水剂 300 倍液防治菜豆花叶病、扁豆花叶病、菠菜矮花叶病、萝卜花叶病等;此外,0.5％水剂 300～350 倍可防治莴苣、百合等植物的病毒病。

(2)浸种:用 0.5％水剂 600 倍液浸泡马铃薯薯种 1 h 左右,可防治马铃薯病毒病。

(3)灌根:用 0.5％水剂 250 倍液灌根,每株用 50～100 mL 药液,每隔 10～15 d 灌 1 次,连续灌根 2～3 次效果较好。

(4)蘸根:在番茄、茄子、辣椒等植物幼苗定植时,用 0.5％水剂 300 倍浸泡根部 30～40 min,然后定植。

五、生物源杀线虫剂

☞ *339*. 灭线宁的主要成分是什么？生产中应该如何使用？

灭线宁是由云南烟草科学研究院农业研究所开发的微生物菌剂，对烟草根结线虫的防治效果很好。灭线宁的主要成分是一种高效的烟草根结线虫寄生菌淡紫拟青霉，具有对人、畜、环境安全，高效、持效期长等特点。淡紫拟青霉是种高效的根结线虫寄生真菌，它是一类土壤腐生菌，条件适宜时可以高效寄生在线虫的卵、幼虫、卵囊及成虫。此菌在代谢过程中能产生具有很强的杀灭线虫活性物质，可直接作用于线虫，防治效果可与化学杀线虫剂相媲美。灭线宁是一种活菌制剂，因此不要与其他化学杀菌剂混用，要避光防潮。同时，产品内含多种生物活性成分，可增强烟草的抗逆性，降低其他病虫的危害，促进烟草的生长。目前，产品有效活菌数大于 10^9 个/g，主要用于防治烟草及其他作物的根结线虫。在烟苗假植期，每 1 300 个营养袋需灭线宁 0.75～1.5 kg，混入营养土中装袋；或于移栽期 1.5～3.0 kg/667 m² 与肥料一同施入塘中（有机肥效果更好），也可在团棵期 0.75～1.5 kg/667 m² 追施。

☞ *340*. 大豆根保剂的特点是什么？在防治大豆孢囊线虫时应该如何使用？

大豆根保剂，又叫大豆根保菌剂，该产品为活体真菌杀线虫剂，其有效成分为淡紫拟青霉菌。液体制剂为乳白色或灰黑色，含菌量≥6亿/mL;固体制剂为灰黑色颗粒(粒径2~4 mm),含菌量≥2亿/g。本品毒性极低,无论是对人、畜、天敌昆虫,还是对于植物和环境都非常安全。商品制剂剂型为6亿/mL液剂和2亿/g颗粒剂。

本产品对大豆胞囊线虫及虫卵、大豆根部病原菌有强寄生和颉颃作用。药剂中的有效菌可以寄生在大豆胞囊线虫或其虫卵中,从而导致其死亡或变成空壳。此外,有效菌可对大豆根部许多病原菌产生颉颃作用,降低植物感病的几率。该药剂在大豆田使用后,可刺激大豆生长,增加须根和根瘤数量,促进枝繁叶茂、增产效果显著,对解决大豆重茬问题具有明显改善作用,是有效防治大豆根部病害代替化学药剂拌种的新型生物药剂,是有机大豆和绿色大豆生产中理想生物药剂之一。

生产中可使用大豆根保剂的液体剂型及固体颗粒剂进行拌种。使用液体制剂时,每667 m²的播种量可用100 mL药液进行拌合,待种子稍阴干后即可播种。使用固体颗粒剂时,每667 m²可用2 kg的药剂作为种肥混种播种,也可同时与其他种肥混合使用。使用该药剂时不能与其他杀菌剂混用,否则会降低药效。药剂拌过种子后尽量早点施用,而且不宜在阳光下曝晒。

☞ *341*. 线虫清有哪些特点？生产中怎样使用？要注意哪些问题？

线虫清,为一种真菌杀线虫剂。该药剂为活体真菌杀线虫剂,其有效成分为颉颃真菌淡紫拟青霉菌。本品的商品剂型为高浓缩吸附粉剂,制剂外观为褐色粉状,其毒性极低,对人、畜和环境都非常安全。线虫清能防治孢囊线虫、根结线虫等多种寄生线虫,药剂中有效菌产生的菌丝能侵入线虫及其卵内并进行增殖,最后可破坏线虫生理活动而导致其死亡。该药剂适用于防治粮食、豆类和蔬菜等作物的线虫病,包括大豆孢囊线虫病、花生根线虫病和多种蔬菜根线虫病等。生产中防治各类线虫病时,可在播种时进行拌种或在定植时拌和有机肥进行穴施。具体用法及用量可参看产品说明书。本剂对作物无残毒,也不污染土壤,对作物有一定刺激生长作用,适合连年施用,具有良好效果。本剂不能与杀菌剂混用,拌过药剂的种子应及时播种,不能在阳光下曝晒。此外,施用本药剂时不宜与水或湿度较大的土壤混合使用。

六、生物源除草剂

☞ *342.* 银叶病菌 HQ1 菌株在实际生产中如何使用？需要注意的问题有哪些？

银叶病菌 HQ1 菌株，又叫 Biochon，是第一个在加拿大注册的生物除草剂，目前由荷兰 Koppert 公司生产。它属于一种长盘孢状刺盘孢锦葵专化型孢子，一般用于防治圆叶锦葵。该菌在 30℃下、结露 20 h 以上的条件下，用 2×10^6 个/mL 孢子悬液喷洒目标杂草，17～20 d 后可导致杂草枯死。

该药剂属于低毒除草剂，对人、畜无害，对作物没有药害，主要用于防治野黑樱和多种木本杂草，作用于植物角质层，造成植株死亡。生产中有可湿性粉剂、液体制剂等剂型，使用效果与环境条件关系较大，必须在 30℃ 以下、结露 20 h 以上的条件下效果显著。贮存时，要注意低温、通风、远离火种、热源，切忌与氧化性物质混在一起贮存。

☞ *343.* 鲁保 1 号的主要成分是什么？生产中怎样使用鲁保 1 号来防治菟丝子？

鲁保 1 号是一种真菌除草剂，其有效成分为毛盘孢菌属炭疽菌，该菌在 20 世纪 60 年代由山东省农科院植保所在大豆菟丝子上分离得到。该真菌专化性极强，可专门用于防治菟丝子。商品制剂外观为白色粉末，商品剂型为高浓缩孢子吸附粉剂，其中含活孢子 40 亿～60 亿个/g。鲁保 1 号对人、畜、天敌昆虫、鱼类均无危害,且不污染环境,无残毒,属于低毒除草剂。该药剂的杀草机理是药剂中的有效菌可引起菟丝子发生真菌病害而导致其枯死。药剂中的真菌孢子可从菟丝子表皮侵入,使菟丝子感病,最后逐渐死亡。该药剂中的有效菌不能引起其他农作物感染发病,故而使用安全。本剂适用于防治蔬菜、大豆、亚麻、瓜类等作物田中所发生的菟丝子,包括大豆菟丝子、田野菟丝子等。

本剂适于在菟丝子萌芽后在田间喷雾防治,土壤处理方法无效。具体施药时间应选择在田间菟丝子出现初期,将鲁保 1 号的高浓缩孢子吸附粉剂,对水稀释 100～200 倍,充分搅拌后用纱布过滤 1 次,用滤液(含孢子量 2 000 万～3 000 万个/mL)对菟丝子进行喷雾。施药时,先要造成菟丝子产生伤口,如可用树条对菟丝子进行抽打,然后再喷药,这样可利于真菌孢子从菟丝子伤口侵入,从而提高防效。喷药应选在早、晚或阴天进行,尽量避开中午高温或干旱条件下施药。田间使用该药剂时不宜与其他药剂混用,超过保质期后使用无效。

☞ *344*．双丙氨磷有哪些特点？其作用机理是什么？

双丙氨磷,化学名称又叫双丙氨酰磷,是一种抗生素类除草剂,其有效成分为一种吸水链霉菌经发酵产生的具有氨基磷酸结构的抗生素物质。商品制剂外观为粉色液体,性质稳定。本剂为低毒抗生素类除草剂,对人、畜和鱼类以及天敌昆虫安全,不污染环境。药剂在土壤中经 8 h 左右即有 80％的有效成分被降解消失,因而无残留毒性,不污染土壤。因此,本药剂适用于各级绿色食品生产中的田间杂草的防除。生产中常用剂型为 35％液剂。双丙氨磷属于灭生性除草剂,在植物体内能代谢成类似草甘膦的代谢物 L-草铵膦,可以抑制植物体内谷酰胺的合成,导致植物体内氨不断积累,从而导致植物光合作用中光合产物磷酸化受到抑制,最终导致杂草死亡。本品无内吸传导性和选择性,生产中可用在杂草生长期作茎叶处理,对未出土的杂草无效。

本药剂可用于蔬菜、果树、大田等作物生产中防治一年生和多年生禾本科杂草和阔叶类杂草,如荠菜、菵草、雀舌草、繁缕、婆婆纳、匍匐冰草、看麦娘、野燕麦、藜、莎草、稗、早熟禾、马齿苋、狗尾草、车前、蒿、田旋花、问荆等,对阔叶类杂草的防除效果优于禾本科杂草。

(1)防除蔬菜作物行间一年生和多年生杂草:每 667 m^2 用 35%液剂 200～330 mL 对水 50 L,即稀释 150～250 倍,在定植后的茄子、辣椒等蔬菜作物的行间进行低位喷雾,即在喷雾器喷头上加一定大小的保护罩,使喷出的药液只能喷到行间杂草上,而不会将药液溅到蔬菜茎叶上,以免除草剂对蔬菜产生药害。

(2)防除苹果、柑橘、葡萄园中的一年生杂草:每 667 m^2 用 35%双丙氨磷液剂 330～500 mL 对水 50 L,即稀释 100～150 倍,在杂草幼苗发生盛期用喷雾器加保护罩进行低位喷雾。防除多年生杂草时,每 667 m^2 用药量增至 500～670 mL 对水 50 L 使用,即稀释 75～100 倍液后保护性喷雾。

(3)灭生性除草:在作物播种或移栽前使用 35%液剂对地面进行喷雾除草,然后再进行播种或移栽作物。

用药时,要注意施药时间应选择在田间杂草大部分出土后,喷药要均匀、周到,使杂草整株喷布上药液,严防将药喷溅到作物或果树的茎叶上,以防药害。此外,本药剂不适宜做土壤处理。

七、生物源杀鼠剂

☞ *345.* 什么是生物源杀鼠剂？具有杀鼠活性的病原微生物
有哪些？

生物源杀鼠剂主要是利用鼠类发生的流行病，从鼠体内分离
出病原微生物，经过筛选、鉴定、培养而制成的鼠类病原微生物制
剂。施用该制剂后可人为地造成鼠类病害的传染和流行，从而达
到有效控制鼠害的目的。

具有灭鼠作用的病原微生物主要是细菌和病毒，其中多数是
细菌，少数是病毒。细菌主要是沙门氏菌，病毒有黏液瘤病毒和鼠
痘病毒。这些病原微生物对小家鼠及某些农田害鼠有一定致病
力。值得注意的是，在病原微生物的杀鼠范围、杀伤力以及对人、
畜和其他动物的影响等尚未十分确定和清晰时，不能使用。

☞ *346.* C-型肉毒梭菌素是种什么性质的杀鼠剂？它是如何
对害鼠产生致命作用的？

C-型肉毒梭菌素，又可称作生物毒素杀鼠剂、肉毒梭菌毒素、
C-肉毒杀鼠素等。C-型肉毒梭菌素是由牛肉汤腐生厌气菌在培养
过程中菌体自溶产生，毒素释放后将培养液经除菌过滤后即可得
到不带菌的肉毒梭菌毒素。初步得到的毒素可分为 A、B、C、D、
E、F、G 7 种类型，使动物中毒的基本上均为 C 型及 D 型，如用 C-
型作毒杀剂，则称 C-型肉毒梭菌素。原毒素及水剂商品制剂呈棕

283

黄色透明液体,冻干剂剂型为灰白色块状或粉末固体。药剂对热不稳定,易溶于水,无异味。阳光照射对毒素失毒有一定影响。

C-型肉毒梭菌素,是一种极毒的嗜神经性麻痹毒素。中毒动物经肠道吸收后毒素会直接作用于颅脑神经和外周神经与肌肉接头处以及植物神经末梢,通过阻碍乙酰胆碱的释放,导致肌肉麻痹,引起动物神经末梢麻痹。如剂量大,一般 3～6 h 后就会出现中毒症状,食欲废绝,口、鼻流血,行走左右摇摆,继而四肢麻痹,全身瘫痪,最后死于呼吸麻痹,个别死鼠脏器有不同程度的游离出血。轻者经 24～48 h 后出现中毒症状。鼠类中毒的潜伏期一般为 12～48 h,死亡时间在 2～4 d,介于急性与慢性化学杀鼠剂之间。

该药剂适口性好,对人、畜比较安全,如误食可用 C-型肉毒梭菌抗血清治疗,无致癌、致畸、致突变作用。本药剂属于广谱性杀鼠剂,残效期短,在自然条件下可自动分解,无残留,无二次中毒。在常温下失效,安全性好,对生态环境几乎无污染。

☞ **347.** 应用 C-型肉毒梭菌时如何配制毒饵?

C-型肉毒梭菌的商品剂型有水剂 100 万 MLD/mL(小白鼠静注)和冻干剂 200 万～300 万 MLD/mL(小白鼠静注)两种。生产中防治害鼠时主要通过配制毒饵的方法进行施药,一般采用浓度为 0.06%～0.1% 的药液配制成毒素毒饵。消灭草原、农田鼠害时,以 0.1% 浓度最好。毒饵的具体配制方法如下。

(1)水剂毒素毒饵的配制:先在拌毒饵的容器内倒入适量清水,不宜用碱性较大的水,略偏酸性为好。水温最好在 0～16℃,水量以待拌毒饵量而定,如配制 50 kg 麦麸毒素毒饵,可在 9 kg 清水中加入 50 mL 毒素,搅拌使其充分溶解(毒素液用量应为所配饵料用量的 0.1%),再将饵料倒入毒素稀释液中,充分搅拌,使饵料充分沾到毒素液。配制毒饵时最好现用现配。

（2）冻干毒素毒饵配制：先按预配制毒饵量计量所需清水，后将冻干 C-型肉毒梭菌素在水中充分溶解，其后配制方法与水剂毒素毒饵配制法相同。

☞ *348.* 生产上如何使用 C-型肉毒梭菌防治各类鼠害？

（1）防治高原鼢鼠：在春季 4～5 月份，日均地表温度在 4℃ 以下，高原鼢鼠发生密度达到 4.18 只/hm² 时，用 0.1％毒素青稞毒饵，每洞平均投毒素毒饵 70 粒，灭效可达 90％左右。具体投饵方法是在投毒饵前将距地表 15～20 cm 洞道切开，次日观察被切开的两边洞口，被土封堵的洞口侧面洞道里有鼠，可将毒饵投入，再用草皮小心封堵投饵开口处的上洞壁。

（2）防治高原鼠兔：在冬、春季 1～2 月份或 3～4 月份，高原鼠兔密度达到 30 只/hm² 或有效洞口达到 150 个/hm² 时，用 0.1％ C-型肉毒梭菌素燕麦或青稞毒饵，按洞投饵，每洞投饵量 0.5～1 g（15 粒左右），其灭效可达 90％以上。

（3）防治棕色田鼠：在春季 3～4 月份繁殖高峰前，按洞投撒 0.1％C-型肉毒梭菌素小麦（或燕麦、玉米糁）毒饵，每洞投饵 100 粒。投饵后立即将洞口封好，避免田鼠推土堵洞时将毒饵埋在土下。

（4）防治布氏田鼠：在春季 4～5 月份牧草返青前，每公顷达到 31.4 只鼠时，用每克含 1 万 IU 肉毒素莜麦毒饵，每洞投 1 g，投在洞旁 10～20 cm 处。

（5）防治家栖鼠类（包括褐家鼠、黄胸鼠、小家鼠等）：在褐家鼠为主的发生地区，当早稻秧田害鼠密度达 2％夹次，晚稻秧田害鼠密度达 3％夹次，稻田孕穗期和乳熟期害鼠密度达 5％夹次时进行防治。使用 0.1％～0.2％毒素毒饵，饵料可选用褐家鼠喜食的毒饵。一般在 15℃ 以下使用,灭效可达 85% 左右。

(6)室内防治家栖鼠:在北方农村秋、冬季是灭鼠的最佳时机,将配好的毒饵直接投放室内地面、墙边、墙角等害鼠经常活动的地方。一般 15 m² 房内可投 2 堆,每堆 5～10 g。可根据鼠情投药,鼠多多投,鼠少少投。

该药剂的毒素水剂产品,一般要保存在 -15℃ 以下的冰箱中。冻干剂在使用时要先将毒素瓶放在 0℃ 的冰水中,待其慢慢溶化,不可以直接用热水或加热溶解,以防降低毒性。拌制毒饵时,不要在高温、阳光下搅拌,不要用碱水,以防减低毒力。施药时一旦误食毒素,可用 C-型肉毒梭菌抗血清治疗。

☞ *349.* 什么是植物杀鼠剂? 常见杀鼠植物的种类有哪些?

植物杀鼠剂是经过人工加工制作的具有杀鼠活性的植物性产品,施用后可有效地防治鼠害。具有杀鼠作用的植物的种类很多,分布也很广,可就地取材加工,植物杀鼠剂一般成本低,配制使用方便,对人、畜安全,不污染环境等优点。但同时具有含杀鼠物质低,适口性差等问题,需要进一步研究解决。

常见杀鼠植物有:白头翁、苦参、苍耳、甘遂、曼陀罗、马钱子、断肠草和杠柳等,鼠类食用这些植物后出现中毒死亡。

八、生物源增产增抗剂、保鲜剂

☞ *350*. 叶扶力是种什么性质的生物农药？有什么作用特点？

叶扶力,又叫益微、增多菌、广谱增产菌等,其主要成分就是蜡质芽孢杆菌。菌体在光学显微镜下呈直杆状,单个菌体较小,一般只有 $(3 \sim 5)$ $\mu m \times (1 \sim 1.2)$ μm,无色、透明,革兰氏反应阳性。菌落在琼脂培养基上呈乳白色至淡黄色,边缘不整齐,蜡质,无光泽,属于兼性厌氧菌。商品制剂主要为活体吸附粉剂,外观为灰白色或浅灰色粉末,细度为 90% 通过 325 目筛,水分含量 $\leqslant 5\%$,悬浮率 $\geqslant 85\%$,pH $6.5 \sim 8.4$。由于该制剂属于活体制剂,因此适宜的含水量能够保持菌体活性,提高药剂效果,一般保持在 5% 含水量最佳。

叶扶力的毒性较低,其大白鼠急性经口、吸入致死中量 $LD_{50} > 7\ 000$ 亿菌体/kg,生产中可以放心使用。叶扶力能通过菌体内超氧化物歧化酶调节植物细胞的微环境,维持细胞正常生理代谢和生化反应,提高植物抗逆性,加速植物生长、提高产量与品质。

☞ *351*. 叶扶力主要应用范围有哪些？生产中应该怎样使用？

叶扶力主要用于大豆、玉米、高粱以及茄子、油菜等其他各种蔬菜作物,生产中可使用喷雾、拌种等方法。

(1)喷雾:对大豆、玉米以及油菜等蔬菜作物,在其生长旺盛期时,每 667 m² 用 100～150 g 对水喷雾,除了可促进植物增长增产外,对油菜立枯病、霜霉病也具有一定的防治作用,可以明显降低发病率。

(2)拌种:对玉米、大豆、高粱以及油菜等作物,每 1 kg 种子用 15～20 g 药剂拌种,然后播种。需注意的是,如果种子事先浸种过,需要在拌和本药剂后晾干再播种。

☞ *352.* 北方比多收能起到什么作用? 在生产中应该怎样使用?

北方比多收,又称北多收、齐多收等,本品为泾阳链霉菌经深层发酵加工制成。商品制剂为透明水剂,其主要有效成分为玉米素和异戊烯腺嘌呤。它的主要功能是增加作物的叶绿素,促进植物细胞分裂,加速其生长发育,达到抗病、早熟、高产。该药剂毒性很低,对人、畜和天敌动物安全。商品剂型为 0.000 2%水剂。

本品适用于多种蔬菜及粮食作物生产中使用,具有增强抗病性、促进生长发育、促进作物早熟、增加产量及提高品质等效果。

(1)蔬菜:本药剂可用于各类蔬菜生产,包括甘蓝、白菜等十字花科蔬菜、番茄、茄子、辣椒等茄果类蔬菜,黄瓜、苦瓜等瓜类蔬菜等。具体使用时,在蔬菜定植后缓苗开始期,用 0.000 2%水剂稀释 1 000 倍液喷雾,每间隔 10 d 施药 1 次,连续喷施 3 次。

(2)粮食、豆类作物:包括玉米、小麦、谷子、高粱及大豆、小豆、绿豆等,可于播种前用 0.000 2%水剂稀释 1 000 倍液浸种 1 min,晾干后播种。待作物出苗,长至 5～6 叶后,用 0.000 2%北方比多收水剂 1 000 倍喷雾,每间隔 10 d 喷 1 次药,共施药 3 次。

生产中使用该药剂时,应注意不能与碱性农药混用。整个生长期间使用该药剂的次数不得超过 3 次,每次间隔期不得少于 10 d。

☞ *353.* 990A 植物抗病剂的特点是什么？防治病害时具体怎样使用？

990A 植物抗病剂商品制剂为淡黄色的液体，易溶于水。该药剂是以蚯蚓等为原料经深加工制成的生物抗病增产剂，属于低毒性生物杀菌剂，对人、畜和天敌动物安全，无残毒，不污染环境。生产中常用剂型为 0.05％水剂。本剂适用于防治果树、蔬菜、瓜类、棉花、烟叶、粮食和油料等作物的多种真菌性病害。

(1)防治油菜、向日葵、大豆菌核病：在作物开花前后，用 0.05％水剂稀释 500 倍，均匀喷雾 2～3 次，每次施药间隔 7～10 d。

(2)防治辣椒、茄子、番茄、菜豆、黄瓜的根腐病、早疫病、黑根病等：在作物苗期、生长期、坐果期，用 0.05％水剂稀释 500 倍液，均匀喷雾 3～4 次，每次施药间隔 7～10 d。或是配制 200 倍药液进行灌根。

(3)防治白菜、生菜、芹菜、菠菜、香菜的软腐病、根腐病、霜霉病：用 0.05％水剂稀释 500 倍药液，在作物苗期、生长期，均匀喷雾 2～3 次，或稀释 200 倍液灌根。

(4)防治西瓜、冬瓜、甜瓜的枯萎病、蔓枯病、疫病：在作物苗期、花期、坐果期，用 500 倍 0.05％ 990A 植物抗病剂水剂，均匀喷 3～4 次，每间隔 7～10 d 施药 1 次。或是用 200 倍灌根。

(5)防治苹果、梨、桃、杏的腐烂病：防治时在发病部位用锋利刀刃刮除腐烂部位，刮除时注意应直切，伤口应呈菱形，刮除深度要达到健康组织部位约 0.5 cm 处，随后配制 0.05％ 990A 植物抗病剂水剂 20 倍，用刷子蘸取药液涂抹伤口及其周围约 2 cm 宽的树皮。每平方厘米伤口应涂抹药液 1.0～1.5 mL，涂抹时要注意不要覆盖形成层，以利于愈合组织的形成。根据病情，对涂药病部要注意观察,未治愈的可连续涂药 1~2 次,直至病情得以控制。或是在开花前后用 500 倍药液,均匀喷雾 2~3 次,每次施药间隔 7~10 d,能有效控制病害的发生。

(6)防治柑橘、香蕉、荔枝、芒果、龙眼、菠萝的小叶病、黑星病等病害:用 0.05%990A 植物抗病剂水剂 500 倍液,在发芽前、开花期和果实形成期,均匀喷 3~4 次,每次施药间隔 7~10 d。

施药时要均匀周到,不漏喷,如喷后 3 h 内遇降雨,应及时补喷。

☞ 354. 一施壮主要有什么作用? 如何使用?

一施壮,又叫聚糖果乐,是一种海洋生物杀菌剂,商品制剂外观为无色透明或略带有红色的液体,在常温下性质稳定。该药剂对人、畜和天敌安全,对大白鼠急性经口致死中量 $LD_{50} > 10\ 000\ mg/kg$,无残留,不污染环境,适合用于 AA 级绿色食品生产。

一施壮属于甲壳素类药剂,具有诱导植物抗性、预防病害发生、提高植物抗病能力、促进植物生长、提高植物产量与品质等功效,特别适用于各类果树(特别是浆果类)和蔬菜,增产幅度大,能明显改善果实品质,提高坐果率 30%~45%,促使果形整齐,果面光滑,成熟一致,甜度增加,尤其是在草莓、葡萄、瓜类、番茄等果蔬生产中使用效果更为突出。另外,使用该药剂还可以有效提高植物在坐果期的抗逆性,能保护植物不受病菌侵染,减轻病害发生。

一施壮在生产中多为 1.5%水剂,常用浓度为 600 倍,在现果期使用,每 6~7 d 喷施 1 次,连续喷施 2~4 次效果最佳。在苹果生产中,每 677 m² 使用 600 倍 250 mL,在苹果幼果期、膨大期、着色期喷施,可增长 15%左右,含糖量增加 1.8%左右,着色率提高 10%左右;在草莓生产中,连续使用 600 倍喷施 3 次,可以使草莓果形整齐,色泽艳丽,增长 70%左右;在西瓜生产中,每 677 m² 用

600 倍 250 mL,能增长 13％左右,含糖量增加 1.3％左右;在番茄生产中,每 677 m² 使用 600 倍连续喷施 4 次,能使番茄果实均匀,枝叶繁茂,色泽艳丽,口味提高,增长 50％左右。具体使用时,需要注意该药剂不宜与碱性农药混用,否则容易分解降低药效,能与酸性及中性农药和液肥混用。该药剂喷施时间要尽量掌握在植物进入坐果期后喷洒,在花后坐果期、着色前以及采收前等不同时间连续使用可以起到不同效果。

☞ 355. 蔬菜防冻剂在生产中要如何使用?

蔬菜防冻剂商品剂型为可湿性粉剂,每包装袋 100 g,外观为淡黄色粉状物。该药剂属于无毒植物源生长调节剂,能抑制作物自身热量的散失,降低植株的结冰点,提高细胞原生质的浓度,增强抗寒、抗逆能力。适用于各类作物生产中在低温条件下防止低温冻结。

(1)对黄瓜、西瓜、冬瓜、苦瓜、香瓜(甜瓜)、丝瓜、菜豇豆、芸豆、番茄、茄子、韭菜、芹菜、青菜、青椒、甘蓝等植物,在露地种植的要在出苗定植前或定植后以及晚霜前降温(-5℃以上)时,连续喷施蔬菜防冻剂 1～2 次,每间隔 7～10 d 喷药 1 次。喷药前,每袋防冻剂先加 50～90℃的热水 0.5 kg,待药剂溶化后再加水 15 kg,搅拌均匀后喷洒。在冬棚、大棚、日光温室、小弓棚种植时,若预报气温降低或连续低温(5 d 以上)以及阴天时,应提前 2～3 d 喷施蔬菜防冻剂。喷药前,每袋防冻剂先加 50～90℃热水 0.5 kg,待药剂溶化后加水 7.5～15 kg,搅拌均匀后每隔 5～10 d 喷施 1 次。在秋天早霜前的露地和棚内种植作物时,也要喷施 1～3 次蔬菜防冻剂,喷药前每袋防冻剂先加 50～90℃热水 0.5 kg,待药剂溶化后加水 15 kg 喷雾,通常可以延长生长期(采收期)5～20 d。

(2)草莓、韭菜、青菜、大蒜、菠菜等越冬作物,在早春返青时喷施蔬菜防冻剂,施药前,每袋防冻剂先加 50～90℃热水 0.5 kg 溶化,再加水 15 kg 喷雾,每间隔 7～10 d 施药 1 次,连续喷施 2～3 次。在深秋、初冬作物停止生长后,可选择气温较高的晴天喷施防冻剂 1～2 次,喷药前,先将每袋防冻剂加入 50～90℃热水 0.5 kg 溶化后加水 15 kg,每间隔 7～10 d 施药 1 次,可以起到保护作物安全越冬、减轻冻害、扩大叶的绿色面积,使苗齐、苗壮。

(3)油菜:在深秋、初冬和早春,为保护油菜安全越冬,防止倒春寒造成的无籽、少籽,早春时在油菜抽薹期和开花前喷施蔬菜防冻剂 2～3 次,施药前每袋防冻剂先加 50～90℃热水 0.5 kg 待药剂溶化后,再加水 15 kg 喷雾,每间隔 5～7 d 1 次。

(4)水稻、棉花:在早春和秋天作物成熟前,为防止早霜冻坏幼苗和晚霜对作物成熟的危害,应各喷施 1～2 次蔬菜防冻剂,施药前先将每袋防冻剂加入 0～90℃热水 0.5 kg,待药剂溶化后,加水 15 kg,再均匀喷施。

田间施药应该在气温下降前 2～3 d 喷施,气温正在下降时不宜喷施。该药剂不可与碱性农药混用,生产中可在使用农药 1～2 d 后再喷施防冻剂。此外,在作物盛花期慎用防冻剂,以免影响授粉。

☞ *356*. 果树花芽防冻剂在果树生产中是如何使用的?

果树花芽防冻剂商品制剂外观为淡黄色粉末,商品剂型多为可湿性粉剂,一般每袋包装 100 g。本药剂属于无毒植物源生长调节剂,使用后能抑制作物自身热量的散失,降低植株结冰点,提高植物细胞原生质的浓度,增强其抗寒、抗逆能力。

本药剂适于在各类果树生产中使用。对苹果、梨、桃、杏、李、樱桃等果树,可在早春花芽膨大到初花期期间喷药 2 次,或是依据气温预报在温度降至 5～−5℃前 2～3 d,喷施果树花芽防冻剂,可预防低温冻坏花芽,提高坐果率,减少小果、歪果。此外,在深秋、初冬果树落叶后喷施果树花芽防冻剂1~2次,可以增强树势,减轻越冬可能产生的冻害。田间施药前,先将每袋(100 g)防冻剂加入50~90℃热水0.5 kg,待药剂溶化后再进一步稀释,气温降到0℃以下应加入15 kg水,气温在0℃以上则要加入25 kg水均匀喷施,每间隔7~10 d施药1次。

对柑橘、芒果、荔枝、香蕉、茶叶等,可在早春植株开始生长萌芽时,喷施防冻剂2次,每次施药间隔7~10 d。施药前,每袋(100 g)防冻剂,先加50~90℃热水0.5 kg溶化,再加凉水25 kg,均匀喷施,可预防0℃以上的低温冻坏花芽、幼叶;在初冬植株停止生长时,再喷施1~2次,施药前每袋先加50~90℃热水0.5 kg溶化后加入凉水,气温降到-5℃时加凉水15 kg,气温降在0℃以上加凉水25 kg,均匀喷施;深冬可再施药1次,每袋加水15 kg,防止冻害,施药前的处理同前。

该药剂不可与碱性农药混用,田间应用时可在其他农药施用1~2 d后再施用此药剂。喷施防冻剂必须在气温下降前2~3 d喷施,气温已下降则不能使用。此外,盛花期禁止使用,以免影响授粉。

☞ 357. SM系列水果保鲜剂是如何发挥作用的？要如何使用？

SM系列水果保鲜剂,是以动、植物体的天然成分为主要原料,经特殊工艺生产出的生物膜制剂,本品可用于水果的贮藏保鲜,对人安全可靠,是无残毒、不污染、无公害的新型保鲜剂。该剂成本低廉,使用方便,适合农业生产使用。SM保鲜剂的配方、生产工艺及保鲜机理等方面均不同于已有的膜制剂,其成膜性能好,成膜均匀,保鲜效果好。该药剂使用后在水果表面的成膜厚度为25~30 μm,因此,SM保鲜剂能有效地抑制氧气进入果实内部,并可防止水果失水萎蔫,同时膜上的某些成分对水果有独特防衰、防病作用。

SM 系列水果保鲜剂适用于苹果、梨、香蕉、柑橘、槟榔、芒果和猕猴桃等果实储运中的保鲜。目前,市场上的 SM 系列保鲜剂产品主要有膏剂和粉剂。本品使用方法比较简便,将 SM 保鲜剂倒入盆(或桶)内,先加入少量 90℃ 热水充分搅拌使之完全溶化,再加冷水稀释至规定倍数,待稀释液冷却至室温时,将无病伤的鲜果放入稀释液中浸泡并翻动几十秒钟,捞出滤水,晾干后入库贮藏。使用 SM 保鲜水果,不需特殊条件和动力设备,便于南北方果农产地常温长期贮存,是果业生产中优良的保鲜药剂。

☞ *358.* 什么是利中壳糖鲜?其作用机理是什么?有哪些系列产品?

利中壳糖鲜,也叫做甲壳质涂膜保鲜剂,由青岛利中甲壳质公司研制开发。商品制剂为透明液体,是利用甲壳动物如蟹、虾等的壳、皮中提取的壳聚糖及其衍生物制成。药剂本身来源于天然生物,对人、畜安全,不污染环境,对植物无残留,被称为保健型的海洋生物保鲜剂,是生产 A 级、AA 级绿色果蔬食品保鲜专用生物制剂。

本药剂性能优良,在植物表面成膜性和附着性较好,经它处理后的植物在其表面可形成一层均匀透明的选择透性保护膜,可限制氧气进入,而对果蔬呼吸作用产生的二氧化碳排出没有影响,因此,平衡了果蔬采收后的新陈代谢,可有效延缓衰老过程,从而达到保鲜目的。同时,药剂产生的保护膜还能抑制果蔬表面附着的菌类繁殖以及抵抗外来病菌的二次感染,可保持果蔬外观不变。保护膜还可抑制果蔬产品的蒸腾作用,又具有吸水保湿性能,有利于保持果菜的新鲜度。另外,利中壳糖鲜还可预防果蔬的褐变,可有效防止果蔬在贮运中因代谢失衡而导致的酸碱损伤。

根据果蔬生产、流通的环节和不同的果蔬种类,本产品共有4个系列。

(1)FR-1 系列:为采前预保鲜剂。目前有葡萄、蜜桃、草莓、樱桃、叶菜类、花菜类、番茄、青椒、菜豆、茄子、香椿等以果蔬命名的不同品种的专用型保鲜剂。

(2)FR-2 系列:为货架保鲜喷雾剂,又称果蔬货架保鲜剂。根据果蔬不同流通方式和保鲜要求,目前有净菜保鲜剂、切分蔬菜保鲜剂和摊位保鲜剂 3 个品种。

(3)FR-3 系列:为水果贮运保鲜剂。有苹果、梨、桃、葡萄、草莓、樱桃、猕猴桃、哈密瓜、枣、柿、李、板栗、山楂、柑橘、香蕉、芒果、荔枝、龙眼、菠萝、石榴等以果蔬命名的专用型保鲜剂品种。

(4)FR-4 系列:为蔬菜贮运保鲜剂。有青椒、番茄、瓜类(西瓜、黄瓜、苦瓜、佛手瓜、甜瓜、南瓜、冬瓜等)、豆角、萝卜、胡萝卜、芋头、茭白、慈姑、百合、莲藕、甜玉米、蒜薹、茄子、叶菜类、花菜类、生姜、马铃薯、芸豆、竹笋、山药、花椰菜、甘薯、香椿等以蔬菜名称命名的专用型保鲜剂品种。

☞ *359.* 利中壳糖鲜在生产中如何进行涂膜?

利中壳糖鲜的保鲜原理是在果蔬表面形成一层完整的保护膜,然后才能对果蔬起到保护功能。因此,涂膜的方法是使用该药剂的常规施药方法。生产中这种涂膜的具体做法有以下 3 种。

(1)喷涂法:此法是利用喷雾器将保鲜剂的药液通过人工喷雾在果蔬表面涂膜,也可以选用全自动化的机械完成。

(2)浸涂法:将果蔬整体浸入配制好的保鲜剂溶液中约 1 min,然后取出果蔬放到一个底面有斜坡的容器中沥干,可回收保鲜剂溶液供再利用,最后自然晾干或用风机吹干果蔬。

(3)刷涂法:用细软刷子蘸上配制好的保鲜液,刷涂在果蔬表面。此法工效低,应用较少。

☞ *360.* **生物制剂木酢液在水稻上应该怎样应用? 其使用后的效果如何?**

木酢液是从木材中提取的一种纯天然、广谱性、活性态复合生物制剂,内含 10%～20% 的酚类、醇类、酢酸等多种有机化合物,是一种酸性(pH 2.5～3.5)亲水溶液。本药剂具有较强的吸附、渗透能力,它可作为植物活性剂、生长促进剂、保肥剂、土壤改良剂、土壤消毒剂等多种用途。木酢液无毒、无害、无残留,是一种理想的绿色食品增效剂和保护剂。

木酢液在水稻上应用效果十分明显,能够促进水稻新陈代谢,增强对各种营养元素的吸收,使水稻根系发达、茎秆粗壮,有效分蘖增加,幼穗分化和伸长生长加快,增粒增重,且能提早成熟。该药剂在水稻育秧时期施用,能增加秧床地的调酸作用,提高秧苗的生理素质,增强免疫力和抗病能力,促根壮蘖,培育壮秧;在水稻生育期全程使用要比单个生长关键期使用效果更好,使用浓度为150～500 倍液不等,晴天条件下进行叶面喷施。

据观察使用木酢液后,可使水稻发生如下变化:叶茂、色浓、叶片宽厚、生命期延长;水稻根系发达,根深根壮、茎秆粗、抗逆、抗倒伏能力增强;增蘖增穗,穗大粒多,籽粒饱满,千粒重增加,可增产20%～30%;稻米品质优,无污染,口感好。

参 考 文 献

［1］包建中,石德祥.中国生物防治.太原:山西科学技术出版社,
1998.

［2］陈国相.生物农药知识.北京:科学出版社,1982.

［3］陈涛,张友清,孙松柏,等.生物农药检测及其原理.北京:农业
出版社,1993.

［4］高立起,孙阁,等.生物农药集锦.北京:中国农业出版社,
2009.

［5］耿继光.生物农药应用指南.合肥:安徽科学技术出版社,
2004.

［6］弓爱君,孙翠霞,邱丽娜,等.生物农药.北京:化学工业出版
社,2006.

［7］洪华珠,喻子牛,李增智.生物农药.武汉:华中师范大学出版
社,2010.

［8］纪明山.生物农药手册.北京:化学工业出版社,2012.

［9］李庆孝,何传据.生物农药使用指南.北京:中国农业出版社,
2002.

［10］梁帝允,梁杜梅,李永平.无公害农产品适用农药品种应用指
南.北京:中国农业出版社,2004.

［11］潘文亮.生物农药使用技术百问百答.北京:中国农业出版
社,2009.

［12］朴永范.赤眼蜂生产及应用.北京:中国农业出版社,1997.

［13］沈寅初,张一宾.生物农药.北京:化学工业出版社,2000.

［14］万树青.生物农药及其实用技术.北京:金盾出版社,2003.

[15] 王运兵,崔朴周. 生物农药及其使用技术. 北京:化学工业出版社,2010.

[16] 王运兵,吕印谱. 无公害农药实用手册. 郑州:河南科学技术出版社,2004.

[17] 吴文君,高希武. 生物农药及其应用. 北京:化学工业出版社,2004.

[18] 徐汉虹. 杀虫植物与植物性杀虫剂. 北京:中国农业出版社,2001.

[19] 喻子牛. 微生物农药及其产业化. 北京:科学出版社,2000.

[20] 张洪昌,李翼. 生物农药使用手册. 北京:中国农业出版社,2011.

[21] 张兴. 生物农药概览. 北京:中国农业出版社,2010.

[22] 张兴. 无公害农药·农药无公害化. 北京:化学工业出版社,2008.

[23] 赵桂芝. 百种新农药使用方法. 北京:中国农业出版社,1997.